城市与区域规划研究

本期执行主编　顾朝林

2015年·北京

图书在版编目（CIP）数据

城市与区域规划研究（第7卷第2期，总第18期）/顾朝林本期执行主编. —北京：商务印书馆，2015

ISBN 978-7-100-10893-5

Ⅰ.①城… Ⅱ.①顾… Ⅲ.①城市规划—研究—丛刊②区域规划—研究—丛刊 Ⅳ.①TU984-55②TU982-55

中国版本图书馆CIP数据核字（2014）第273236号

城市与区域规划研究

本期执行主编 顾朝林

商 务 印 书 馆 出 版

（北京王府井大街36号 邮政编码 100710）

商 务 印 书 馆 发 行

北 京 冠 中 印 刷 厂 印 刷

ISBN 978-7-100-10893-5

2015年5月第1版 开本787×1092 1/16

2015年5月北京第1次印刷 印张12¾

定价：42.00元

主编导读

Editor's Introduction

As of 2004, the world economy has entered the post phase of the global financial crisis in 2008, presenting a relatively stable growth with slow recovery. However, based on the current world economic growth environment, there are three key elements that restrain the global economy from transforming to a more fast-speed growth. Firstly, the focus of global economy and trade is shifting "from the West to the East"; secondly, as the world economy, especially the economic growth in the developed economic entities, appear to be differentiated, the recovery of American economy is largely dependent upon the revival of virtual economy. Plebification of the middle class, fortune shrinking, and hollowing have restrained the up-going space of American economic growth, and the development of "the Bric Group" tends to slow down; thirdly, the driving

2014 年，世界经济处于全球金融危机的后程，但已进入 2008 年金融危机以来缓慢复苏的尾部阶段，稳健增长态势明显。然而，从世界经济增长环境看，存在着如下三个因素，使得全球经济难以实现向更快增长转变：一是全球经济与贸易重心正在“由西向东”发生转移；二是世界经济尤其发达经济体经济增长出现分化，美国经济复苏在很大程度上仍依赖于虚拟经济的再度繁荣，中产阶级平民化、财富缩水、空心化导致了美国经济增长的上行空间受到限制，金砖集团经济发展趋缓；三是世界经济增长的动力减弱。首先，技术革命红利趋于边际化，除既有技术创新和产业应用外，目前尚难再出现新的重大技术突破；其次，全球化的引力下降；最后，经济危机的延宕效应。

对中国经济发展来说，整体下行压力巨大。2013 年辽、吉、黑东北三省的 GDP 总量不如广东或江苏一省，经济增长中投资贡献率超过 70%，进出口贸易额仅占全国的 4.3%，不及广东的1/5，投资拉动经济增长为主，消费和出口的拉动作用偏弱，建制度、卸包袱、促改革、注重创新成为东北振兴的核心。中西部地区经过新一轮的投资拉动和资源型经济发展后，由于经济下行导致资源需求不足，持续投资拉动出现乏力，经济下

force for the global economic growth is weakening. The benefit from technological revolution is marginalized. Aside from the existing technological innovation and industrial application, new and groundbreaking technology is not expected to appear soon. The attraction of globalization is declining, and the economic crisis still manifests delayed effects.

For China, it faces a great stress of economic descending. In 2013, the total GDP of Northeast China, including Liaoning, Jilin, and Heilongjiang Provinces, is even not as much as half of that in Guangdong Province or Jiangsu Province, among which more than 70% of the economic growth is contributed by investment, whereas the value of import and export only equals 1/5 of Guangdong Province or 4.3% of the entire nation. The economic growth of Northeast China are mainly driven by investment, instead of consumption and exports. Hence, the revitalization of this region should focus on institutional construction, disburdening the past achievements, promoting reform, and attaching more importance to innovation. In middle and western China, after a new round of

行压力更大。保增长、找热点成为经济发展的关键点。上海、江苏、广东、浙江、山东等沿海发达省区，则处在经济减速时期，纷纷开始主动进行经济和产业结构调整。上海通过开放、绿色和信息化驱动经济发展，江苏加快各类企业"走出去"带动对外贸易增长，浙江从"建设美丽浙江、创造美好生活"中实现绿色转型发展，广东借助市场调结构促进外贸综合服务、跨境电商、供应链企业等新业态发展，北京针对环境问题积极发展绿色经济，山东通过发展绿色经济和壮大民营经济助推经济发展。

毫无疑问，中国经济的绿色转型发展已经进入"新常态"。这种"新常态"实质上是针对过去增速快（年增长10%以上）、失平衡（经济主要靠出口和投资拉动）、高杠杆（市场主体依赖信贷扩张而不是股权融资）的"旧常态"而言。也就是说，去杠杆、再平衡之后的中速增长将是中国和区域经济今后一段时间的主要特征。与此同时，一批"80后"、"90后"企业家集体入场，他们依靠互联网对整个经济生态进行重塑。这种由技术进步和市场化改革形成的"新常态"，政府无法大包大揽，企业面临的不确定性增大，市场的风险和机遇同在，也许真的进入"冒险家"成就事业的大时代。

作为具备"公共政策"特质的城市规划，如何适应绿色发展的新趋势和"新常态"，应用市场"看不见的手"以及政府干预和空间发展调控的"看得见的手"，成为规划师和规划决策者需要思考的新课题。

所谓绿色发展，从内涵看，是在传统发展基础上的一种模式创新，是建立在生态环境容量和

investment-driven and resource-based economic development, this region is even faced with more pressure of economic descending due to the deficiency of resource demand and the lack of constant investment driving force. Maintaining its growth and finding new hot spots for growth have become essential for the economic development of the middle and western China. While the coastal developed provinces and regions such as Shanghai, Jiangsu, Guangdong, Zhejiang, and Shandong are in a stage of economic growth with reducing speed. In order to promote the economic development, they begin to take the initiative to conduct economic and industrial restructuring. Shanghai promotes its economy by opening-up, green development, and informatization. Jiangsu Province accelerates the foreign trade of its enterprises to drive the economic growth. Zhejiang Province has achieved its transformation to green development through the action of "building beautiful Zhejiang, and creating beautiful life". Guangdong Province has reconstructed its market to promote the comprehensive foreign trade, cross-border electronic commerce,

资源承载力的约束条件下，将环境保护作为实现可持续发展重要支柱的一种新型发展模式。具体来说：一是要将环境资源作为社会经济发展的内在要素；二是要把实现经济、社会和环境的可持续发展作为绿色发展的目标；三是要把经济活动过程和结果的“绿色化”、“生态化”作为绿色发展的主要内容和途径。本期以此作为主题进行探索，试图展现清华大学城市规划系积极推进适应绿色发展的城市规划学科建设的最新研究成果。

习近平总书记在关于推进生态文明建设讲话中特别强调：绿水青山就是金山银山。他指出：“我们既要绿水青山，也要金山银山。宁要绿水青山，不要金山银山，绿水青山就是金山银山。”2013年中央城镇化工作会议明确提出：“城市规划要由扩张性规划逐步转向限定城市边界、优化空间结构的规划”，首次明确要求“科学设置开发强度，尽快把每个城市特别是特大城市开发边界划定，把城市放在大自然中，把绿水青山保留给城市居民”。本辑“学术文章”栏目汇集三篇研究成果。王颖、顾朝林、李晓江的“苏州城市增长边界划定初步研究”是国内关于城市增长边界划定比较全面、综合和科学方法应用的尝试，通过对苏州城市增长过程和问题的分析，在保护自然资源和生态环境的前提下，考虑城市增长的社会经济等动力因素，运用定性和定量分析方法，划定城市增长的刚性边界，并结合城市发展趋势，给出了城市增长的弹性边界。可以说，这篇文章无论在城市增长边界划定研究框架，还是在城市增长边界划定研究方法设计方面，均具有重要的学术和实际应用价值。傅强、顾朝林撰写的“基于绿色基础设施的非建设用地评价与划定技术方

supply chain enterprises, and other newly developed commercial activities. Beijing is developing a green economy to solve its environmental problems. And through the development of green economy and private economy, Shandong Province has boosted its economic development.

Undoubtedly, China's green transformation of economy has entered a "new normality". This "new normality" actually should be comprehended in comparison to the past "old normality" which was characterized by fast growth (with an annual increase of more than 10%), lack of balance (mainly export- and investment-based), and high leverage (market entities depended on credit and loan expansion instead of equity financing). In other words, the medium-speed growth after de-leveraging and re-balancing will be the major feature of the economy at both the national and regional levels. Meantime, a batch of entrepreneurs born after 1980s and 1990s entered the market, who reshaped the economic ecology through Internet. Under this "new normality" which is formed by technological progress and marketized reform, the

法研究"，构建了非建设用地评价与划定的技术方法框架，从技术上实现了将绿色基础设施的相关概念与方法应用于非建设用地生态用地的量化评价，并以青岛市为例进行验证，同时提出了青岛市非建设用地保护建议。谭纵波、顾朝林、袁晓辉等撰写的"黑瞎子岛保护与开发规划研究"，根据2011年完成的《黑瞎子岛保护与开放开发总体规划》改写而成。黑瞎子岛是2008年回归祖国的一块土地，在规划研究过程中基于生态保护划分核心生态保护区、一般生态保护区、渔业资源保护区、观光休闲度假旅游区四个功能引导区，确定在岛上不设置经贸开发区和旅游休闲区，并在岛外布局新城发展区的战略思路。2012年12月15日，国务院批复《黑瞎子岛保护与开放开发总体规划》。这项规划研究遵循生态优先、绿色发展理念，本期展现给大家。

中国快速的城镇化进程正在出现越来越令人关注的社会问题，随着绿色发展进入"新常态"，会产生更多更严重的社会问题。通过城市规划技术手段化解或缓解相关的问题，成为青年城市规划师关注的前沿领域。陈宇琳的"北京望京地区农贸市场变迁的社会学调查"，从菜市场和农贸市场被拆迁或取缔而引发的问题出发，以北京市望京地区这一特大城市边缘组团的典型代表作为研究对象，通过问卷调查和深度访谈等社会学调查方法，从多元利益主体互动的视角，选择花费数年时间进行深入细致的社会调查，研究农贸市场变迁及其对城市土地利用的影响。吴潇、李彤玥的"村镇社区便民服务系统的规划设计框架研究"，将聚焦点放到了村镇社区的便民服务系统，界定村镇社区便民服务包括商贸消费服务、金融

government can no longer dominate all the aspects, enterprises will face increasing uncertainty, and market risks will exist along with opportunities. Maybe a great era of "adventurer" fulfilling their achievements is around the corner.

In the urban planning as a discipline with "public policy" feature, how to adapt to the new trend of green development and the "new normality", and how to use the "invisible hand" of market and the "visible hand" of government intervention and spatial development control, have become new topics for planners and planning decision makers.

In essence, green development is an innovative mode derived from the traditional development, which is propelled by the capacity constraints of ecological environment and resources. This new mode takes environmental protection as the backbone of sustainable development. Specifically, first of all, environmental resources should be taken as the inherent element of social and economic development; secondly, the realization of economic, social, and environmental sustainable development is the goal of green devel-

信息服务、农资生产服务和物资流通服务四部分内容，认为对其开展研究能够有效地缩小城乡差距，实现社区服务均等化和便民化的发展目标。文章从区域层次、村镇层次和详细设计层次构建了村镇社区便民服务系统的规划设计框架，包括规划层次与内容、服务设施规划配置标准、规划目标体系等，并进一步对后续研究的方向进行了展望。

本辑的"气候变化与城市规划"专栏选择翻译美国都市未来和大气研究中心帕特里夏·罗梅罗-兰考博士等19位城市和气候变化研究专家刚刚完成的鸿篇"更加全面地认识城镇化、城镇地区和碳循环的关系"。文章认为对城镇化、城镇地区和碳循环相关的独立研究，加深了我们对能源和土地使用影响碳循环这一过程的认识，但这对CO_2减排和遏制地球增温无济于事。本文认为，对于不同的城镇化过程、机理和要素，在不同的时间、不同的城市乃至跨城市的碳排放时空模式问题，需要在现有研究方法的基础上应用补充和整合的新型跨学科研究方法进行研究。文章呼吁对城镇化和不同位置城市碳影响的研究需要采用更加整体性的方法。文章进一步指出城镇化机理和城镇化过程都存在广泛的不确定性，而且两者都与城市社会制度和建成环境系统存在相互关系，它们三者对碳循环均有影响，并且相关碳排量的控制又会对城镇化产生影响。

历史是现实的镜子，武廷海从秦始皇陵规画中归纳出"山川定位"、"形数结合"选址法则，通过仰观俯察、相土尝水、辨方正位、计里画方、置陈布势等过程，形成规画的空间格局与形态，具有重要的理论与实践价值，相信读者可以从中

opment; thirdly, the "greenization" and "ecologization" in the process and the results of economic activities should be considered as the main contents of green development and the path to it. Based on the topic discussed above, this issue tries to present the latest research achievements of the Department of Urban Planning at Tsinghua University in the construction of urban planning discipline in response to green development.

领悟到对当下城市新区新城选址具有重要价值的传统文化和科学理性精髓，本辑因此特别开辟“规画探索”栏目发表相关研究成果。本辑也介绍了《城市社会学》新版教材，希望读者关注。

城市与区域规划研究

本期主题：绿色发展与城市规划变革（清华专辑·下）

目　　次

[第7卷 第2期（总第18期）2015]

Journal of Urban and Regional Planning

Special Issue of Tsinghua University (Ⅱ): Green Development and Urban Planning Reform

CONTENTS

[Vol. 7, No. 2, Series No. 18, 2015]

苏州城市增长边界划定初步研究[①]

王　颖　顾朝林　李晓江

Preliminary Study on Urban Growth Boundary of Suzhou City

WANG Ying[1], GU Chaolin[2], LI Xiaojiang[1]
(1. China Academy of Urban Planning and Design, Beijing 100044, China; 2. School of Architecture, Tsinghua University, Beijing 100084, China)

Abstract This paper studies urban growth boundary (UGB) of Suzhou City in 2030. Based on the analyses on the process and the existing problems of urban spatial growth in Suzhou City and the protection of natural resource and eco-environment, urban growth boundary is demarcated in the paper by using qualitative and quantitative analytical methods and taking into account the factors like social economy. It covers an area of 665km^2 except for Taihu Lake, Yangcheng Lake, Chenghu Lake in Suzhou City. Some ecological lands, such as smaller woodland and water area, will be prohibited to be developed as construction land. The 100km^2 construction land will be selected within the UGB. It is advisable to guarantee the ecological isolation between the main urban area and its satellite towns—Dongshan Town, Xishan Town, Jinting Town, Guangfu Town, and Xukou Town, whose development is not included in urban land use. The growth boundary should maximally use highways, railways, major rivers, mountains, the administrative

作者简介
王颖、李晓江，中国城市规划设计研究院；顾朝林，清华大学建筑学院。

摘　要　本文对苏州2030年城市增长边界划定进行了初步研究。通过对苏州城市增长过程和问题的分析，在保护自然资源和生态环境的前提下，考虑城市增长的社会经济等动力因素，运用定性和定量分析方法划定城市增长边界，其范围覆盖了苏州市区除太湖、阳澄湖、澄湖以外的大部分区域，面积为665km^2。其中部分规模较小的林地、河流水域等生态用地禁止开发为建设用地，所需的100km^{2}建设用地在增长区内选择。东山镇、西山镇、金庭镇、光福镇、胥口镇作为卫星城镇与主城区之间的保障生态隔离，其发展不纳入城市用地。增长边界的空间尽量采用现状高速公路、铁路、主要河流、山脚线等有明确空间定位及阻隔作用的地物，还考虑了乡镇、村等行政界线、土地利用规划中的基本农田控制区及各类生态规划中的用地边界等。划定的城市增长边界有助于实现苏州城市的可持续发展和精明增长。

关键词　城市增长边界；城市总体规划；城市增长管理；苏州市

2013年12月12～13日在北京举行的中央城镇化工作会议明确提出："城市规划要由扩张性规划逐步转向限定城市边界、优化空间结构的规划"，首次明确要求"科学设置开发强度，尽快把每个城市特别是特大城市开发边界划定，把城市放在大自然中，把绿水青山保留给城市居民"。目前学界对"城市增长边界"有不同的认识和理解：一是将城市增长边界看作是去除自然空间或郊野地带的"反规划线"；二是满足城市未来扩展需求而预留的空间，随城市增长而不断调整的"弹性"边界。

boundaries of towns and villages, the basic farmland and ecological land borders, and so on. The demarcated urban growth boundaries will facilitate the sustainable development and smart growth of Suzhou City.

Keywords urban growth boundary; city master planning; urban growth management; Suzhou City

本文运用城市增长边界作为空间增长管理的政策工具，以“生态优先”保护城市生态本底，以“精明增长”提升城市内部空间绩效，进行苏州城市增长边界划定的初步研究。

1 研究背景和问题

1.1 城市概况

苏州市域面积 8 488km²，是我国著名的历史文化名城和风景旅游城市，也是长三角地区重要的中心城市之一，常住人口超过 1 000 万人，GDP 接近 1.1 万亿元，三产比重 1.7∶55.6∶42.7，人均地区生产总值 2.6 万美元[②]，城市化水平达到 71%，已形成电子信息、装备制造、纺织、轻工、冶金、石化六大主导产业[③]。目前，苏州经济建设与环境保护的矛盾日益尖锐，正处在经济发展模式从外延式、资源过度消耗型向经济、社会、环境协调发展的转变时期。

1.2 城市空间增长过程

根据苏州市域范围内的多时相 Landsat TM/ETM+卫星影像数据解译及《苏州市志》等相关文献获取苏州城市建设用地增长情况。改革开放以来，苏州城市空间增长以古城为中心向周边迅速扩展。1986～2012 年经历了四个扩展阶段。

(1) 围绕古城东、西两侧扩展阶段。首先，西侧新区设置。1986 版苏州市城市总体规划提出“全面保护、跳出古城”的发展思路，在古城外西侧设置新区，经 1994 年规划范围调整，其规划建设用地面积达到 52km²。其次，东侧苏州中新工业园区设置。1992 年，古城以东设立中国—新加坡苏州工业园区，规划建设用地面积 70km²。然而，这一时期由于市区被原吴县所包围，城市空间扩展受行政区划限制显著，被迫采用见缝插针式填充以及边缘蔓延的增长方式。

(2) 围绕古城南、北两侧扩展阶段。2001 年，苏州进行了行政区划调整，撤消了吴县市，成立吴中区和相城区，城市建设用地得以突破原行政界线束缚，向南、北两侧扩展。与前期城市扩展对应，形成了“十”字形轴向空间扩展格局。

(3) 城市空间蔓延扩展阶段。近几年来，由于各发展轴间用地基本填满，苏州城市的扩展进入蔓延区。在中心城区外，规划区内部出现大量的小型产业园区和居住小区，使得苏州城市空间增长出现呈圈层蔓延的趋势。城市用地空间在 1986～1994 年主要向西扩展，在 1994～2000 年则向西与向南兼具；在 2000～2005 年向周边圈层式扩展，并突出表现为向北、向西北和向东扩展；在 2005～2010 年主要向东扩展（图 1）。

(4) 城市跳出“十”字轴南向发展阶段。2012 年，苏州再次进行行政区划调整，撤消吴江市设立吴江区，设置姑苏区（苏州国家历史文化名城保护区）、虎丘区（苏州高新技术产业开发区）、吴中区、相城区、国际开发区（中国—新加坡苏州工业园区），中心城区土地面积达到 5 079km²。

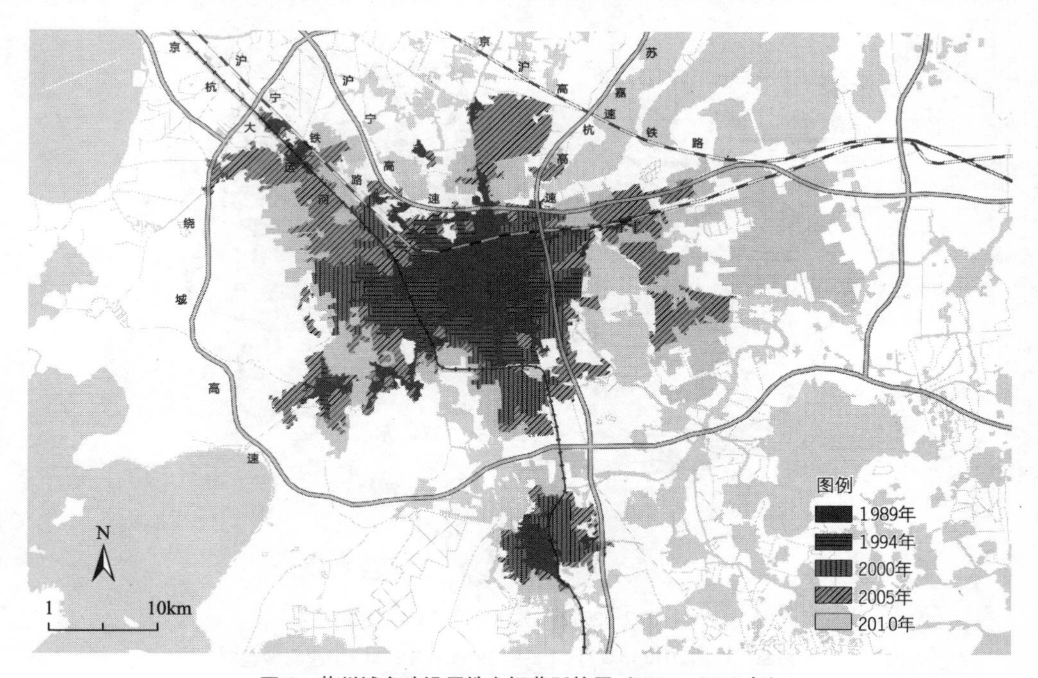

图 1　苏州城市建设用地空间蔓延扩展（1989～2010 年）

资料来源：根据 1989 年 7 月 23 日、1994 年 6 月 30 日、2000 年 10 月 11 日、2005 年 10 月 17 日 Landsat 5 TM 卫星影像数据以及 2010 年 9 月 21 日的 Landsat 7 ETM＋卫星影像数据绘制。

1.3 城市空间增长存在的问题

从改革开放30多年来的苏州城市空间增长历程看，城市空间扩展促进了苏州城市和经济快速发展，但也给周边生态环境形成巨大的压力，引发了如下问题。

(1) 城市建设用地无序蔓延。首先，尽管在规划中确立了“十”字形结构组团发展的总体框架，但是由于组团之间的绿地隔离控制不足，城市连片发展，组团特征逐渐消失。其次，城市建设用地“遍地开花”。在“自下而上”和“自上而下”的发展主体推动下，以镇区为单元的城镇空间、被撤并乡镇继续发展遗留的社区单元，以原有乡镇工业为依托的建设空间并存，形成整体分散、无序蔓延的空间发展特征（图2）。再次，近年来出现的轴间填充和圈层式的用地趋势导致居住、工业、公共设施等各用地类型混杂布置，容易引发新的社会经济问题。需要划定城市增长边界来抑制蔓延，并明确建设用地开发时序。

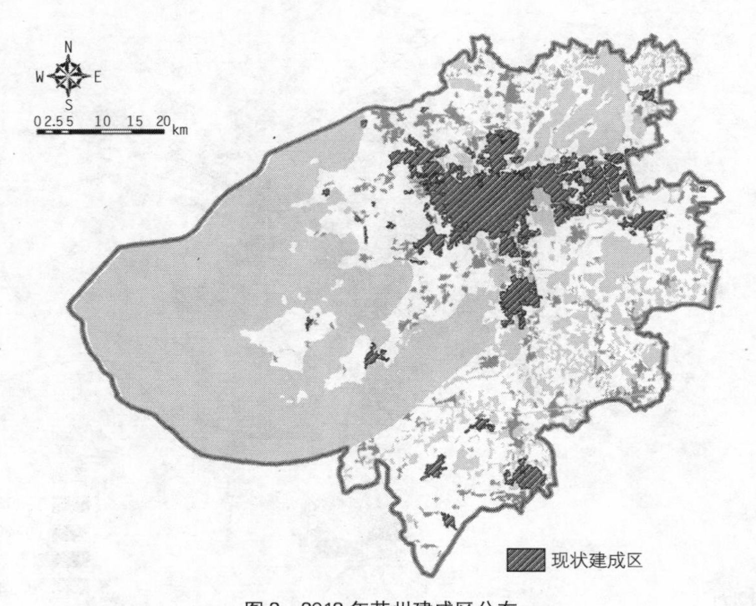

图2 2012年苏州建成区分布

资料来源：根据2010年9月21日的Landsat 7 ETM+卫星影像绘制。

(2) 侵占湿地威胁城市生态安全。大量的湖荡、河网没有得到有效的保护，作为该地区一种重要的生境类型，随时暴露在建设用地扩张的干扰之下，使生态系统的自我调节能力降低。苏州在1979～2010年，水网、湖泊坑塘、养殖水面等大量减少（图3），近50年来，苏州市中心区河流总长减少了约84km，河网密度下降了约19.7%。

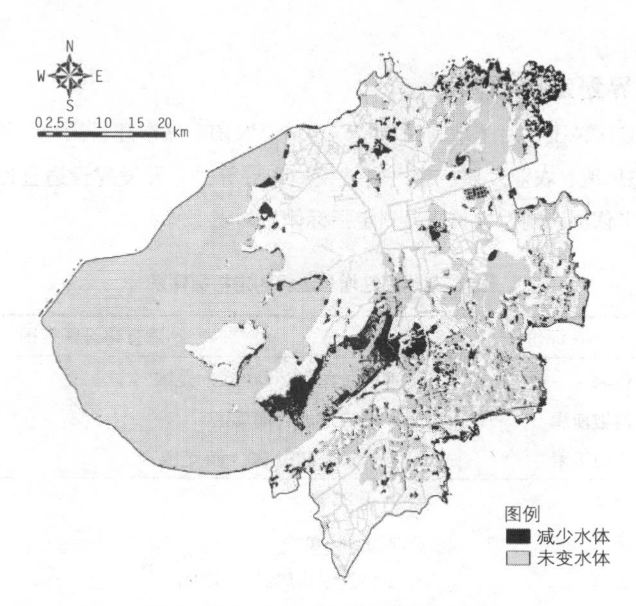

图3 1979～2010年苏州减少水体空间

资料来源：根据1989年7月23日Landsat 5 TM、2010年9月21日的Landsat 7 ETM＋卫星影像绘制。

(3) 农业生产空间被侵占。1986年以来，苏州城市建成区扩张迅速，在短短数十年内，新建成区面积达到了数百上千年形成的传统古城的数倍，城市扩张从挤占乡村用地向农业生产空间甚至生态敏感区推进，进而引发城市—生态—资源不协调发展的问题。根据不同时相遥感影像解译与土地利用转移矩阵研究，苏州因城市建设所消耗的土地资源，耕地占82.2%，村庄建设用地占9.2%，水网占3.6%，湖泊坑塘占3.3%，养殖水面占0.9%，开山占0.1%。

为保证城市山水环境免遭破坏，保障城市空间结构及形态的可持续性与合理性，需要划定城市刚性增长边界与弹性增长边界。

2 刚性增长边界划定

刚性增长边界为城市发展的基本生态安全控制线，主要起到保护生态本底的作用。本次研究确定刚性增长边界划定原则为：①生态控制，在快速城市化和工业化的背景下，苏州城市生态环境已经受到了严重威胁，未来的发展应充分考虑与区域生态环境的协调，尽可能将城市发展对生态环境的影响降至最低；②先底后图，城市增长边界的划定需采取先底后图的方法，以资源承载能力和生态环境容量为前提，注重水资源的保护，严格保护生态环境敏感区，集约使用土地；③以人为本，基于人的感受，划定有价值但没有定义的郊野空间，实现城市健康发展。

2.1 刚性增长边界划定指标体系

根据苏州城市规划区范围，对土地利用现状（水域、农田、城市建设用地、村庄建设用地、林地等）、资源条件、生态环境、农业发展、重大区域设施布局等进行开发建设适宜性评价，为城市刚性增长边界划定提供科学依据。刚性增长边界划定指标体系如表1所示。

表1 苏州刚性增长边界划定指标体系

类型	评价因子	不适宜建设区范围
工程地质	断裂	断裂带两侧200m控制范围
	滑坡崩塌	不稳定滑坡、崩塌区
	地面沉陷	累计沉降超过800mm范围
自然生态	坡度	大于25%
	高程	大于400m
	山体	山体及沿山脚纵深200m
	生态敏感度	湿地、绿洲、草地、原始森林等具有特殊生态价值的原生生态区
	河湖岸线	沿太湖（太湖旅游度假区除外）和阳澄湖纵深1km，独墅湖、三角咀、裴家圩、漕湖、澄湖等沿岸纵深300m
人为影响	基本农田	基本农田保护区
	自然保护区	自然保护区、小于200m缓冲区
	森林公园、风景名胜区	森林公园、国家级风景名胜区
	历史文化保护区	历史文化保护区核心区
	重大基础设施廊道	高速公路控制沿路两侧200m；高速铁路控制沿路两侧300m；普通铁路和城际轨道控制沿路两侧100m
	郊野空间	从人的游憩需求、乡村景色的保护出发，城市周边有价值但没有定义的郊野空间

资料来源：参照《城乡用地评定标准（CJJ132-2009）》及苏州当地情况选取用地评价因子。

2.2 刚性要素边界划定

（1）地层断裂带。规划区断层绝大部分隐伏在第四系土层之下，按其深度可分为一般断裂带、盖层大断裂带、基底断裂带、深断裂带四类。参照《城乡用地评定标准（CJJ132-2009）》，划定断裂带两侧200m控制范围为不适宜建设区（图4a）。

（2）滑坡崩塌区。规划区内滑坡崩塌主要分布于临近太湖的金庭镇、东山镇西部、光福镇、东渚镇、木渎镇、香山街道等地区，根据《城乡用地评定标准（CJJ132-2009）》划定不稳定滑坡、崩塌区为不适宜建设区（图 4b）。

（3）地面沉降带。当前地面沉降已成为长三角地区影响城市建设安全的重要因素之一。参照上海市及浙江省标准，划定累计沉降超过 800mm 范围为不适宜建设区（图 4c）。

（4）山体及缓冲区。规划区内山体主要有阳山、太平山、灵岩山、穹隆山、渔阳山、七子山、东洞庭山、西洞庭山等，集中分布于规划区西侧濒临太湖的地区。参照《苏州市城市总体规划（2006～2020）》，除山体本身不适宜建设外，划定沿山脚纵深 200m 为不适宜建设地区（图 4d）。

（5）生态敏感区。参照《苏州市城市总体规划（2006～2020）》，规划区内敏感区主要包括环太湖生态敏感区（太湖及周边湿地）、小型哺乳动物活动源（山体及洪泛平原）、水源保护区（太湖、淀山湖、太浦河、阳澄湖）、特殊农产品生产敏感区。本次研究划定上述生态敏感区为不适宜建设地区（图 4e）。

（6）河湖岸线保护区。考虑苏州河湖岸线分布情况，划定沿太湖（太湖旅游度假区除外）和阳澄湖纵深 1km，独墅湖、三角咀、裴家圩、漕湖、澄湖等沿岸纵深 300m 范围为不适宜建设地区(图 4f)。

（7）自然、人文保护区。规划区内自然保护区共两处，分别为吴中区光福自然保护区和东山湖羊

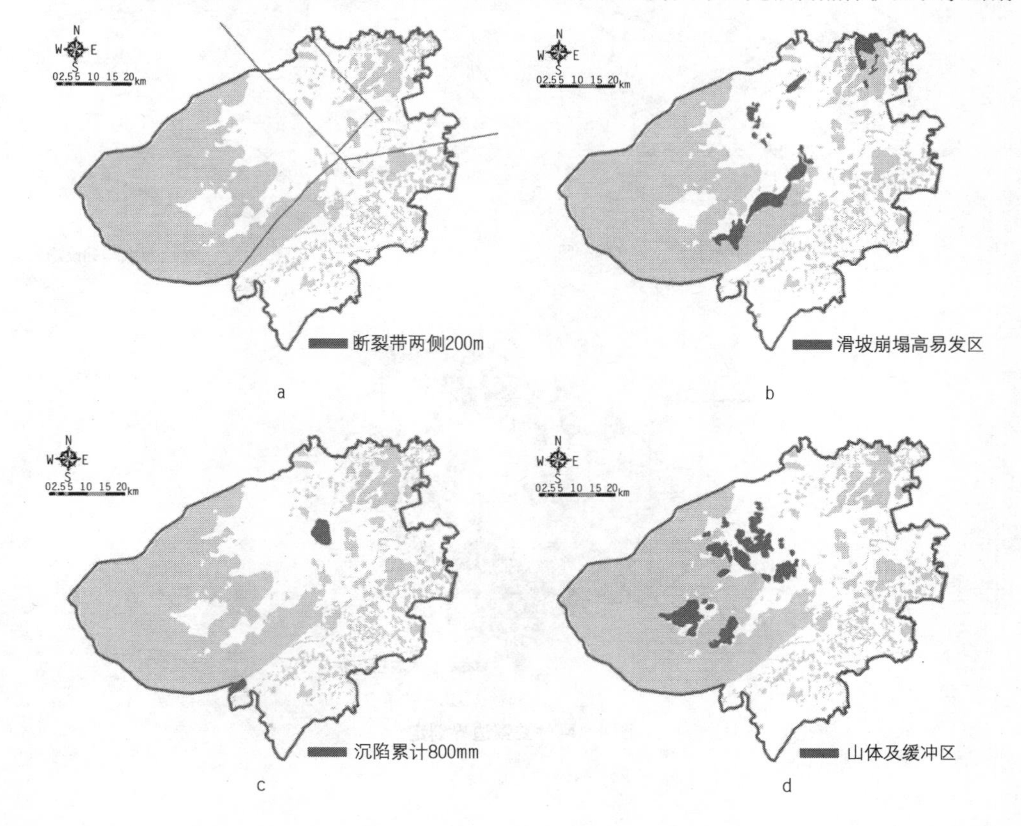

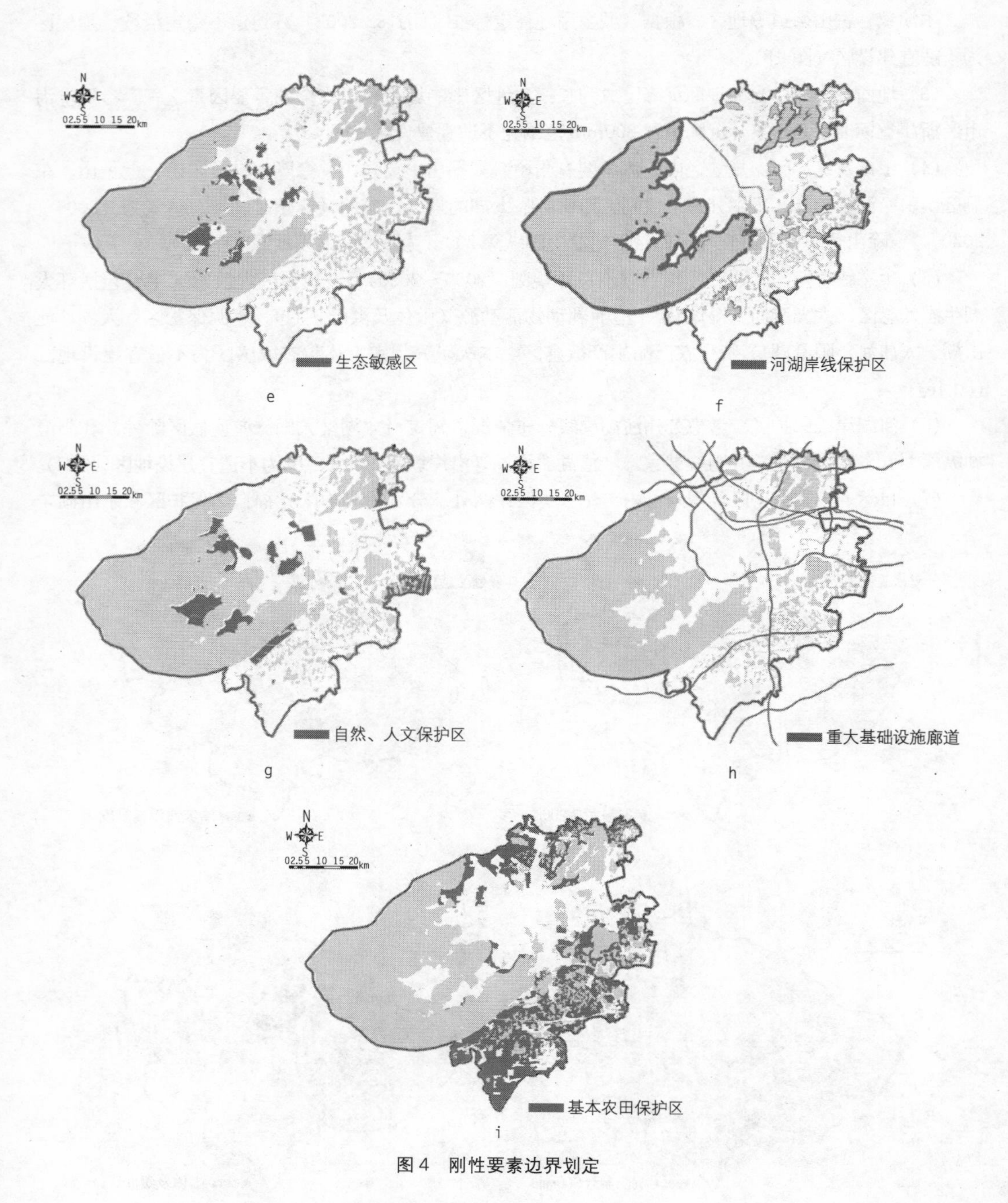
N
W E
S
0 2.5 5 10 15 20 km
生态敏感区
e
河湖岸线保护区
f
自然、人文保护区
g
重大基础设施廊道
h
基本农田保护区
i

图 4 刚性要素边界划定

资源保护区，总面积为63.61km²，划定自然保护区及周边200m缓冲区范围为不适宜建设区。森林公园有上方山国家森林公园、东吴国家森林公园、苏州市横山森林公园、太湖西山（金庭）森林公园(约56.8km²)。此外，不适宜建设区还包括区域内的国家级风景名胜区以及历史文化保护区核心区(图4g)。

(8) 重大基础设施廊道。参照高速公路控制沿路每侧200m，高速铁路控制沿路每侧300m，普通铁路和城际轨道控制沿路每侧100m，光福机场按国家相关法规划定控制区为不适宜建设区 (图4h)。

(9) 基本农田保护区。苏州土地利用总体规划中所确定的基本农田保护区为不适宜建设地区(图4i)。

2.3 刚性增长边界划定

城市刚性增长边界划定主要根据上述各刚性因子评价结果进行空间叠加，其中自然保护区、饮用水水源等刚性因子采用一票否决的叠加方法。考虑到苏州土地利用总体规划编制年限为2006～2020年，存在随城市总体规划调整的可能性，故对其进行单独叠加，获得苏州城市刚性增长边界 (图5)。

3 弹性增长单元划定

在划定刚性增长边界之后，已经确定了规划区范围内可建设用地的分布，但刚性增长边界内可建设用地的开发潜力和开发时序，则需要通过划定弹性增长边界来确定。

为确立精明增长理念，本次城市弹性增长边界划定目标确定为：①为规划期内建设用地增长选择最优的可能及确定最佳的发展时序；②对环境友好、应变弹性较大的都市区空间结构进行情景描述，并形成引导性方案；③抑制边缘区建设用地蔓延态势，促进边界内低效率建设用地的置换。城市弹性增长边界划定的原则为：①区域统筹。近年来苏州行政区划调整，一方面客观上有利于区域整合和协调发展，另一方面也导致了新的土地资源浪费、空间蔓延加剧等问题，需要运用政策工具统筹城乡发展，合理布局城市发展区。②经济发展。城市增长边界与城市经济发展息息相关，一方面增长边界要为城市发展留有足够的空间以容纳产业增长与人口集聚，另一方面增长边界要起到抑制蔓延、提高密度的作用，因此不能盲目划大范围。城市用地扩张只有与经济发展吻合才能实现精明增长，提高城市土地的使用效率。③交通引导。通过有意识地规划引导城市沿交通走廊发展，以实现基础设施的高效利用。

3.1 弹性增长单元确定指标体系

本次弹性边界划定指标体系主要考虑社会、经济、交通、基础设施等对发展潜力的影响。此外，影响增长潜力的自然要素分为工程地质条件、水文地质条件、工程经济性、生态敏感性四大类；社会经济要素分为人口发展和经济密度两大类指标 (表2)。

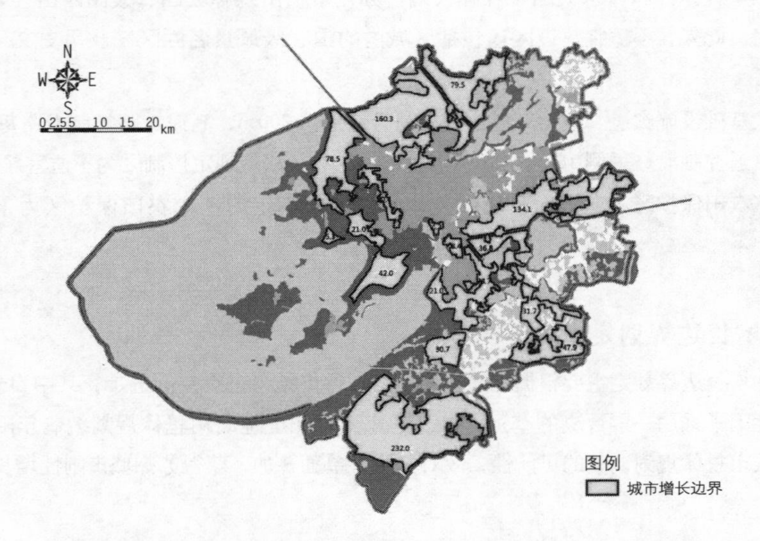

a. 不考虑基本农田保护区的增长边界

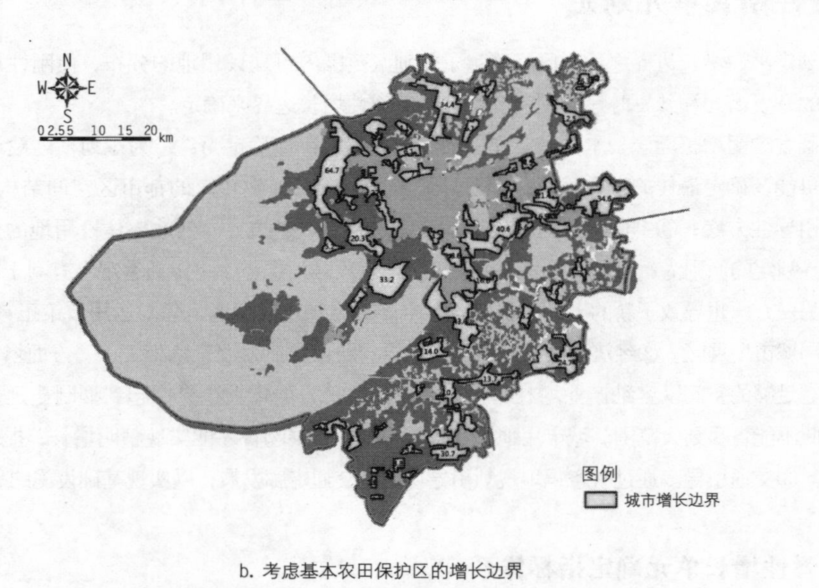

b. 考虑基本农田保护区的增长边界

图 5 苏州城市刚性增长边界

表2　苏州弹性增长单元确定指标体系

	主导因子	单项因子	建议分级标准	建议分值
自然要素	工程地质条件	地质灾害易发程度	低易发区	3
			中易发区	2
			高易发区	1
		地面沉降（mm）	＜400	3
			400～800	2
			＞800	1
	水文地质条件	地下水埋深（m）	＞3.0	3
			1.5～3.0	2
			＜1.5	1
	工程经济性	相对高程（m）	＜50	3
			50～100	2
			＞100	1
		地形坡度（°）	＜8	3
			8～25	2
			＞25	1
	生态敏感性	生态敏感性	城镇村庄及工矿用地	3
			耕地、荒草地、裸地	2
			林地、湿地、牧草地、水域	1
		各项保护区	各类保护区外围区	3
			各类保护区缓冲区	2
			各类保护区核心区	1
		水网密度指数	＜30	3
			30～50	2
			＞50	1
社会经济	人口发展	人口密度（人/km^2）	＞2 000	3
			800～2 000	2
			＜800	1
		人均 GDP（元）	＞150 000	3
			75 000～150 000	2
			＜75 000	1
	经济密度	地均 GDP（万元/km^2）	＞20 000	3
			10 000～20 000	2

资料来源：表中各项指标的建议分级标准和建议分值参照国家标准及有关文献。

3.2 弹性增长单元数据采集

本次研究采用格网法进行弹性边界划定。规划区地处平原，地貌起伏不大，以 1km×1km 格网进行分割，去除太湖水域、阳澄湖、澄湖及现状建成区后共得到 2 766 个基本评价单元（图 6），评价单元编号表示为 1A-1a 格式。

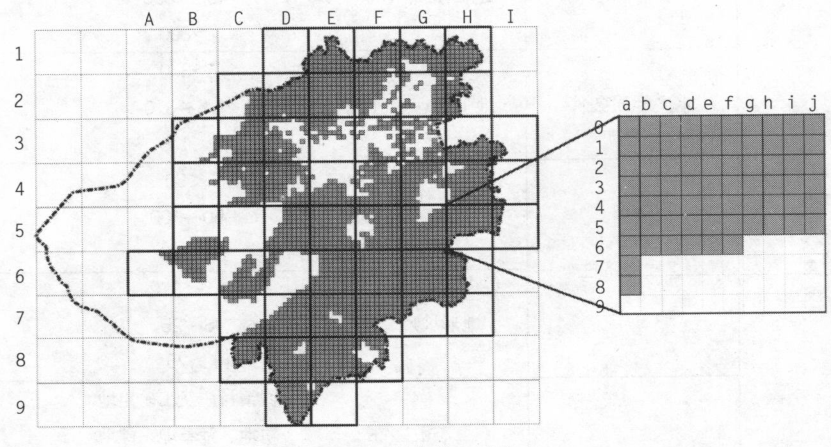

图 6　评价单元划分

数据采集除上文中刚性边界划定所需的空间数据外，弹性边界划定还涉及城市发展的社会经济动力要素，其基础数据主要包括空间数据和统计数据两大类。①空间数据：苏州市土地利用现状图、苏州市交通现状图（包括公路、铁路、水运等）、苏州市地形图、苏州市基本农田保护规划图等空间数据。上述数据经数字化转为矢量格式。②统计数据：人口数据（包括规划区范围内各乡镇、街道人口数据）、城市发展资料（主要包括城市经济总量、城市用地发展、城市基础设施建设等）。在 ArcGIS 环境下，建立规划区各乡镇街道社会经济发展条件的属性数据库，并将属性数据与各评价单元空间数据相互关联，作为研究的基础。对坡度、高程等 30m 分辨率栅格数据进行重采样（重采样方法为计算评价单元内均值），并根据上述评价标准对评价单元进行赋值，得到单元格属性数据表。对于人口经济数据，根据各乡镇街道 2010 年统计资料将人口密度、人均 GDP、地均 GDP 数值赋给相应行政范围内的评价单元，处于交界处的评价单元取单元内面积超过 50%的乡镇所在数据（图 7、图 8）。

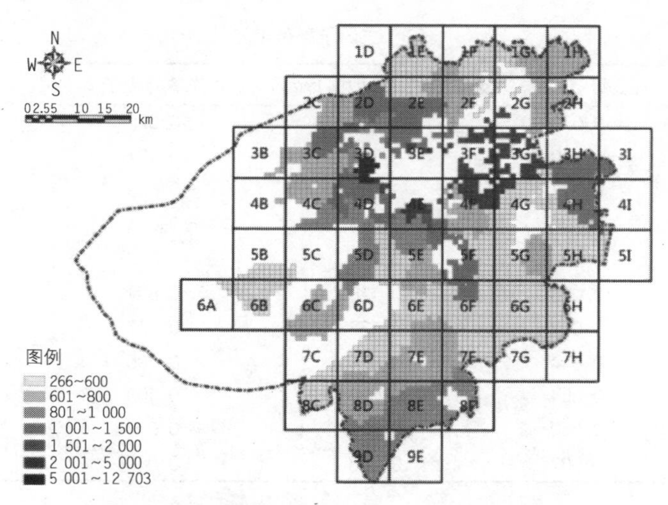

图 7 苏州评价单元人口密度分布（2010 年）

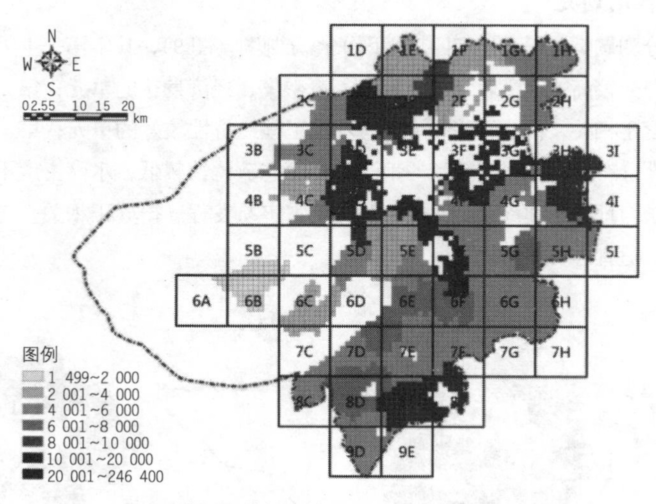

图 8 苏州评价单元地均 GDP 分布（2010 年）

3.3 弹性增长单元确定方法

本次研究运用主成分分析方法，对变量或单元格进行分类，根据提取出的主因子得分进行聚类分析，根据相似性进行城市土地利用发展潜力的空间分析，最终划定城市弹性增长单元分区。原始数据经标准化后进行主成分分析，共提取出四个主因子（表3）。

表3 主因子载荷矩阵

	社会经济因子	建设条件1（地面）因子	生态敏感因子	建设条件2（地下）因子
坡度得分	－0.071	0.730	－0.026	0.095
沉降得分	－0.010	－0.375	－0.137	0.597
地下水得分	0.211	0.051	－0.009	0.687
地质灾害得分	0.100	0.563	－0.015	0.527
高程得分	0.045	0.735	0.010	0.014
水网密度得分	0.026	－0.128	0.831	0.025
生态敏感得分	0.082	0.123	0.817	－0.054
保护区得分	0.044	0.674	0.005	－0.415
人口密度得分	0.854	－0.090	0.103	0.165
人均GDP得分	0.850	0.197	－0.002	0.045
地均GDP得分	0.962	－0.063	0.045	0.022

3.4 弹性增长单元划定

根据上述主成分和聚类分析，提取四项主因子得分制图（图9），其中第一主因子与社会经济发展水平显著正相关，得分较高的地区表示规划区内人口密集、经济发达的单元；第二主因子与坡度、高程、保护区分布高度正相关，得分较高的地区表示受工程经济性较好的单元；第三主因子主要反映水网密度与生态敏感性分布情况，得分较高的地区表示生态敏感性较低，水网密度不大，适宜转化为建设用地；第四主因子与地下水埋深、地面沉降及地质灾害易发程度得分正相关，得分较高的地区表示水文地质条件较好，适宜进行城市建设。

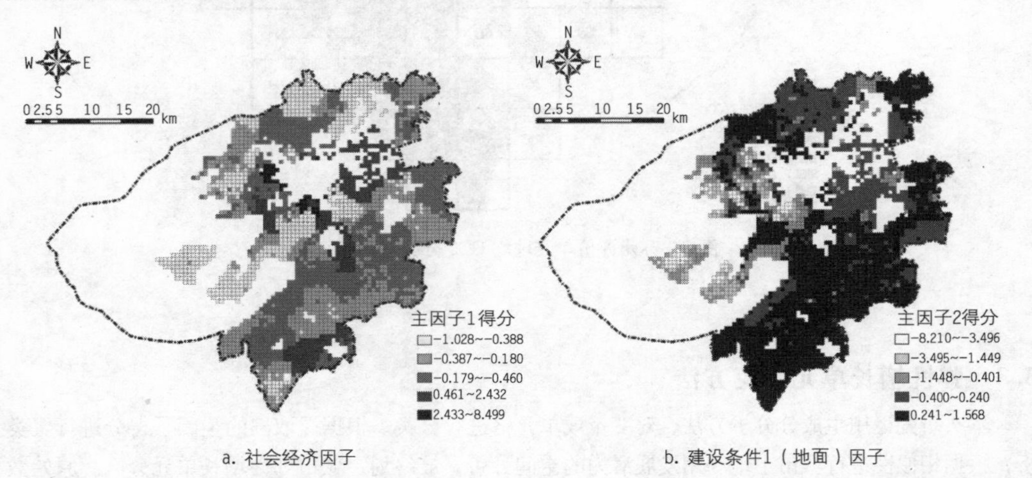

a. 社会经济因子　　b. 建设条件1（地面）因子

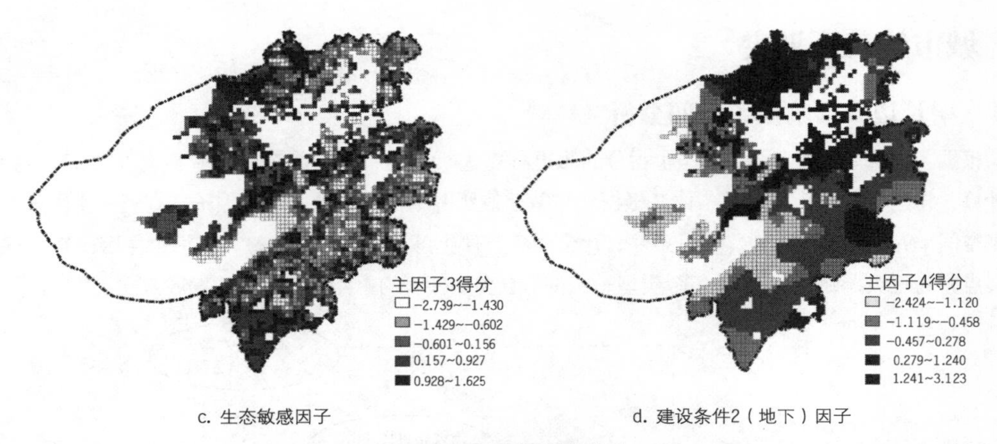

c. 生态敏感因子　　d. 建设条件2（地下）因子

图9　四项主因子得分情况

由主因子载荷矩阵，建立主因子得分函数，计算每个地区在各个因子上的得分，建立规划区弹性增长单元综合评价模型。根据综合评价模型计算出各个区域的综合分值，通过该模型可以详细了解规划区用地发展的整体适宜程度（图10）。

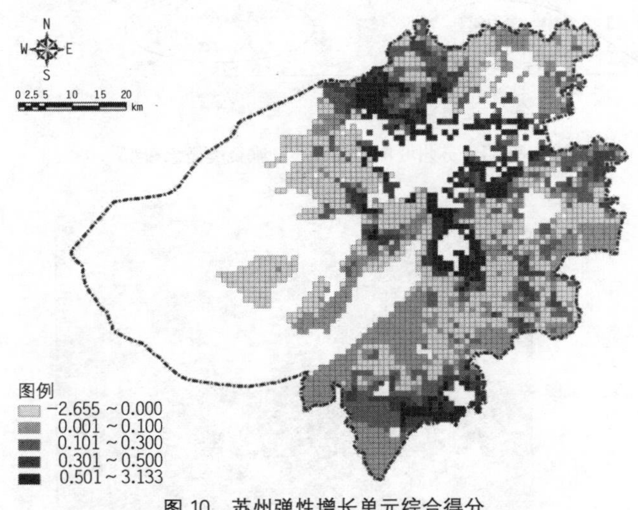

图10　苏州弹性增长单元综合得分

4 城市增长区划定

4.1 增长边界影响因子空间分析

根据各评价单元在各个主因子上得分的相近程度进行归类，并据此划分区域类型（图 11）。为方便计算，将建设条件 1 与建设条件 2 根据各自特征值所占比例合并为一个主因子，则三个主因子分别代表空间单元在生态敏感性、建设条件、社会经济条件上的重要性（图 12）。将每个主因子得分根据断裂点分为三级，则共有 27 种组合类型，每种组合类型代表的单元格有不同的发展方向（表 4）。

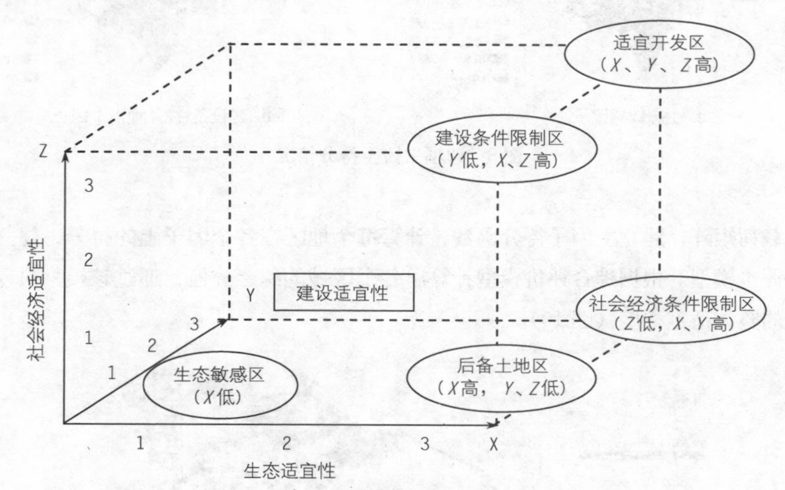

图 11　苏州城市增长边界三维聚类概念模型

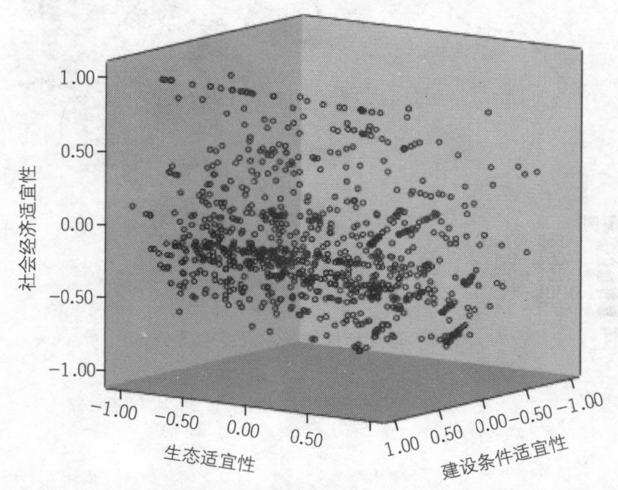

图 12　苏州城市增长边界划定单元格三个主因子得分情况（部分）

表4 苏州城市增长边界分区类型单元分值及描述

分区类型	单元分值（x，y，z）	描述
生态敏感区	(1，1，1)、(1，1，2)、(1，1，3)、(1，2，1)、(1，2，2)、(1，2，3)、(1，3，1)、(1，3，2)、(1，3，3)	生态敏感因子得分低，是生态脆弱地区，应避免大规模城市建设
生态较敏感区	(2，1，1)、(2，1，2)、(2，2，1)、(2，2，2)	生态敏感因子得分较低，同时建设条件和社会经济条件较差，可进行管制性的适度开发
社会经济条件限制区	(3，3，1)、(2，3，1)、(3，2，1)	生态承载力高，建设条件好，但社会经济条件较差，是未来城市化空间拓展区
建设条件限制区	(3，1，2)、(3，1，3)、(2，1，3)	生态承载力高，社会经济条件好，但建设条件较差，通过工程技术处理可进行城市建设
较适宜开发区	(3，2，2)、(2，3，2)、(2，2，3)	生态承载力较高，建设和社会经济条件较好，较适宜城市建设
适宜开发区	(3，3，2)、(3，2，3)、(2，3，3)、(3，3，3)	生态承载力高，建设条件和社会经济条件好，最适宜城市建设
后备土地区	(3，1，1)	生态承载力高，但建设条件和社会经济条件均不高，发展方向尚不明确，当可利用土地消耗殆尽时再考虑用于城市建设

根据各聚类中心值在各主成分上的得分情况可知，第一类用地为生态敏感区，生态敏感因子得分低，多为山体林地、沿湖湿地或内陆水网生态环境脆弱区，对于这类地区应实行严格的保护策略，避免进行开发建设；第二类用地为生态较敏感区，其生态敏感因子得分较低，同时建设条件和社会经济条件较差，可在管制前提下进行小规模建设；第三类用地为社会经济条件限制区，此类用地生态承载力高，建设条件好，但社会经济条件较差，适宜较大规模的城市建设，是未来工业化和城市化空间拓展区；第四类用地为建设条件限制区，其生态承载力高，社会经济条件好，但建设条件较差，通过工程技术处理可进行城市建设；第五类用地为较适宜开发区，其生态承载力较高，建设和社会经济条件较好，较适宜城市建设；第六类用地为适宜开发区，其生态承载力高，建设条件和社会经济条件好，是转化为城市建设用地的首选地区；第七类用地为后备土地区，其生态承载力高，但建设条件和社会经济条件均不高，此类用地发展方向尚不明确，一旦城市可利用土地消耗殆尽时可考虑用于城市建设。在建设用地选择的过程中，应优先选择社会经济条件发展较好，同时受生态环境、建设条件约束较小的地区，即优先选择第六类和第五类用地，而第三类可用于建设大规模新城。按照上面的分类，苏州增长边界影响因子空间分析如图 13 所示。

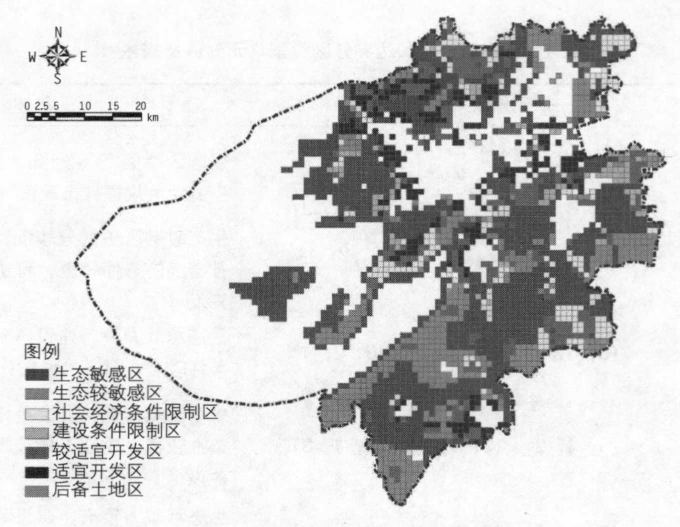

图 13 苏州城市增长单元空间分析

4.2 基于交通线网的增长单元边界分析

在本次研究中，依托高速公路和主要经济联系方向，向北、向南、向东是苏州城市的主要拓展方向。通过道路系统的合理设置，形成串珠状的城市空间发展形态，在各个发展轴之间结合过境公路和用地评价结果中的不适宜建设用地，形成绿地开放空间，限制城市的无序蔓延，由此形成健康的空间形态（图 14）。

4.3 增长边界区划定

城市发展受很多要素影响，因此规划范围具有不确定性，在确定城市增长边界时往往需要运用情景分析方法，本次研究主要考虑如下情景。①城市人口规模 500 万人。考虑人口规模预测的复杂性，本文不对具体规模进行预测，而是提出发展到 500 万人口的情景描述或引导性方案，城市建设用地约 500km²。②用地以内涵增长为主。现状建成区（不含吴江盛泽城区）面积约 335km²，根据既有研究，建成区内可更新用地共计 61km²[④]，以工业用地为主。该部分用地以内涵方式进行功能置换，实现旧区改造。因此，规划期需新增城市建设用地约 100km²。③生态优先原则。根据地块的扩展潜力大小与限制因素强弱，结合聚类分析结果综合判断是否纳入增长边界范围。依据生态一票否决的原则，优先考虑生态限制，保护重要资源。最后，在数量上满足一定时期内建设需求的前提下，尽量选择规模较大、相对集中的地块，对城市弹性增长边界进行修正（图 15）。

图 14 苏州基于交通线网的增长单元边界分析

5 结语

本次研究划定了苏州 2030 年城市增长边界。预计到 2020 年左右苏州的土地开发将接近饱和，城市用地扩展趋向平缓，用地增长以低效工业用地置换和旧城改造为主。此时城市弹性边界的扩展也趋向稳定，可作为苏州长期的城市增长边界，其范围覆盖了苏州市区除太湖、阳澄湖、澄湖以外的大部分区域，面积为 665km^2。其中部分规模较小的林地、河流水域等生态用地禁止开发为建设用地，所需的 100km^2 建设用地在增长区内选择。东山镇、西山镇、金庭镇、光福镇、胥口镇作为卫星城镇与主城区之间的保障生态隔离，其发展不纳入城市用地中。在实施中，增长边界的空间落实尽量采用现状高速公路、铁路、主要河流、山脚线等有明确空间定位及阻隔作用的地物。此外，城市增长边界划定还考虑了乡镇、村等行政界线、土地利用规划中的基本农田控制区及各类生态规划中的用地边界等。

本文通过分析苏州城市增长机制，在保护自然资源和生态环境的前提下，考虑城市增长的社会经济等方面动力因素，可以比较科学地确定城市未来增长方向，划定的城市增长边界有助于实现苏州城市的可持续发展和精明增长。

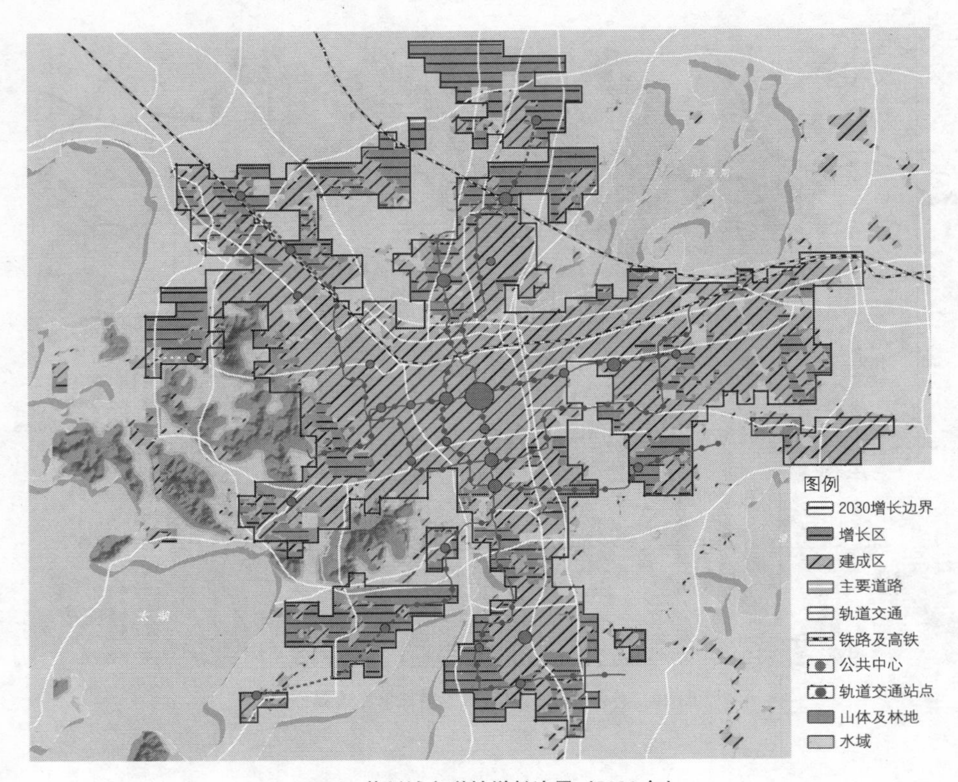

图 15　苏州城市弹性增长边界（2030 年）

致谢

本文受国家 863 计划项目（2013AA122302）、国家科技支撑计划项目（2014BAL04B01）、北京市哲学社会科学规划项目（11CSA003）资助。

注释

① 本文根据王颖的清华大学建筑学院硕士学位论文“苏州城市增长边界研究”改写，部分内容将在《城市规划》发表。为了全面介绍城市增长边界的划定方法，特此全文刊出。

②《苏州市统计年鉴 2012》。

③《苏州市十二五规划纲要》，http://wenku.baidu.com/view/06a78ad850e2524de5187ebe.html。

④《关于苏州城市总体规划相关情况的汇报》，苏州市规划局、中国城市规划设计研究院，2012 年 3 月。

参考文献

[1] Avin, U., Bayer, M. 2003. Right-sizing Urban Growth Boundaries. *Planning*, Vol. 69, No. 2.

[2] Bady, S. 1998. Urban Growth Boundary Found Lacking. *Professional Builder*, No. 13.

[3] Bengston, D., Fletcher, J., Nelson, K. 2004. Public Policies for Managing Urban Growth and Protecting Open Space: Policy Instruments and Lessons Learned in the United States. *Landscape and Urban Planning*, No. 69.

[4] Clarke, K., Gaydos, L. 2008. Loose-Coupling a Cellular Automation Model and GIS: Long-Term Urban Growth Prediction for San Francisco and Washington/Baltimore. *Geographical Information Sciences*, Vol. 12, No. 7.

[5] Ding, C., Knaap, G., Hopkins, L. 1999. Managing Urban Growth with Urban Growth Boundaries: A Theoretical Analysis. *Journal of Urban Economics*, No. 46.

[6] Frey, M. Urban Growth Boundary [DB/OL]. http://conservationtools. org/guides/show/48. S.

[7] Hwang, H., Byun, B. 2003. Land Use Control Strategies around Urban Growth Boundaries in Korea. *International Review for Environmental Strategies*, Vol. 4, No. 2.

[8] Knaap, G., Hopkins, L. 2001. The Inventory Approach to Urban Growth Boundaries. *Journal of the American Planning Association*, Vol. 67, No. 3.

[9] Sybert, R. 1991. Urban Growth Boundaries. Governor's Office of Planning and Research (California) and Governor's Interagency Council on Growth Management.

[10] Tayyebi, A., Pijanowski, B. 2011. An Urban Growth Boundary Model Using Neural Networks, GIS and Radial Parameterization: An Application to Tehran, Iran. *Landscape and Urban Planning*, No. 100.

[11] Tayyebi, A., Pijanowski, B. 2011. Two Rule-based Urban Growth Boundary Models Applied to the Tehran Metropolitan Area, Iran. *Applied Geography*, No. 31.

[12] Turnbull, G. 2004. Urban Growth Controls: Transitional Dynamics of Development Fees and Growth Boundaries. *Journal of Urban Economics*, No. 2.

[13] Weitz, J., Moore, T. 1998. Development Inside Urban Growth Boundaries Oregon's Empirical Evidence of Contiguous Urban Form. *Journal of the American Planning Association*, autumn.

[14] 曹滢、王鹰翅："城市增长边界的理论与实施探讨"，《转型与重构——2011 中国城市规划年会论文集》，2011 年。

[15] 陈锦富、徐小磊："城市空间增长边界探讨"，《城市规划和科学发展——2009 中国城市规划年会论文集》，2009 年。

[16] 陈爽、王丹："城市承载力分区方法研究"，《地理科学进展》，2011 年第 5 期。

[17] 陈泳："近现代苏州城市形态演化研究"，《城市规划汇刊》，2003 年第 6 期。

[18] 丁成日："城市增长边界的理论模型"，《规划师》，2012 年第 3 期。

[19] 冯小杰："城市增长边界（UGBs）的技术与制度问题探讨"（硕士论文），西北工业大学，2011 年。

[20] 韩青、顾朝林、袁晓辉："城市总体规划与主体功能区管制空间研究"，《城市规划》，2011 年第 10 期。

[21] 黄明华、寇聪慧、屈雯："寻求'刚性'与'弹性'的结合"，《规划师》，2012 年第 3 期。

[22] 黄明华、田晓晴："关于新版《城市规划编制办法》中城市增长边界的思考"，《规划师》，2008 年第 6 期。

[23] 李旭锋："哈尔滨城市空间增长边界设定研究"（硕士论文），哈尔滨工业大学，2010 年。

[24] 李咏华："生态视角下的城市增长边界划定方法——以杭州市为例"，《城市规划》，2011 年第 12 期。

[25] 李咏华："基于 GIA 设定城市增长边界的模型研究"（博士论文），浙江大学，2011 年。

[26] 李准："对'城市规划区'的认识和建议"，《城市规划》，1987 年第 6 期。

[27] 刘贵利、顾京涛："土地适宜性评价引导的城市发展方向选择——以汕头市为例"，《城市发展研究》，2008 年第 S1 期。

[28] 龙瀛、韩昊英、毛其智："利用约束性 CA 制定城市增长边界"，《地理学报》，2009 年第 8 期。

[29] 龙瀛、何永、刘欣等："北京市限建区规划：制定城市扩展的边界"，《城市规划》，2006 年第 12 期。

[30] 吕斌、徐勤政："我国应用城市增长边界（UGB）的技术与制度问题探讨"，《规划创新——2010 中国城市规划年会论文集》，2010 年。

[31] 石伟伟："武汉市城市发展边界的设定研究"（硕士论文），华中农业大学，2008 年。

[32] 苏伟忠、杨桂山、陈爽等："城市增长边界分析方法研究——以长江三角洲常州市为例"，《自然资源学报》，2012 年第 2 期。

[33] 孙小群："基于城市增长边界的城市空间管理研究——以重庆江北区为例"（硕士论文），西南大学，2010 年。

[34] 孙心亮、闵希莹、魏天爵等："国外'规划区'的概念、作用及其对中国的启示"，《中国住宅设施》，2011 年第 12 期。

[35] 王德光、胡宝清、饶映雪等："基于网格法与 ANN 的县域喀斯特土地系统功能分区研究"，《水土保持研究》，2012 年第 2 期。

[36] 王峰："我国城市空间增长边界（UGB）研究初探——以滕州市为例"（硕士论文），西安建筑科技大学，2009 年。

[37] 王颖、顾朝林、李晓江："中外城市增长边界研究进展"，《国际城市规划》，2014 年第 4 期。

[38] 温华特："城市建设用地适宜性评价研究——以金华市区为例"（硕士论文），浙江大学，2006 年。

[39] 徐小磊："我国城市空间增长边界制度的构建对策研究"（硕士论文），华中科技大学，2010 年。

[40] 杨保军、闵希莹："新版《城市规划编制办法》解析"，《城市规划学刊》，2006 年第 4 期。

[41] 杨宏杰："苏州城乡地区空间管治研究"（硕士论文），苏州科技学院，2008 年。

[42] 杨建军、周文、钱颖："城市增长边界的性质及划定方法探讨——杭州生态带保护与控制实践"，《华中建筑》，2010 年第 1 期。

[43] 袁烨城、周成虎、覃彪等："多层次格网模型的近邻指数聚类生态区划算法与实验——以新疆北部地区区划为例"，《地球信息科学学报》，2011 年第 1 期。

[44] 周建飞、曾光明、黄国等："基于不确定性的城市扩展用地生态适宜性评价"，《生态学报》，2007 年第 2 期。

[45] 周蓉、郑伯红："长沙城市增长边界体系构建初探"，《规划创新——2010 中国城市规划年会论文集》，2010 年。

[46] 朱查松、张京祥、罗震东："城市非建设用地规划主要内容探讨"，《现代城市研究》，2010 年第 3 期。

[47] 朱高儒、董玉祥："基于公里网格评价法的市域主体功能区划与调整——以广州市为例"，《经济地理》，2009 年第 7 期。

[48] 祝仲文、莫滨、谢芙蓉："基于土地生态适宜性评价的城市空间增长边界划定——以防城港市为例"，《规划师》，2009 年第 11 期。

附表 1　苏州评价单元属性数据（部分原始数据）

单元编号	坡度（°）	地面沉降（mm）	地下水埋深（m）	地质灾害	高程（m）	水网密度	土地利用类型	保护区	人口密度（人/km²）	人均 GDP（元）	地均 GDP（万元/km²）
9D-9g	1.0	200.0	1.0	不易发区	7.0	0.0	耕地	非保护区	814	65 650	5 342
8D-7e	0.8	200.0	2.0	不易发区	5.0	0.0	耕地	非保护区	690	105 200	7 265
8C-4f	0.0	200.0	1.0	不易发区	6.0	0.0	耕地	非保护区	600	94 270	5 652
8E-0b	0.0	200.0	2.0	不易发区	24.0	71.9	水	非保护区	690	105 200	7 265
7F-7d	0.8	200.0	2.0	不易发区	7.0	40.7	耕地	非保护区	949	170 100	16 150
7F-3a	1.4	200.0	1.0	不易发区	7.0	28.0	村庄建设用地	非保护区	610	82 090	5 006
7E-0f	0.8	100.0	2.0	不易发区	6.0	29.7	耕地	非保护区	610	82 090	5 006
6F-8e	1.0	200.0	2.0	不易发区	14.0	88.8	水	非保护区	569	99 300	5 647
6G-6g	5.6	100.0	3.0	不易发区	6.0	71.7	水	非保护区	569	99 300	5 647
6B-3f	0.0	0.0	0.0	低易发区	6.0	13.8	水	国家级	505	29 710	1 499
6D-1c	0.3	100.0	2.0	中易发区	7.0	50.4	耕地	非保护区	845	70 440	5 952
…	…	…	…	…	…	…	…	…	…	…	…
3C-8g	0.0	0.0	2.0	不易发区	8.0	0.0	耕地	非保护区	743	47 680	3 545
3H-6h	0.0	100.0	2.0	不易发区	9.0	24.7	耕地	非保护区	1 211	91 370	11 060
4G-2d	2.7	200.0	2.0	低易发区	8.0	0.0	村庄建设用地	非保护区	2 344	104 700	24 540
2D-8i	0.0	400.0	2.0	不易发区	5.0	0.0	耕地	非保护区	886	128 000	11 340
2D-5j	1.0	400.0	2.0	低易发区	8.0	0.0	耕地	非保护区	1 126	130 300	14 680
2E-2a	0.0	400.0	2.0	低易发区	5.0	0.0	村庄建设用地	非保护区	446	49 200	2 193
1G-9j	0.0	100.0	2.0	不易发区	9.0	14.3	耕地	省市级	627	85 680	5 369
1H-6a	0.0	100.0	2.0	不易发区	10.0	13.4	耕地	非保护区	627	85 680	5 369

附表 2　苏州评价单元各因子得分情况（部分标准化数据）

单元编号	坡度	地面沉降	地下水埋深	地质灾害	高程	水网密度	生态敏感性	保护区	人口密度	人均 GDP	地均 GDP
9D-9g	3	3	1	3	3	3	2	3	2	1	1
8D-7e	3	3	2	3	3	3	2	3	1	2	1
8C-4f	3	3	1	3	3	3	2	3	1	2	1
8E-0b	3	3	2	3	3	1	1	3	1	2	1
7F-7d	3	3	2	3	3	2	2	3	2	3	2
7F-3a	3	3	1	3	3	3	3	3	1	2	1
7E-0f	3	3	2	3	3	3	2	3	1	2	1
6F-8e	3	3	2	3	3	1	1	3	1	2	1
6G-6g	2	3	3	3	3	1	1	3	1	2	1
6B-3f	3	3	1	2	3	3	1	1	1	1	1
6D-1c	3	3	2	1	3	2	2	3	2	1	1
…	…	…	…	…	…	…	…	…	…	…	…
3C-8g	3	3	2	3	3	3	2	3	2	2	2
3H-6h	3	3	2	2	3	3	3	3	3	2	3
4G-2d	3	2	2	3	3	3	2	3	2	2	2
2D-8i	3	2	2	2	3	3	2	3	2	2	2
2D-5j	3	2	2	2	3	3	3	3	1	1	1
2E-2a	3	3	2	3	3	3	2	2	1	2	1
1G-9j	3	3	2	3	3	3	2	3	1	2	1
1H-6a	3	3	1	3	3	3	2	3	2	1	1

基于绿色基础设施的非建设用地评价与划定技术方法研究①

傅　强　顾朝林

Study on Technical Methods of Evaluation and Delimitation of Non-Construction Land Based on Green Infrastructure

FU Qiang[1], GU Chaolin[2]
(1. College of Civil Engineering and Architecture, Shandong University of Science and Technology, Shandong 266590, China; 2. School of Architecture, Tsinghua University, Beijing 100084, China)

Abstract　Green infrastructure, which is originated in Europe and North America, has been paid more and more attention by researchers and practitioners in the field of urban planning in recent years in China. Non-construction land is one of the hot research fields in urban planning in recent years, and the research purpose is to correctly handle the relationship between man and land through the non-construction land evaluation and planning, so as to promote the healthy and orderly urbanization. This paper presents the technical framework for non-construction land evaluation and delimitation, realizing the application of related concepts and methods of green infrastructure in the quantitative evaluation of ecological land in non-construction land. The paper further verifies this framework with the case of Qingdao City, and puts forward some suggestions for the protection of non-construction land in Qingdao.

Keywords　green infrastructure; non-construction land; technical method framework; Qingdao City

作者简介
傅强，山东科技大学土木工程与建筑学院；
顾朝林，清华大学建筑学院。

摘　要　绿色基础设施兴起于欧美，近年来在我国也有越来越多的相关研究及实践。非建设用地是近年来我国城市规划领域的研究热点之一，目的是通过非建设用地的评价与规划，正确处理人地关系，促进城镇化健康有序地进行。文章提出非建设用地评价与划定的技术方法框架，从技术实现的角度将绿色基础设施的相关概念与方法应用于非建设用地中生态用地的量化评价，并以青岛市为例对文本提出的技术框架进行验证，同时为青岛市市域非建设用地保护提出建议。

关键词　绿色基础设施；非建设用地；技术方法框架；青岛市

“绿色基础设施”（green infrastructure，GI）是与传统的以人工构筑物为主体的市政、交通等“城市基础设施”相对应的概念，在近年来逐渐进入景观、规划科学研究及设计实践人员的视野，并成为欧美等发达国家规划设计界的研究热点之一（裴丹，2012）。GI在我国也逐渐被接受及重视（俞孔坚、张蕾，2007；俞孔坚等，2008；傅强等，2012a；傅强等，2012b；刘滨谊等，2013）。GI由于形态不同或所处的地域不同，在具体名称上存在差异。如北美及英国更多地使用GI一词，而欧洲大陆许多国家将其称为生态网络，绿道是一种较为特殊的GI，它在空间上表现出线性的特点。虽然在具体名称上不同，但不论是生态网络、GI还是绿道，其目的都是通过在业已破碎的生物栖息地之间构筑信息、物质、能量的流通途径，从而保持生物多样性，以维护地区生态系统的稳定和可持续性。就宏观尺度形态与生态保护功能来讲，上述三个概念的含义是相同的。

GI在空间构成上，由枢纽斑块（hubs，与生态网络中的“斑块”对应）与连接廊道（links，与生态网络中的生态廊道对应，且与绿道在空间形态上相似）组成（Benedict and McMahon，2000）。其中，枢纽是由较大面积、较为均质的生态用地构成，如大片林地、草地、湿地等，其在生态系统中的作用是为各类生物提供来源地和目的地；而连接廊道则是将枢纽连接起来的生态廊道，既包括人类可以清晰辨别的实体廊道（如绿道等），也包括生物实际的迁徙廊道。枢纽与连接廊道一起为生态系统中各类生态过程的流通提供了基础。2012年1月1日起实施的《城市用地分类与规划建设用地标准》（GB50137-2011）中，首次提出了“城乡用地分类”体系。其将城乡用地划分为建设用地（H类）与非建设用地（E类）两大类。早在2002年，吴良镛便对非建设用地给予了高度重视，认为“规划的要意不仅在规划建造的部分，更要千方百计保护好留空的非建设用地，并且要以同等的注意力，对建设用地、非建设用地统筹考虑”（吴良镛，2002）。仇保兴（2004）认为“规划编制和管理的重点应从确定开发建设项目，转向各类脆弱资源的有效保护利用和关键基础设施的合理布局”。顾朝林等（2012）认为“我国城市规划方法应从以促进经济增长和城市扩张为主的发展型规划转型为以重视生态环境保护、营造良好人居环境的生态保护型规划”。近年来，我国学者将越来越多的注意力投向非建设用地的研究，包括非建设用地概念辨析（张永刚，1999；谢英挺，2005；翟宝辉等，2008；朱查松、张京祥，2008；程遥、赵民，2011）、开发策略（王爱民、刘加林，2005）、规划思想和原则（罗震东等，2008；翟宝辉等，2008；朱查松等，2010）等方面的研究及相关实践（谢英挺，2005；高芙蓉，2006；李健等，2006；王爱民、刘加林，2005；罗震东等，2008；邢忠等，2006；冯雨峰、陈玮，2003；舒沐晖，2011）。在非建设用地的研究与规划实践中，关于非建设用地的评价与划定方法的讨论往往占据了较大篇幅，甚至可以说，非建设用地的评价与划定是非建设用地研究与实践的重要内容及基础。本文将在较为全面地分析当前非建设用地的评价与划定方法的基础上，提出从技术实现的角度将GI的概念及相关方法运用到非建设用地评价及划定的方法，并将其运用到青岛市的非建设用地划定实践中。

1 非建设用地评价与划定的现状

1.1 非建设用地定性评价与划定方法

关于非建设用地的评价与划定，从目前看主要停留在定性划定的阶段。翟宝辉等（2008）提出将复合生态系统理论应用于非建设用地规划并融入城市规划编制体系中。朱查松等（2010）强调非建设用地规划“生态优先、精明增长”的主要理念。王爱民、刘加林（2005）认为可持续发展应作为非建设用地开发的总策略，所构建的经营管理体系应该非建设用地与建设用地并重，并妥善处理二者的平衡互补关系，对建设用地进行集约化利用，对非建设用地的开发使用应实行保护利用。从总体看，定性方法密切结合城市总体规划，简单易行，但缺乏严密的科学性。

1.2 以因子分析法为主的非建设用地定量评价与划定方法

当前非建设用地定量评价及划定方法以因子分析法为主（谢英挺，2005；北京市城市规划设计研究院，2006；程磊等，2009；顾朝林等，2012；郭红雨等，2011）。因子分析方法适合对各个相关因素进行垂直叠加的综合评价。然而，这种方法主要存在如下问题：①评价过程中因子选取以及因子权重的赋值存在很大的主观性；②所使用的评价因子中，有一部分是以建设开发为目的的非建设用地自然条件、经济性的评价，这一类型的评价与生态属性评价不应该属于同一层次，前一类型的评价是对非建设用地中可以用于建设开发的城市发展备用地的评价，应该在生态属性评价之后进行；③由于因子分析方法注重的是同一空间位置和范围垂直方向上的各类限制性因子的叠加，忽视了不同位置相关因子之间空间水平方向的联系，因此，这种分析方法缺乏全局性的分析视野，所产生的评价结果过于刚性，缺乏调整的空间。

1.3 基于生态过程分析的非建设用地评价与划定方法

在面对建设用地开发压力时，一方面由于评价过程中存在赋值主观性过强等弊端，从而使评价结果说服力不够；另一方面由于无法提出空间补偿条件等可与建设开发压力博弈的措施，往往导致在非建设用地保护的效果上不够理想。正因为定性分析方法缺乏科学性，定量的因子分析方法忽视相关因子在空间上的水平联系，从而导致水平联系中发挥重要作用的非建设用地斑块由于在因子评价分析中重要程度不高而转化为建设用地。例如，对于一部分面积较小的湿地、林地等生态类非建设用地，如果该类用地不存在地质、水文等建设限制性因子，经过因子分析方法得到的评价结果很容易导致该类用地的减少及联系的破碎。相关的学者将生态过程分析方法逐渐应用到非建设用地评价与划定研究中。例如，俞孔坚等（2005）通过景观安全格局途径分析城市扩张、物种的空间移动、水和风的流动、灾害过程扩散的景观过程判别和建立生态基础设施，认为生态基础设施是维护土地生态安全和健康的关键性空间格局，是城市和居民获得持续自然服务的基本保障，并以此作为对城市发展与扩张的空间限制。

尽管这种分析方法可以弥补因子分析法所存在的缺陷，但由于其本身研究历史及引入非建设用地评价与划定的时间不长，在当前应用水平分析法的非建设用地评价与划定研究中，也还存在如下问题：①水平分析法强调非建设用地保护在生态过程维护中的作用，这需要生态学相关学科知识的引入与应用，现阶段大部分相关研究中并没有对生态学知识应用于非建设用地评价与划定进行深入的研究，因此没有较为系统的知识引入与应用方法体系，以构建生态学知识与非建设用地评价划定之间应用的桥梁；②没有建立起水平的生态过程与空间要素的结构、配置之间的关系，没有进行相应的量化评价；③水平分析法是垂直分析法的重要补充与完善。这突出表现在由于水平分析而得到的各相关要素之间的联系，并由此得到的刚性与弹性相结合的空间结构框架，而现有研究并没有在这样特征的空间框架下考虑非建设用地保护与建设用地开发的关系。基于生态过程分析与模拟的水平分析方法将会在非建设用地评价与划定中得到广泛的应用。

从技术的角度来看，造成当前非建设用地评价与划定存在问题的一个非常重要的原因是评价方法选择的局限性。规划师由于专业出身，往往受限于所掌握的数据获取、处理及分析技术，会选择较为容易操作的技术工具（如 ArcGIS Desktop 等商业 GIS 桌面软件）处理已有的数据，由于这些软件通常（只）提供了较为完备的数据缓冲与叠加工具，规划师因此也更加倾向于使用上述工具用因子分析完成对用地的评价。基于生态过程分析与模拟的水平分析方法通常需要较高的软件使用技术基础，在使用过程中诸多重要的数据分析步骤无法通过已有的 GIS 桌面软件进行较为便捷的处理，这些软件要么相应功能不完善，使数据处理根本无法完成，要么需要一系列数据分析工具组合处理才能完成，使得城市地区生态过程空间框架的建立及在此框架下的量化评价变成了需要较高 GIS 应用水平，且烦琐而耗时的工作。此外，从技术角度合理地引入用地数据、生态学知识信息尚不完善，这都会使基于生态过程分析与模拟的水平分析方法无法发挥其应有的非建设用地评价及划定作用。

2 基于 GI 的非建设用地评价与划定技术方法

随着景观生态学在近些年的快速发展，以及生态学领域的知识以及空间信息技术的支持，GI 方法继承了原有方法对景观格局与生态过程之间关系的分析，同时，GI 构建充分考虑人类活动对生态格局构建的影响，提供了灵活的评价与构建方法。GI 作为一种基于生态过程分析与模拟的水平分析方法应用于城市地区生态用地规划的理论基础与可行性已被相关研究论证（Opdam et al.，2006；傅强等，2012a）。据此，本文提出基于 GI 的非建设用地评价与划定技术方法框架（图 1）。重点从技术层面讨论市域尺度的 GI 构建方法，并在此基础上，提供非建设用地评价与划定。

2.1 数据获取与处理技术

2.1.1 用地信息获取

非建设用地已在新国标中明确，且其与现有的土地利用标准有了一一对应的关系（表 1）。因此，可采用国土部门的土地利用数据或者通过遥感影像判读的方式获得。

在采用遥感影像判读的方式获得用地信息时，用地信息获取的要求是具有较高的现势性，且数据覆盖空间范围大，因此，可用近期的符合分辨率要求的遥感影像数据作为用地信息获取的基础数据。通过已有的较早年份的土地利用数据与同时期遥感影像对比，提取林地、耕地、草地等非建设用地主要用地类型的训练集。在此基础上，基于遥感影像处理软件，完成数据的自动分类，并进行人工修正。

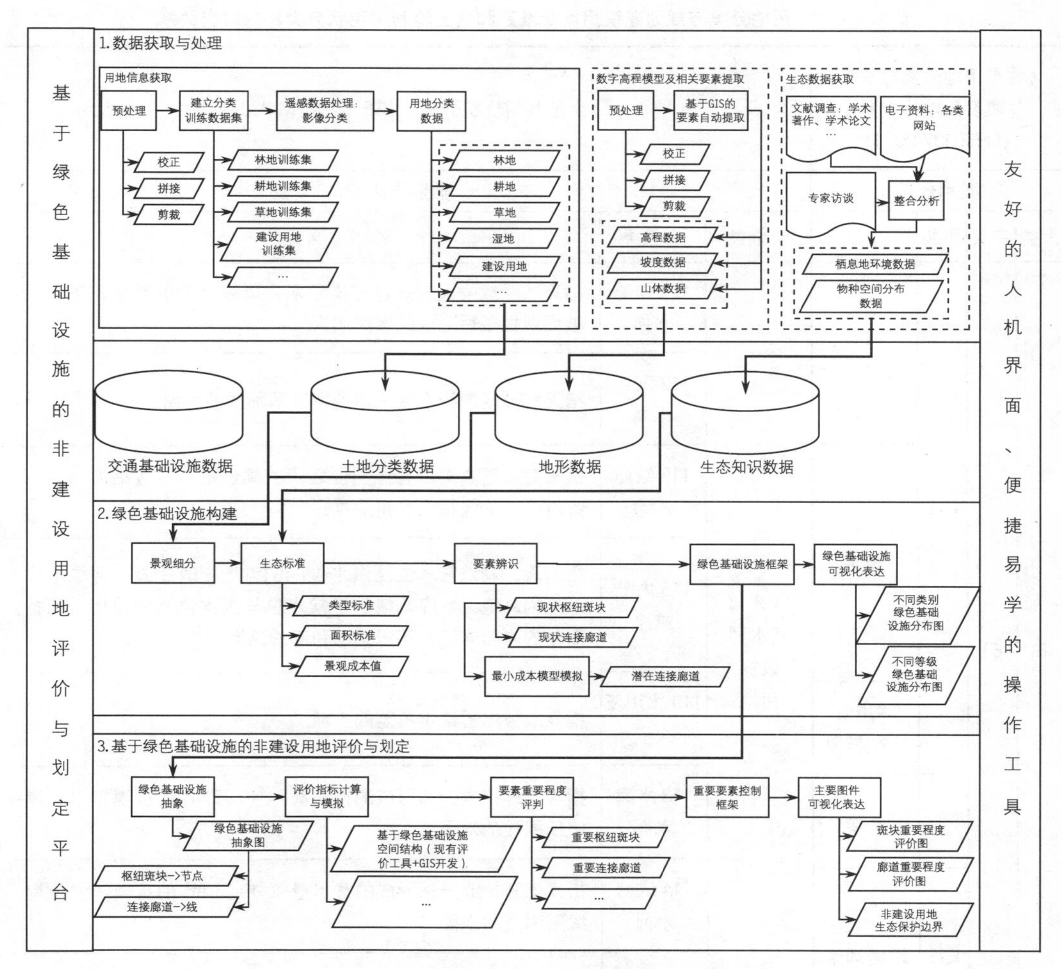

图 1　非建设用地评价与划定技术方法框架

2.1.2　数字高程模型及相关要素提取

绝大多数城市的地形都不是一马平川的，都有一定的起伏。且由于建设条件的问题，非建设用地中很大比例的用地为具有一定地形的高山、山地或丘陵。在非建设用地评价与划定中，需要对不同的地貌特点进行分析，这便需要数字高程模型数据作为基础数据。数字高程模型（digital elevation model,

DEM）是由一定范围内的具有平面坐标和高程的规则分布的点构成的数据集，主要用于分析一定区域的地形地貌。在 DEM 数据基础上可以得到等高线、坡度等有关地形地貌的信息。

表 1 《城市用地分类与规划建设用地标准》和《土地利用现状分类》的对应关系

<table>
<tr><th colspan="4">《城市用地分类与规划建设用地标准》（GB50137-2011）</th><th colspan="3">《土地利用现状分类》（GB/T 21010-2007）</th></tr>
<tr><th colspan="4">类别代码</th><th colspan="3">类别代码</th></tr>
<tr><th>大类</th><th>中类</th><th>小类</th><th>范围</th><th>一级类</th><th>二级类</th><th>含义</th></tr>
<tr><td rowspan="8">E</td><td rowspan="8">E1</td><td rowspan="5">E11</td><td rowspan="2">河流湖泊</td><td rowspan="8">11 水域及水利设施用地</td><td>111 河流水面</td><td>指天然形成或人工开挖河流常水位岸线之间的水面，不包括被堤坝拦截后形成的水库水面</td></tr>
<tr><td>112 湖泊水面</td><td>指天然形成的积水区常水位岸线所围成的水面</td></tr>
<tr><td rowspan="2">滩涂</td><td>115 沿海滩涂</td><td>指沿海大潮高潮位与低潮位之间的潮侵地带，包括海岛的沿海滩涂，不包括已利用的滩涂</td></tr>
<tr><td>116 内陆滩涂</td><td>指河流、湖泊常水位至洪水位间的滩地；时令湖、河洪水位以下的滩地；水库坑塘的正常水位与洪水位间的滩地；包括海岛的内陆滩地；不包括已利用的滩地</td></tr>
<tr><td>冰川及永久积雪</td><td>119 冰川及永久积雪</td><td>指表层被冰雪常年覆盖的土地</td></tr>
<tr><td>E12</td><td>水库</td><td>113 水库水面</td><td>指人工开挖或天然形成的蓄水量≥ 10 万 m^3 的坑塘常水位岸线所围成的水面</td></tr>
<tr><td rowspan="2">E13</td><td rowspan="2">坑塘沟渠</td><td>114 坑塘水面</td><td>指人工开挖或天然形成的蓄水量< 10 万 m^3 的坑塘常水位岸线所围成的水面</td></tr>
<tr><td>117 沟渠</td><td>指人工修建，南方宽度≤1.0m、北方宽度≤2.0m，用于引、排、灌的渠道，包括渠槽、渠堤、取土坑、护堤林</td></tr>
</table>

续表

《城市用地分类与规划建设用地标准》(GB50137-2011)				《土地利用现状分类》(GB/T 21010-2007)		
类别代码				类别代码		
大类	中类	小类	范围	一级类	二级类	含义
E	E2		耕地	01 耕地	011 水田	指用于种植水稻、莲藕等水生农作物的耕地，包括实行水生、旱生农作物轮种的耕地
					012 水浇地	指有水源保证和灌溉设施，在一般年景能正常灌溉、种植旱生农作物的耕地，包括种植蔬菜等的非工厂化的大棚用地
					013 旱地	指无灌溉设施，主要靠天然降水种植旱生农作物的耕地，包括没有灌溉设施而仅靠引洪淤灌的耕地
			园地	02 园地	021 果园	指种植果树的园地
					022 茶园	指种植茶树的园地
					023 其他园地	指种植桑树、橡胶、可可、咖啡、油棕、胡椒、药材等其他多年生作物的园地
			林地	03 林地	031 有林地	指树木郁闭度≥0.2 的乔木林地，包括红树林地和竹林地
					032 灌木林地	指灌木覆盖度≥40%的林地
					033 其他林地	包括疏林地（指树木郁闭度 10%～19%的疏林地）、未成林地、迹地、苗圃等林地
			牧草地	04 草地	041 天然牧草地	指以天然草本植物为主，用于放牧或割草的草地
					042 人工牧草地	指人工种植牧草的草地
			设施农用地	12 其他土地	122 设施农用地	指直接用于经营性养殖的畜禽舍、工厂化作物栽培或水产养殖的生产设施用地及其相应附属用地，农村宅基地以外的晾晒场等农业设施用地
			田坎		123 田坎	主要指耕地中南方宽度≥1.0m、北方宽度≥2.0m 的地坎
			农村道路等用地	10 交通运输用地	104 农村道路	指公路用地以外的南方宽度≥1.0m、北方宽度≥2.0m 的村间、田间道路（含机耕道）

续表

<table>
<tr><td colspan="4">《城市用地分类与规划建设用地标准》(GB50137-2011)</td><td colspan="3">《土地利用现状分类》(GB/T 21010-2007)</td></tr>
<tr><td colspan="4">类别代码</td><td colspan="3">类别代码</td></tr>
<tr><td>大类</td><td>中类</td><td>小类</td><td>范围</td><td>一级类</td><td>二级类</td><td>含义</td></tr>
<tr><td rowspan="7">E</td><td rowspan="7">E3</td><td>E31</td><td>空闲地</td><td rowspan="6">12 其他土地</td><td>121 空闲地</td><td>指城镇、村庄、工矿内部尚未利用的土地</td></tr>
<tr><td rowspan="6">E32</td><td>盐碱地</td><td>124 盐碱地</td><td>指表层盐碱聚集，生长天然耐盐植物的土地</td></tr>
<tr><td>沼泽地</td><td>125 沼泽地</td><td>指经常积水或渍水，一般生长沼生、湿生植物的土地</td></tr>
<tr><td>沙地</td><td>126 沙地</td><td>指表层为沙覆盖、基本无植被的土地，不包括滩涂中的沙地</td></tr>
<tr><td>裸地</td><td>127 裸地</td><td>指表层为土质，基本无植被覆盖的土地；或表层为岩石、石砾，其覆盖面积≥70%的土地</td></tr>
<tr><td>不用于畜牧业的草地</td><td>04 草地</td><td>043 其他草地</td><td>指树木郁闭度<0. 1，表层为土质，生长草本植物为主，不用于畜牧业的草地</td></tr>
</table>

资料来源：基于《城市用地分类与规划建设用地标准》（GB50137-2011）和《土地利用现状分类》（GBT/T 21010-2007）绘制。

（1）数字高程模型数据预处理

本研究主要从DEM数据中提取研究区域的地形地貌相关信息，如海拔高程、地形坡度、山体轮廓等。为了得到上述信息及与其他数据进行整合与综合分析，需要对数字高程模型数据进行转换投影、数据拼接、数据裁切及数据修补等预处理。

（2）基于GIS的研究区域坡度提取

DEM数据中的每一个栅格都含有高程值信息，利用ArcGIS桌面ArcMap软件中的slope功能，即可以获取地形坡度信息。

（3）基于GIS的研究区域地形起伏度提取

某一点的地形起伏度是指该点周围一定距离处（如30m或100m）的区域内海拔最高点与海拔最低点的高度差，其单位通常为m/km^2（Dijkshoorn et al.，2008）。地形起伏度数据是提取研究区域山体信息的重要基础数据。ArcGIS软件并没有直接提供相关工具，需要基于ArcGIS软件提供的二次开发包在Microsoft Visual Studio. Net平台上对该功能进行开发。

（4）基于GIS的研究区域山体边界提取

山体是非建设用地需要重点保护的区域，对于面积较小的研究区域，可以通过人工目测手工描绘的方式得到山体的边缘线，然而当面积较大时，这种工作是十分耗时的。基于坡度与地形起伏度数据可以提取各相关地形信息，并得出相应的区分标准（Dijkshoorn et al.，2008）（表2）。

表 2 基于坡度与地形起伏度的地形划分

地形分类	备注	坡度（%）	地形起伏度（m/km²）
平地		≤10	≤50
分割平原		<10 and≤30	<50 and≤100
中等坡度陡坡带	b	<10 and≤30	<100 and≤150
中等梯度谷底		10～30	100～150
中等坡度小山岗	b	<10 and≤30	<150 and≤200
中等坡度高山		<10 and≤30	<200 and≤300
陡坡带	b	>30	<150 and≤300
大坡度高山		>30	>300

资料来源：基于 Dijkshoorn et al.（2008）Appendix 1 整理。

备注为 b 的分类，构成了山体。按照坡度>10%和地势起伏强度>100 的标准，分析可提取山体信息。按照坡度≤10%和地势起伏强度>100 的标准，分析提取山前地带信息。将山体与山前地带合并，可得到山地空间分布图。由图 2 可知，通过这一方法自动提取的山体（浅色）与现实情况的山体（根据 DEM 生成的三维模型）基本一致，满足大空间尺度对数据的精度要求。

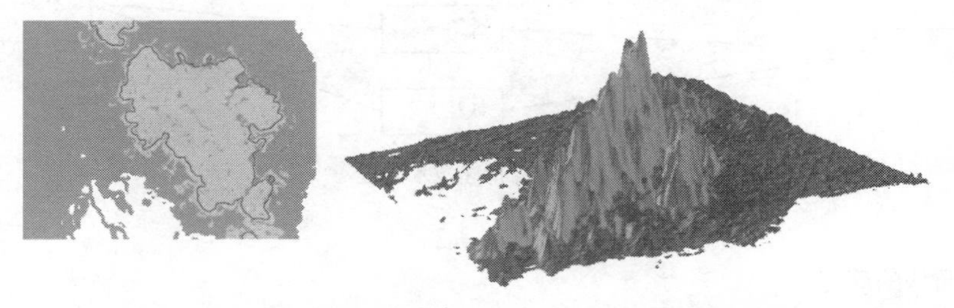

图 2 基于 DEM 数据及表 2 提取得到的山体线与三维模型

2.1.3 生态数据获取

有效的生态数据的获取目前仍然较为困难，考虑本文重点在于建立一套基于 GI 的非建设用地评价与划定技术方法体系，对生态数据的结构的要求重于对其实际内容的要求。因此，本研究生态数据可以通过文献调查（如已有著作、学术论文等）、电子资料（如各类网络资源：各生态保护相关的网站、搜索门户、网络百科等）以及专家访谈等方式获得。

2.2 基于 GIS 的 GI 构建技术

GI 构建流程如图 3 所示，主要目的是通过对现状数据的分析与整理，在 GIS 技术的支持下，对研究区 GI 进行空间抽象，从而对具体建设用地斑块在非建设用地中的作用进行评价，并确定可以增强

GI网络功能的潜在地区。斑块与廊道是GI重要的组成部分，因此，下文将对枢纽斑块与连接廊道的分析提取过程进行详细的论述。

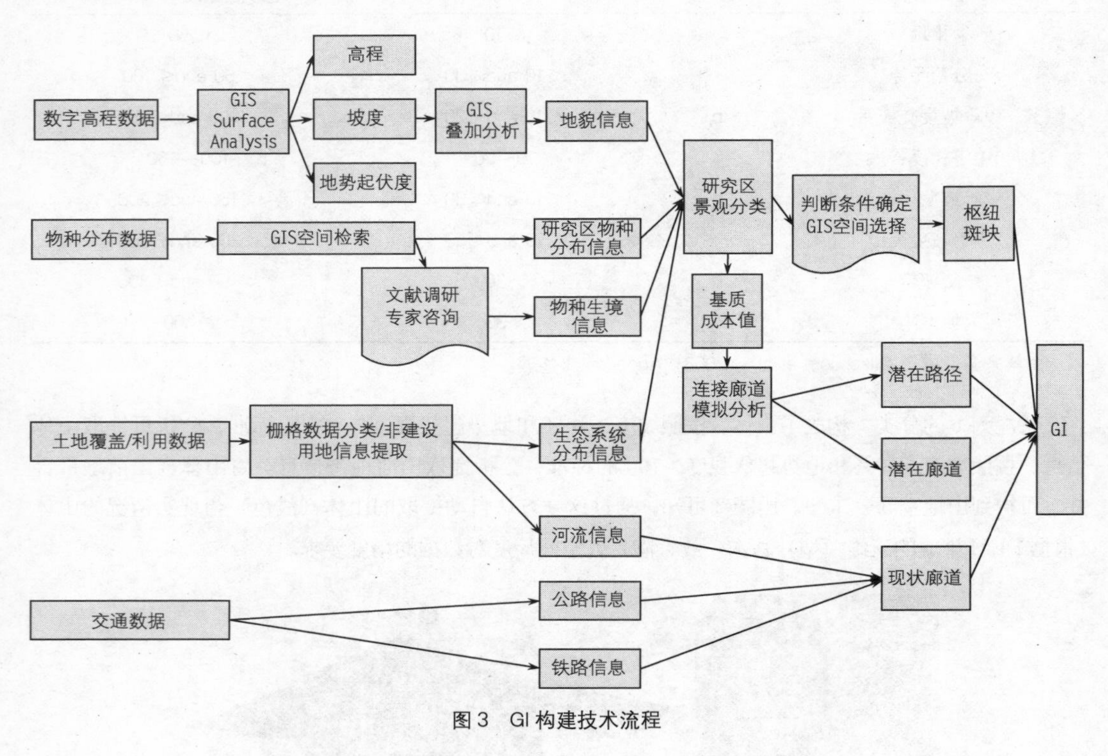

图3 GI构建技术流程

2.2.1 枢纽斑块的确定

枢纽斑块（以下简称斑块）是指某一类型GI所对应的生态系统实际存在的地理用地空间，而且这种用地空间由于在土地覆盖或利用属性上与周围环境有较大的区别而形成较为明显的边界。斑块可以根据其面积、在GI中所处的位置、生态环境的质量以及人为所赋予该斑块的保护等级等因素分为核心斑块与非核心斑块。核心斑块通常具有面积较大、对GI结构连接有突出作用、生态环境良好且一旦遭到破坏较难恢复等特点的一种或几种。非核心斑块是指除核心斑块以外的斑块。非核心斑块也是GI的重要组成部分，对核心斑块之间结构连接及功能连接起到重要的支持作用，而且非核心斑块也是生态恢复、GI功能强化中重要的备选斑块，因此非核心斑块可以在适合的情况下变为核心斑块。斑块的确定通常是通过以土地覆盖或利用数据为主的空间数据及相关生态属性数据综合判断完成的。在数据较为完整的情况下，可以通过多要素评价的方法区分核心斑块与非核心斑块，而通常情况下可以通过斑块的空间面积进行初步的判断，再通过网络图结构评价分析进一步增减。具体初选过程可以通过ArcMap软件的属性选择功能选择相关生境类型对应的斑块，再根据斑块面积进行进一步区分。

2.2.2 连接廊道的确定

按照在 GI 中的连接作用与连接方式，连接廊道可以分为实体连接廊道和功能连接廊道。实体连接廊道是指斑块间与斑块属性相同或相似的用地，从而促进斑块间物质、能量、信息的流动。线性廊道与生境景观廊道属于实体连接廊道。在这个意义上，线状或条带状的斑块也可以被视作连接廊道。功能连接廊道则是对斑块之间功能连接的空间抽象，如具有飞行能力的鸟类可以在斑块间通过歇脚石的踏步作用扩散迁徙，而不需要斑块间与斑块相同或相似性质的用地的直接支持和保护，也就是说斑块间并没有看得见摸得着的廊道实体，但斑块间确实存在功能上的联系。歇脚石廊道属于功能连接型廊道。

在现实中，存在以下两种常见的情况：①实体连接廊道情况下，城市地区由于建设用地扩张及高强度农业的发展，生态斑块破碎，斑块之间的联系断裂，实体连接廊道往往不会完整地存在；②功能连接廊道情况下，由于这类廊道通常无法明晰辨别，因此很难判断一个城市地区这种类型 GI 的空间结构与组织联系，会因为对这种类型廊道的忽视而进行盲目的人工建设，导致重要斑块间功能联系的断裂，如在重要的鸟类扩散廊道上修建大型的工矿企业，工矿企业的噪声、粉尘、废气、灯光等因素都可能严重影响甚至阻断鸟类的扩散。因此，在生态廊道的确定上应分为两种方法，第一种方法是根据土地覆盖或利用数据及相关生态数据，基于 GIS 分析，得到现状存在的实体结构连接廊道。现状连接廊道通常是在空间上表现为线性的地物构成，如大型或中型河流本体及其两旁缓冲地区，高速公路与铁路等大型交通设施两旁的生态防护缓冲地区。这些地区可以作为不同类型 GI 的连接廊道，通常是 GI 中距离较远的较大型斑块的重要连接廊道，同时也是城市地区众多生态服务功能的提供者。第二种方法是确定潜在的实体连接廊道及功能连接廊道。通过潜在的实体连接廊道的确定可以为 GI 保护与恢复设计提供空间位置依据，从而为非建设用地划定不同禁限建等级提供支持。通过潜在功能连接廊道的确定可以对这一地区实际存在的 GI 进行抽象，为该类型 GI 保护与完善及非建设用地评价与划定提供空间参考。由于第一种方法相对简单，可以通过与斑块识别相似的方法实现，本文将重点对第二种方法即潜在连接廊道确定的技术方法进行详细论述。

显然，在动物扩散运动实际观察的基础上分析发现潜在生态廊道是最可靠的方法（Graves et al.，2007），能够直接支持这一做法的物种运动与位置数据十分稀少（Fagan and Colabrese，2006）。因此，在实证数据无法直接支持廊道设计的情况下，依赖于模拟技术进行生态廊道划定是较理想的方法。最小成本路径模型提供了整合以土地利用、地形等空间信息为特征的结构连接及以物种的生物过程、行为信息等为特征的功能连接，以构建整合结构连接与功能连接的 GI 的方法，是生境之间进行连通性分析及廊道设计中使用最为广泛的模型（Phillips et al.，2008）。通过最小成本路径模型可以发现斑块间连接中某种功能消耗最少的路径（Rouget et al.，2006）。同时通过合理的基础数据的输入，还可以获得对 GI 恢复与增强有重要作用且恢复成本最省的路径。

有关最小成本路径（LCP）模型原理已在许多文献中（Cormen et al.，2001；Rees，2004）有较为详细的论述，限于篇幅，本文不再赘述。本文重点对最小成本路径模型成本值确定方法及运用该方法得到GI中的技术改进做较为详细的介绍。

(1) 最小成本路径模型成本值确定方法

成本值可以表征一种生物选择某一种特定类型的环境作为永久或临时生境时表现出的意愿程度，运动过程中通过某一特定环境时所需要消耗的各类生理成本或面临的生存风险的大小或是上述所有因素的集成。成本值及成本面生成技术的应用使得研究人员在研究过程中引入了生物运动过程中所遇到的不同环境影响信息（Adriaensen et al.，2003），从而使生物运动分析与现实情况更加贴近。

建设用地扩张条件下非建设用地上所承载的相关生态系统结构的完整性维护，需要充分借鉴与参考已有的生态学知识与数据，并思考构筑生态学知识应用于城乡规划用地空间分析之间的技术方法桥梁。因此，在成本值的分析与确定上遵循如下思路。①成本值的确定是基于物种的，同一环境变量对于不同的物种可能会有不同的影响。从城乡规划的角度对非建设用地评价与划定不应是针对某一具体物种的保护，而应是以维护城市地区绝大多数物种正常生存、运动与繁衍的空间为目标。在这样的背景下，目标物种的选择是多物种的，且要涵盖研究区域主要的对生境面积要求较高以及生境之间扩散频繁的物种。因此，在物种确定上借鉴了虚拟的通用物种（Adriaensen et al.，2003；Rae et al.，2007；Pinto and Keitt，2009；Watts et al.，2010）的方法，包括该物种主要生境类型、生境面积要求、不同环境类型对该物种运动的影响力（即成本值）、运动能力等特性描述。②需要对研究区域现存的物种种类、生境特点进行统计分析，才可以确定不同环境变量对于通用物种运动的影响，即成本值。此外，由于涉及物种繁多，在技术与时间上不允许对所有相关物种进行实地观察调研，因此，采用了基于文献调研（主要是通过对已有研究的文字成果的分析与统计）与专家访谈的方法。③环境变量数据的确定上，要满足对动物生存、迁移影响表述的要求，还要满足研究对区域空间范围以及空间精度的要求。此外，数据的时效性与易获得性也是需要考虑的现实问题。

(2) 最小成本路径模型的技术改进

当前LCP分析工具在技术实现上也存在一定问题。许多GIS软件工具包可以提供基于成本面确定两点之间阻力最小的路线——最小成本路径的分析工具。但LCP分析工具得到的最小成本路径实际上是一条两两斑块间累积成本值最小的唯一的、无宽度的路径，通过这条路径可以为评测GI中各斑块的连接情况以及斑块在GI连接中的重要程度提供数据，可对物种在斑块间扩散迁移运动的路径进行粗略估计。然而，这条路径并没有宽度，将会影响LCP分析结果的实际生态价值：动物个体真实的移动轨迹并不是一条简单的最优路径，动物通常不仅仅是沿着最优路径运动（Driezen et al.，2007），而更可能是在一些随机分布的路径曲线所组成的最优廊道内，其分布概率又很可能是在某些区域高一些，某些区域低一些。当前许多研究试图通过在得到的最小成本路径做一定宽度的缓冲区的方法解决上述问题，这种方法也存在弊端，即这种一概而论的相同宽度赋值很可能与现实情况不相符，因为这种做法忽视了最小成本路径两侧的景观异质性，而且其他次优廊道的分布并不一定是以最优廊道为中心线向两旁随距离增长而衰减的。因此，应对LCP工具进行技术上的改进，使其不但可以得到最短路径，也可以得到其他累积成本“接近”最小的路径成本值的相关路径，从而得到由众多路径构成的最优廊道。

根据景观空间具有连续性的特点，通常最小成本路径所经过的一定相邻范围内的区域应该是这条路径所连接的两个斑块间较短路径存在较集中的区域（最小成本廊道）（图4）。此外，最小成本路径所对应的成本值为选择两个斑块间最小成本区域提供了数值依据，即通过最小成本路径的成本累积值，便可以知道两两斑块间所有连通路径的累积成本最小值，并通过这一最小值与某一阈值系数相乘便可得到所要获得的廊道中所有路径的累积成本值范围。基于成本值的最小成本廊道可以确定两两斑块间物种迁移可能性最大的区域，通过这种方法确定的空间比简单的按照距离所划定的缓冲区对于物种迁移的保护更具意义。图4中，颜色越深的区域，表示该区域景观成本值越低，由此可以发现，景观成本值较小的路径所在的区域大致分布于最小成本路径两侧，但并非均匀分布。通过设定不同成本阈值，可以划定不同的空间范围，从而可以改变简单的缓冲区划定中忽视核心区周围景观异质性的问题，使GI设计更加符合现状，更具操作性。不同阈值所对应的廊道的宽度不同，根据成本值定义及最小成本模型原理可知，颜色越深的部分表示这一区域的扩散累积成本越低。因此这一地区应该作为重点保护区域，禁止不必要的人工建设。颜色浅的区域，只适合于扩散能力较强的物种，这一地区是生态恢复的重点区域。因此，可以根据累积成本值的大小划定不同的保护等级，并根据不同等级所对应的区域进行禁限建区域划定。

此外，当前LCP工具包无法直接获得研究区域中所有相关斑块两两之间的连接路径，当研究区域存在的斑块众多时，求取两两斑块之间连接路径的工作将会十分烦琐与耗时。这往往导致在计算过程中忽略了歇脚石斑块的计算，然而，这种类型斑块对于物种迁移起到了非常重要的作用（Tischendorf and Fahrig，2000、2001；Schadt et al.，2002）。在非建设用地评价与划定中，如果忽略了歇脚石斑块的连接作用，会给评价结果带来较大误差，可能导致人们在实际的保护工作中无视这一类小型斑块，或置之不理，任其自生自灭，或直接变为建设用地。对此，本文则采用ArcGis提供的二次开发工具对ArcGis提供的已有最小成本路径工具进行完善（图5）。

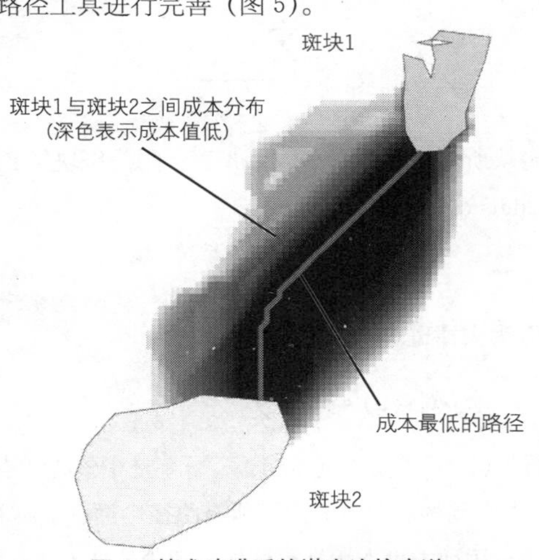

图4　技术改进后的潜在连接廊道

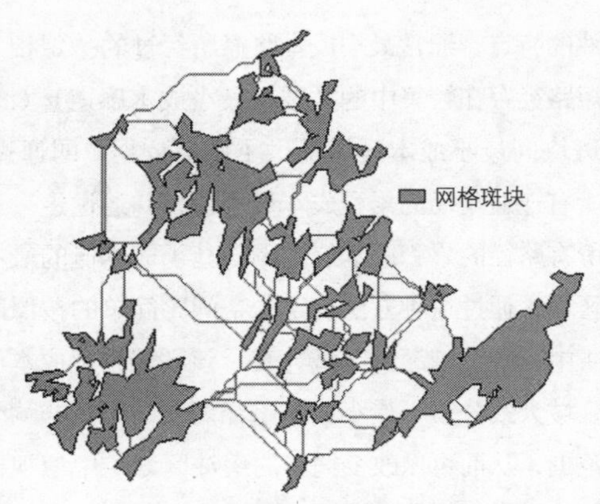

图5　经过处理后最小成本路径

2.3　非建设用地评价与划定技术

GI提供了非建设用地具体用地斑块生态系统维护作用评价、生态用地保护的边界划定的作用（傅强等，2012a）。非建设用地评价与划定技术为在GI框架下进行非建设用地的各项评价与划定提供了技术支持工具，使得规划人员不必将注意力过多地集中于非建设用地评价与划定的详细过程，从而可以将更多的精力用在量化结果深入解读的基础上对非建设用地进行科学的划定。

GI可以被抽象为一个空间网络结构，在此基础上，利用图论中的相关方法可以对非建设用地生态用地的格局及具体要素（如不同类型的生态用地）的作用大小进行评价。在非建设用地生态用地整体格局评价中，用到了关联长度指数（公式1）（Keitt et al.，1997）。大型生态用地的重要程度评价选择PIOP方法改进后的关联长度指数（公式2）。小型生态用地重要程度评价利用改进后的介数指数（公式3）（Freeman，1977；傅强等，2012b）。

$$C=\frac{\sum_{i=1}^{m} n_i \cdot R_i}{\sum_{i=1}^{m} n_i} \qquad \text{（公式 1）}$$

其中，n_i 表示斑块集合 i 中斑块所覆盖的像素个数，m 表示同一斑块集合中所包含的斑块的个数，R_i 表示斑块集 i 的回转半径（radius of gyration）。

$$I_{C_k}=\frac{C-C_k}{C} \qquad \text{（公式 2）}$$

其中，C 为整体关联长度，C_k为去掉斑块 k 后的关联长度。

$$C_B(v)=\sum_{i_c,\ j_c \in CV_c,\ i_c \neq j_c} \frac{\sigma_{i_c j_c}(v)}{\sigma_{i_c j_c}} \qquad \text{（公式 3）}$$

其中，v 为进行评测的歇脚石节点，CV_c 是核心节点集，$\sigma_{i_c j_c}$ 是指核心节点 i_c 到核心节点 j_c 之间的所有路径，$\sigma_{i_c j_c}(v)$ 是指由核心节点 i_c 到核心节点 j_c 之间所有路径中通过歇脚石节点 v 的路径。

基于关联长度指数的非建设用地中生态用地整体格局评价的技术流程如图6所示。

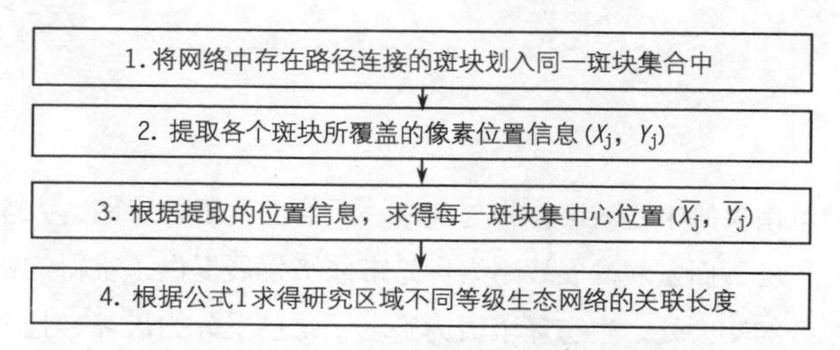

图6 GI 整体结构评价技术流程

PIOP 方法改进后的关联长度指数评价思路是分别移去其中一个核心斑块及与其连接的路径，对比前后连接指数的变动情况，变动越大，说明该斑块在 GI 中的作用越明显。通过公式 2 可以得到核心斑块 k 在 GI 中的重要程度。在评价过程中，需要重新计算在斑块 k 不存在的情况下 GI 的连接程度。因此，基于 PIOP 方法改进后的关联长度指数的核心斑块重要程度评价技术流程如图 7 所示，基于改进后的介数指数的非建设用地小型生态斑块评价的技术流程如图 8 所示。

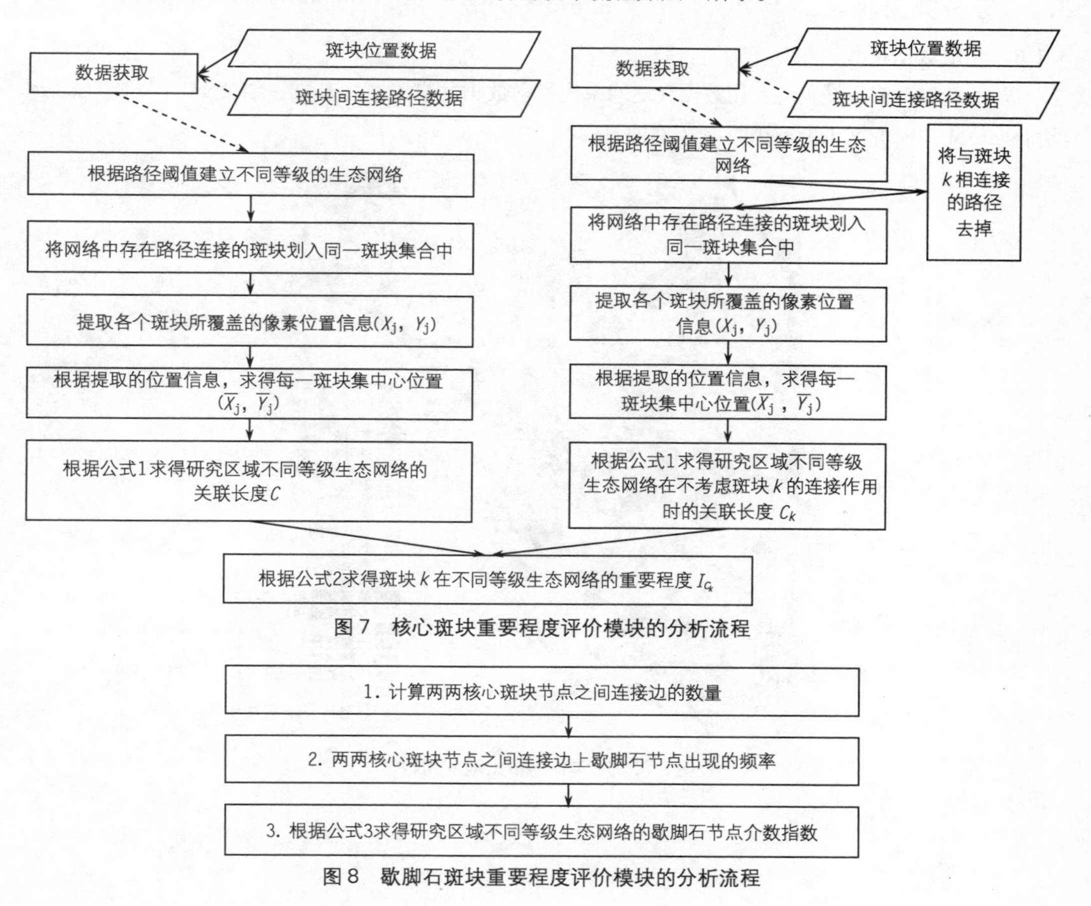

图7 核心斑块重要程度评价模块的分析流程

图8 歇脚石斑块重要程度评价模块的分析流程

3 案例分析

青岛作为环渤海地区南翼的中心城市，将与北京、天津、沈阳、济南、大连等城市一起构成环渤海地区经济增长的核心。各层面宏观发展战略为青岛市经济发展提供了难得的机遇。青岛市地处海洋生态系统与陆地生态系统的交会处，生态环境极为脆弱，易遭受外力破坏，且难以恢复。目前青岛市主要面临着耕地数量减少和质量下降、水土流失、河道断流淤塞、农药和化肥污染、地下水水质变坏等生态问题。通过对青岛市域非建设用地空间的评价，统筹考虑城市未来发展与资源环境承载力的关系，勾画城市自然生态本底，对城市空间增长进行边界管制，控制城市无序蔓延，对青岛市资源节约型、环境友好型生态城市建设提供支持具有重要意义。

3.1 分析数据获取

3.1.1 用地数据获取

以 2005 年研究区域土地利用数据（地球系统科学数据共享网）为基础，结合 HJ-1A 遥感影像数据得到 2011 年研究区土地利用数据（图 9）。

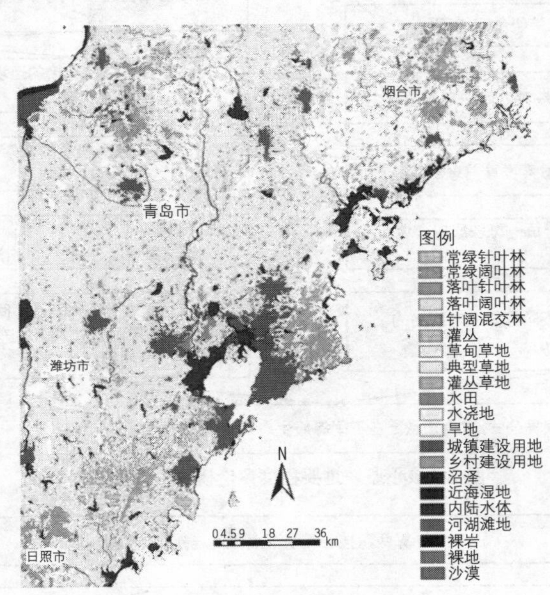

图 9 2011 年青岛市土地利用数据

3.1.2 DEM数据及要素获取

本文研究中用到的DEM数据（图10），是中国科学院计算机网络信息中心国际科学数据服务平台提供的1°×1°分幅的30m分辨率的IMAGE数据，UTM/WGS84投影。利用第二部分讨论的技术得到坡度（图11）、地势起伏度（图12）及山体边界数据（图13）。

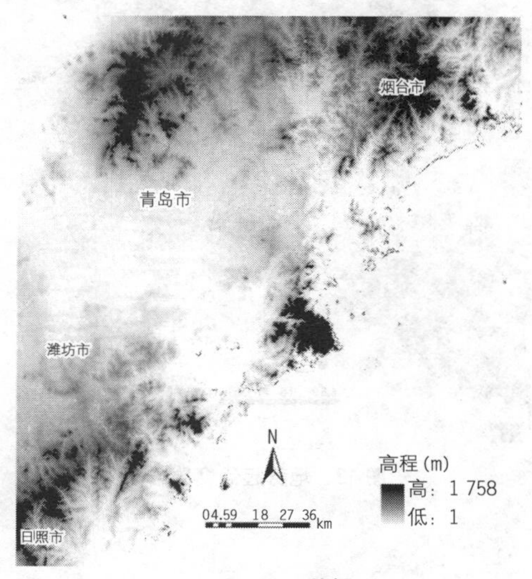

图10　DEM数据

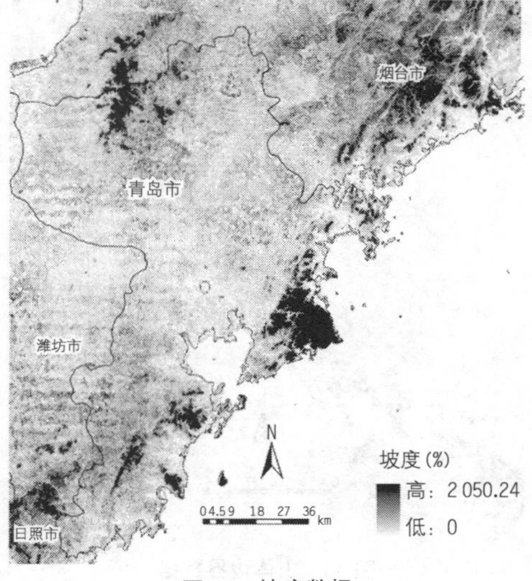

图11　坡度数据

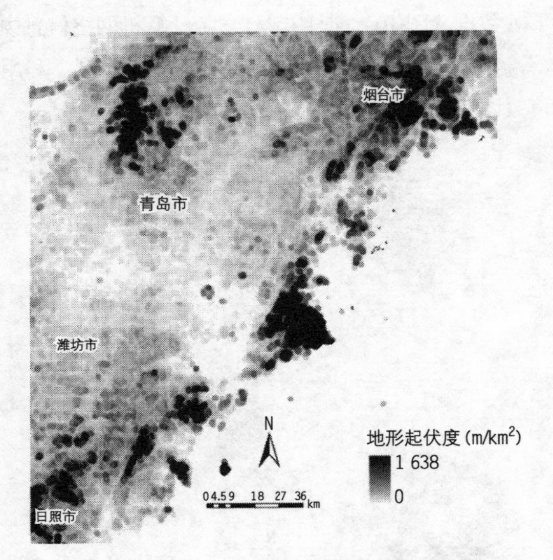

图 12 地势起伏度数据

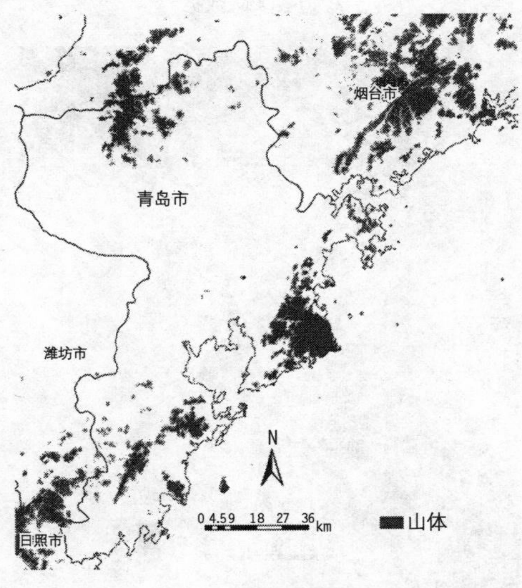

图 13 山体边界数据

3.1.3 生态数据获取

通过对全球鸟类分布数据（Bird Life International and Nature Serve，2011）、文献（青岛市史志办公室，1997）的检索得到研究区域现存物种，并根据参考文献（高耀亭等，1987；马敬能、菲利普斯，2000）以及网络资源百度百科、维基百科确定了其主要生境信息。在上述信息统计的基础上，得到了湿地、林地通用物种，确定不同用地类型的成本值（表3、表4），为成本面的生成提供生态学数据基础。

表3 湿地型通用物种各景观适宜性值

景观类型	适宜性	景观类型	适宜性
沼泽滩涂	100	溪流	7
河流湖泊	83	山地灌丛	4
海岸	35	林边水体	4
水田	33	水边林地	2
河口	24	林地边缘	2
水边草地	22	农田边林地	2
海湾	22	山地草地	2
河湖滩地	20	岛屿	2
水边灌丛	15	旱田	2
水边旱田	13	其他	0
平原草地	11		

表4 林地型通用物种各景观适宜性值

景观类型	适宜性	景观类型	适宜性
山地混交林	100	平原灌丛	14
山地阔叶林	95	水边灌丛	9
山地针叶林	81	水边草地	9
林地边缘	40	岛屿	9
平原阔叶林	40	城市	9
平原针叶林	35	村庄边林地	7
平原混交林	35	河湖滩地	5
山地灌丛	33	平原草地	5

续表

景观类型	适宜性	景观类型	适宜性
村落	26	溪流	5
水边林地	21	沼泽滩涂	2
旱田	16	海岸	2
山地草地	16	农田边林地	2
林缘灌丛	16	其他	0

3.2 青岛地区 GI 网络

湿地与林地是城市地区重要的自然生态系统及野生生物生境。青岛市主要湿地面积呈现明显的减少状态，湿地在水源净化、地下水补给、调流调蓄及防风护岸等方面发挥重要作用。青岛市林地分布呈现小集中大分散的空间分布格局，主要林地之间缺少结构和功能上的联系，且青岛市森林覆盖面积也不大。本文重点针对青岛市非建设用地中湿地和林地两大生态系统构建 GI，并基于 GI 的构建与评价对非建设用地空间保护提出建议。基于上述方法与数据，得到青岛市湿地、林地 GI 网络（图 14、图 15），并在此基础上对青岛市域范围内相应生态用地进行评价（图 16、图 17）。

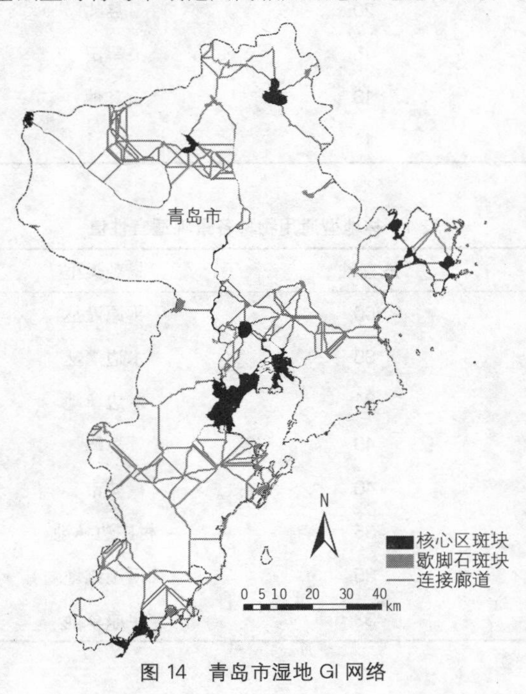

图 14 青岛市湿地 GI 网络

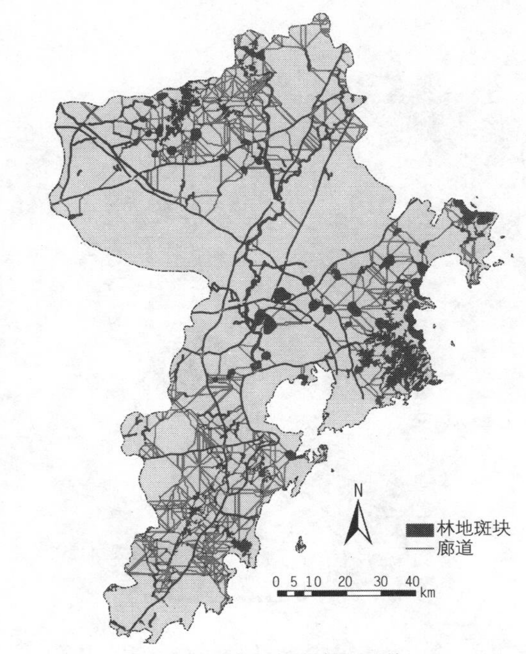

图 15 青岛市林地 GI 网络

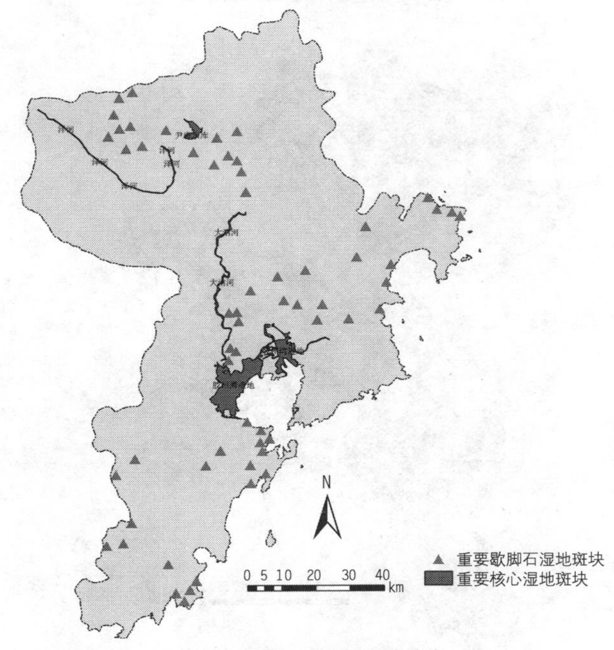

图 16 湿地 GI 重要斑块分布

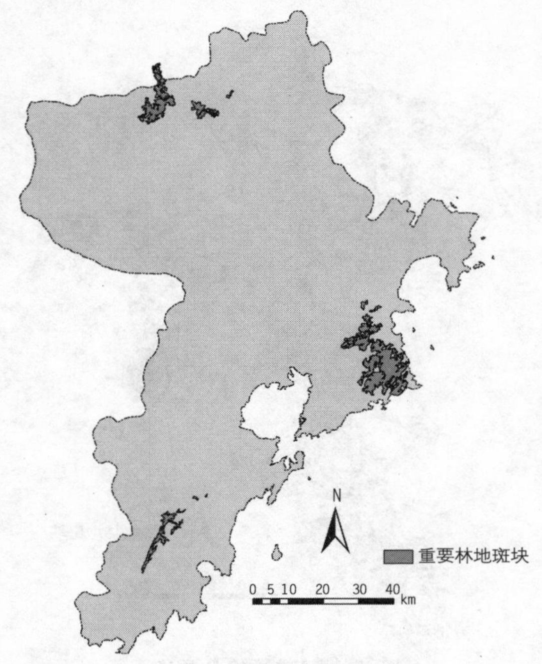

图 17　林地 GI 重要斑块分布

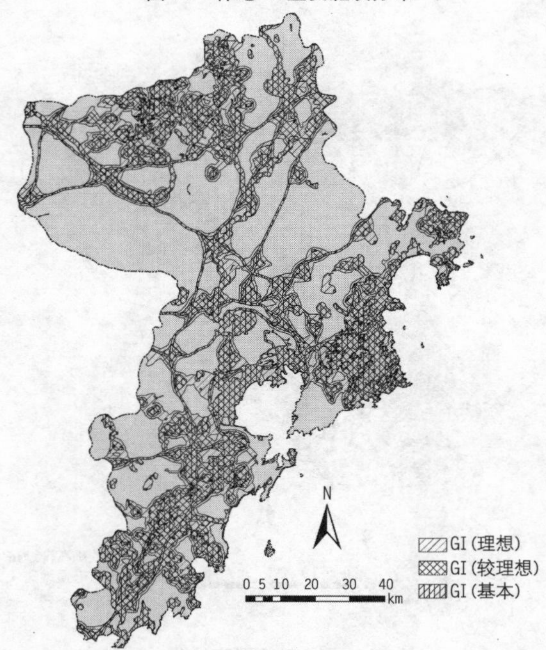

图 18　青岛市 GI 空间结构

基于湿地、林地两类GI及其评价，形成非建设用地GI空间结构（图18)。基于GI划定主要的非建设用地生态控制区（以下简称“生态区”），包含大泽山生态区、大沽河上游生态区、大沽河中游生态区、崂山生态区、胶州湾生态区五个由各类湿地斑块、林地斑块及廊道构成的大型生态区，以及丁字湾生态区、五河头生态区、大珠山生态区、小珠山生态区、铁镢山生态区、琅琊台生态区、西海岸滨海生态区、黄家湾生态区等中型生态区（图19)。其中，五河头生态区、大珠山生态区、小珠山生态区、铁镢山生态区、琅琊台生态区、西海岸滨海生态区、黄家湾生态区共同构成了青岛西海岸地区的生态本底（表5)。各个生态区之间通过大型的生态廊道形成连接（表6)。

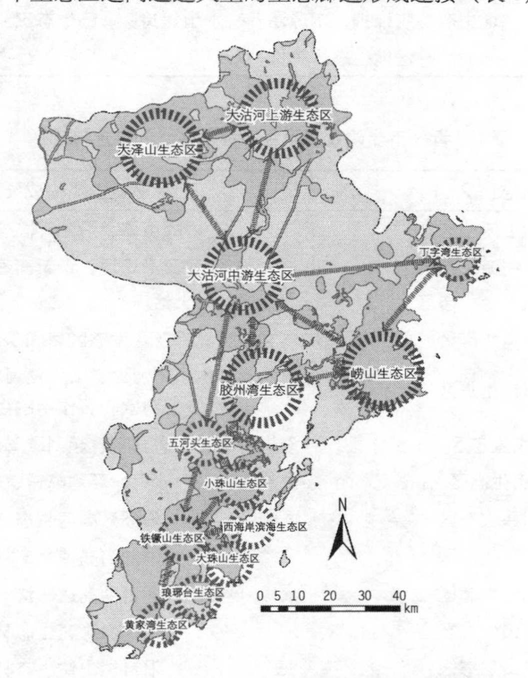

图19 基于GI的青岛市非建设用地生态控制区划定

表5 青岛市非建设用地生态控制区

生态区名称	主要生态功能	可适度引入的社会经济功能
大沽河上游生态区	林地生态系统维护、水源涵养、水土保持	生态种植
大泽山生态区	林地生态系统维护、水源涵养、水土保持	文化旅游、自然观光
大沽河中游生态区	水源净化、水土保持	生态农业
胶州湾生态区	湿地生态系统维护	生态渔业、生态低碳人居
崂山生态区	林地生态系统维护、水源涵养	文化旅游、自然观光
丁字湾生态区	湿地生态系统维护、林地生态系统维护	生态农业、生态低碳人居

续表

生态区名称	主要生态功能	可适度引入的社会经济功能
五河头生态区	林地生态系统维护	生态农业、生态低碳人居
小珠山生态区	林地生态系统维护、水源涵养、水土保持	生态农业、文化旅游、自然观光
铁镢山生态区	林地生态系统维护、水源涵养、水土保持	生态农业、自然观光
大珠山生态区	林地生态系统维护、水源涵养、水土保持	生态农业、文化旅游、自然观光
西海岸滨海生态区	湿地生态系统维护、林地生态系统维护	文化旅游、自然观光、生态低碳人居
琅琊台生态区	林地生态系统维护、水源涵养、水土保持	生态农业、文化旅游、自然观光
黄家湾生态区	湿地生态系统维护	生态渔业、生态养殖业

表6 青岛市非建设用地生态控制区之间的连接廊道

生态区 1	生态区 2	廊道主要构成要素
大泽山生态区	大沽河上游生态区	区内的山体、沿潍莱高速生态林带
大泽山生态区	大沽河中游生态区	泽河及沿泽河、青新高速生态林带
大沽河上游生态区	大沽河中游生态区	大沽河及沿大沽河、沈海高速、蓝烟铁路生态林带
大沽河中游生态区	丁字湾生态区	沿青威高速生态林带及两生态区之间起到歇脚石作用的生态斑块
大沽河中游生态区	胶州湾生态区	大沽河及其他小型河流、沿大沽河、蓝烟铁路生态林带及起到歇脚石作用的生态斑块
大沽河中游生态区	崂山生态区	沿青新高速生态林带、起到歇脚石作用的生态斑块
胶州湾生态区	崂山生态区	白沙河、沿白沙河、环湾高速、胶济铁路生态林带
胶州湾生态区	五河头生态区	沿环湾高速生态林带
大沽河中游生态区	五河头生态区	沿沈海高速生态林带
五河头生态区	小珠山生态区	沿自然山体、青兰高速、沈海高速生态林带
五河头生态区	铁镢山生态区	沿沈海高速生态林带
小珠山生态区	铁镢山生态区	沿自然山体生态林带
铁镢山生态区	西海岸滨海生态区	风河及风河生态林带
铁镢山生态区	大珠山生态区	沿自然山体生态林带
铁镢山生态区	琅琊台生态区	沿自然山体生态林带
铁镢山生态区	黄家湾生态区	白马河、潮河、吉利河及沿自然山体、白马河、潮河、吉利河、沈海高速生态林带

4 结语

本文探讨了 GIS 技术及 GI 在非建设用地评价与划定中的具体技术方法。GI 的构建与分析为本研究的非建设用地评价与划定提供了具体的理论指导与方法基础。通过 GI 的构建，可以建立城市地区各相关非建设用地斑块之间的相互联系，基于城市地区GI的分析、评价，发现现状生态框架的保护重点及存在的问题。GIS技术则是上述方法的实现工具，为整个研究过程提供了数据管理、数据评价分析、数据表达与存储等一系列工具，贯穿于整个研究过程的始末。在GIS技术支持下，搭建基于GI的非建设用地评价与划定技术平台，可以使得规划人员较为简单地得到一个地区非建设用地中各类生态用地的空间配置格局、具体用地在生态系统维护中的作用的量化数据，从而投入更多的精力用于非建设用地中生态用地的保护，以及非建设用地与建设用地空间需求的调适上。

致谢

本文受国家863计划项目（2013AA122302）资助。

注释

① 本文根据傅强博士学位论文“基于生态网络的非建设用地评价方法研究”第三、四、五章改写。

参考文献

[1] Adriaensen, F., Chardon, J. P., De Blust, G. et al. 2003. The Application of "Leastcost" Modeling as a Functional Landscape Model. *Landscape and Urban Planning*, Vol. 64, No. 4.

[2] Benedict, M. A., McMahon, E. T. 2000. Green Infrastructure: Smart Conservation for the 21st Century. Washington D. C.: Sprawl Watch Clearinghouse, Monograph Series, www. sprawlwatch. org/greeninfrastructure. pdf.

[3] Bird Life International and Nature Serve 2011. *Bird Species Distribution Maps of the World*. Cambridge, UK and Arlington, USA.

[4] Cormen, T. H., Leiserson, C. E., Rivest, R. L. et al. 2001. *Introduction to Algorithms*. Cambridge: MIT Press.

[5] Dijkshoorn, J. A., Van Engelen, V. W. P., Huting, J. R. M. 2008. Soil and Landform Properties for LADA Partner Countries (Argentina, China, Cuba, Senegal and The Gambia, South Africa and Tunisia). ISRIC report 2008/06 and GLADA report 2008/03, Wageningen: ISRIC-World Soil Information and FAO. 2008 [2011-9-6]. http://www. isric. org/isric/Webdocs/Docs/ISRIC_Report_2008_06. pdf.

[6] Driezen, K., Adriaesen, F., Rondinini, C. et al. 2007. Evaluating Least-cost Model Predictions with Empirical Dispersal Data: A Case-study Using Radio Tracking Data of Hedgehogs (Erinaceus europaeus). *Ecological Modelling*, Vol. 209, No. 1-2.

[7] Fagan, W. F., Calabrese, J. M. 2006. Quantifying Connectivity: Balancing Metric Performance with Data Requirements. *Connectivity C*onservation. NewYork: Cambridge University Press.

[8] Freeman, L. C. 1977. A Set of Measures of Centrality Based on Betweenness. *Sociometry*, Vol. 40, No. 1.

[9] Graves, T. A., Farley, S., Goldstein, M. I. et al. 2007. Identification of Functional Corridors with Movement Characteristics of Brown Bears on the Kenai Peninsula, Alaska. *Landscape Ecology*, Vol. 22, No. 5.

[10] Keitt, T. H., Urban, D. L., Milne, B. T. 1997. Detecting Critical Scales in Fragmented Landscapes. *Conservation Ecology*, Vol. 1, No. 1.

[11] Opdam, P., Steingrover, E., Rooij, S. 2006. Ecological Networks: A Spatial Concept for Multi-Actor Planning of Sustainable Landscapes. *Landscape and Urban Planning*, Vol. 76, No. 3-4.

[12] Phillips, S. J., Williams, P., Midgley, G. 2008. Optimizing Dispersal Corridors for the Cape Proteaceae Using Network Flow. *Ecological Applications*, Vol. 18, No. 5.

[13] Pinto, N., Keitt, T. H. 2009. Beyond the Least-Cost Path: Evaluating Corridor Redundancy Using a Graph-theoretic Approach. *Landscape Ecology*, Vol. 24, No. 2.

[14] Rae, C., Rothley, K., Dragicevic, S. 2007. Implications of Error and Uncertainty for an Environmental Planning Scenario: A Sensitivity Analysis of GIS-based Variables in Reserve Design. *Landscape and Urban Planning*, Vol. 79, No. 3-4.

[15] Rees, W. G. 2004. Least Cost Path in Mountanous Terrain. *Computers and Geosciences*, No. 30.

[16] Rouget, M., Cowling, R. M., Lombard, A. T. et al. 2006. Designing Large-scale Conservation Corridors for Pattern and Process. *Conservation Biology*, Vol. 20, No. 2.

[17] Schadt, S., Knauer, F., Kaczensky, P. et al. 2002. Rule-based Assessment of Suitable Habitat and Patch Connectivity for Eurasian Lynx in Germany. *Ecological Applications*, Vol. 12, No. 5.

[18] Tischendorf, L., Fahrig, L. 2000. On The Usage and Measurement of Landscape Connectivity. *Oikos*, Vol. 90, No. 1.

[19] Tischendorf, L., Fahrig, L. 2001. On the Use of Connectivity Measures in Spatial Ecology: A Reply. *Oikos*, Vol. 95, No. 1.

[20] Watts, K., Eycott, A. E., Handley, P. et al. 2010. Targeting and Evaluating Biodiversity Conservation Action within Fragmented Landscapes: An Approach Based on Generic Focal Species and Least-Cost Networks. *Landscape Ecology*, Vol. 25, No. 9.

[21] 北京市城市规划设计研究院:《北京限建区规划（2006~2020）》，2006 年。

[22] 程磊、朱查松、罗震东:“基于生态敏感性评价的城市非建设用地规划探讨——以南京市江宁区大连山—青龙山片区概念规划为例”，《规划师》，2009 年第 4 期。

[23] 程遥、赵民:“‘非城市建设用地’的概念辨析及其规划控制策略”，《城市规划》，2011 年第 10 期。

[24] 地球系统科学数据共享网:《中国 1∶25 万土地覆盖遥感调查与监测数据库》，2011 年。

[25] 冯雨峰、陈玮:“关于‘城市非建设用地’强制性管理的思考”，《城市规划》，2003 年第 8 期。

[26] 傅强、宋军、王天青:“生态网络在城市非建设用地评价中的作用研究”，《规划师》，2012a 年第 12 期。

[27] 傅强、宋军、毛锋等:“青岛市湿地生态网络评价与构建”，《生态学报》，2012b 年第 12 期。

[28] 高芙蓉:“城市非建设用地规划的景观生态学方法初探——以成都市城市非建设用地为例”（硕士论文），重庆大学，2006 年。

[29] 高耀亭等:《中国动物志:兽纲·第八卷·食肉目》，科学出版社，1987 年。

[30] 顾朝林、马婷、袁晓辉等:“限建区规划研究——以长株潭绿心规划为例”，《城市规划学刊》，2012 年第 4 期。

[31] 郭红雨、蔡云楠、肖荣波等:“城乡非建设用地规划的理论与方法探索”，《城市规划》，2011 年第 1 期。

[32] 李健、冯雨峰、胡晓鸣："杭州非建设用地纳入规划体系的初步研究"，《新建筑》，2006 年第 6 期。
[33] 刘滨谊、张德顺、刘晖等："城市绿色基础设施的研究与实践"，《中国园林》，2013 年第 3 期。
[34] 罗震东、张京祥、易千枫："规划观念改变与非城市建设用地规划的探索"，《人文地理》，2008 年第 3 期。
[35] 马敬能、菲力普斯著，卢何芬译：《中国鸟类野外手册》，湖南教育出版社，2000 年。
[36] 裴丹："绿色基础设施构建方法研究述评"，《城市规划》，2012 年第 5 期。
[37] 青岛市史志办公室：《青岛市志：自然地理志・气象志》，中国大百科全书出版社，1997 年。
[38] 仇保兴："城市经营、管治和城市规划的变革"，《城市规划》，2004 年第 4 期。
[39] 舒沐晖："重庆都市区城市非建设用地的规划研究"（博士论文），重庆大学，2011 年。
[40] 王爱民、刘加林："高度城市化地区非建设用地导向"，《中山大学学报（自然科学版）》，2005 年增刊。
[41] 吴良镛："面对城市规划'第三个春天'的冷静思考"，《城市规划》，2002 年第 2 期。
[42] 谢英挺："非城市建设用地控制规划的思考——以厦门为例"，《城市规划》，2005 年第 4 期。
[43] 邢忠、黄光宇、颜文涛："将强制性保护引向自觉保护——城镇非建设用地的规划与控制"，《城市规划学刊》，2006 年第 1 期。
[44] 俞孔坚、李博、李迪华："自然和文化遗产区域保护的生态基础设施途径"，《城市规划》，2008 年第 10 期。
[45] 俞孔坚、李迪华、韩西丽："论'反规划'"，《城市规划》，2005 年第 9 期。
[46] 俞孔坚、张蕾："基于生态基础设施的禁建区及绿地系统——以山东菏泽为例"，《城市规划》，2007 年第 12 期。
[47] 翟宝辉、王如松、李博："基于非建设用地的城市用地规模及布局"，《城市规划学刊》，2008 年第 4 期。
[48] 张永刚："浅议非建设用地的城市规划管理问题——以深圳市为例"，《规划师》，1999 年第 2 期。
[49] 朱查松、张京祥："城市非建设用地保护困境及其原因研究"，《城市规划》，2008 年第 11 期。
[50] 朱查松、张京祥、罗震东："城市非建设用地规划主要内容探讨"，《现代城市研究》，2010 年第 3 期。

黑瞎子岛保护与开发规划研究

谭纵波　顾朝林　袁晓辉　郭　婧　马　婷　张晓明　朱俊峰

Research on the Protection and Development Planning of Heixiazi Island

TAN Zongbo[1], GU Chaolin[1], YUAN Xiaohui[1], GUO Jing[1], MA Ting[1], ZHANG Xiaoming[1], ZHU Junfeng[2]
(1. School of Architecture, Tsinghua University, Beijing 100084, China; 2. Institute of Comprehensive Transportation of National Development and Reform Commission, Beijing 100038, China)

Abstract　This paper focuses on the protection and development planning of Heixiazi Island according to the principle of landscape ecology. Firstly, based on ecological protection, the paper divides the island into four functional zones of core ecological protection zone, general ecological protection zone, fishery conservation zone, and sightseeing leisure tourist zone, without setting up economic development zone and tourism and leisure area. Secondly, the paper puts forward the strategic thinking of setting up a new town outside the island and evaluates the four optional locations of the new town from the perspectives of strategic significance, site conditions, land use evaluation, traffic condition, border communication, development potential, demonstration effect, construction cost, livable environment, landscape conditions, etc.

作者简介
谭纵波、顾朝林、袁晓辉、郭婧、马婷、张晓明，清华大学建筑学院；
朱俊峰，国家发展和改革委员会综合运输研究所。

摘　要　本文依据景观生态学原理进行了黑瞎子岛保护与开发规划研究。首先，基于生态保护划分核心生态保护区、一般生态保护区、渔业资源保护区、观光休闲度假旅游区四个功能引导区，确定在岛上不设置经贸开发区和旅游休闲区，并在岛外布局新城发展区的战略思路。其次，从战略意义、基地条件、用地评价、交通条件、边境交流、发展潜力、示范作用、建设成本、宜居环境、景观条件共十个方面对四个备选新城址方案进行了评价，最终选择通江口作为乌苏新城建设区，并从土地承载力、环境容量和发展目标导向方面确定新城规模为20万～50万人。新城功能区组织和产业发展充分考虑生态敏感、空间有限和岛内外联动的影响，由行政管理服务区、口岸区、经贸区、旅游休闲区、进出口加工区、渔产品生产基地、综合保税区等基本功能区组成，产业发展以生态渔业、休闲旅游和加工出口业为主。

关键词　黑瞎子岛；绿色发展；区域规划；新城规划

根据2004年中俄双方签署的勘界协定①，黑瞎子岛②西侧约171km²的陆地及其所属水域正式划归中国。2008年10月，中俄两国政府在黑瞎子岛上举行了中俄国界东段界桩揭幕仪式。经国务院批准，黑龙江省人民政府2010年3～5月通过国际竞赛的方式组织编制《黑瞎子岛保护与开放开发总体规划》。2010年11月，中国和俄罗斯共同发表的《中俄总理第十五次定期会晤联合公报》称"双方将共同对黑瞎子岛进行综合开发"。2011年2月22日，中方声明中俄两国政府已达成共识，共同开发黑瞎子岛，将其建

In the end, Tongjiangkou is chosen as the construction area for Wusu New Town. After considering land carrying capacity, environmental capacity, and development goals, the paper determines that the population size of the new town will be 200 000 to 500 000 people. The organization of functional zones and the industrial development of the new town should take full account of ecological sensitivity, spatial limitation, and coordination between the internal and external of the island. The basic functional zones include administrative services zone, port zone, economic and trade zone, tourism and leisure zone, import and export processing zones, fishery products production zone, comprehensive bonded zone, etc. And ecological fishery, leisure tourism, and export processing industry will be the major industries.

Keywords Heixiazi Island; green development; regional planning; new town planning

成友谊之岛、和谐之岛和自由之岛，成为互免签证区[3]。2012年12月15日，国务院批复《黑瞎子岛保护与开放开发总体规划》（以下简称《黑瞎子岛规划》）。本文根据研究团队参与《黑瞎子岛规划》国际竞赛的研究成果改写而成，主要介绍黑瞎子岛的保护思路、开发战略和新城总体规划设想[4]。

1 区域概况

黑瞎子岛位于黑龙江和乌苏里江交汇处，是“中国最早见到太阳的地方”，与俄罗斯远东第一大城市哈巴罗夫斯克（以下简称哈巴市）隔江相望。从自然地理上看，黑瞎子岛被黑龙江、乌苏里江和抚远水道分割成银龙岛、黑瞎子岛和明月岛三个岛系，大小共93个岛屿和沙洲，总面积约335km²。按照《中华人民共和国和俄罗斯联邦关于中俄国界东段的补充协定》，黑瞎子岛为中俄两国共有，其中中国一侧国土面积171km²，领土、领水面积208.5km²（图1）。

黑瞎子岛地势平坦开阔，西高东低，平均海拔37m，局部地区海拔超过40m。百年一遇洪水水位为37.8m。在2008年之前，全岛基本处于原始状态，为大面积湿地，柳树、榆树、杨树、柞树和牧草覆被良好，栖息着黑鹳等珍稀野生动物、珍贵毛皮兽和水鸟。岛内水系发达，季节性河流、湖泊星罗棋布。岛周围江汊纵横，水草丰盛，鲤鱼、鲫鱼、鲢鱼、白鱼、鳌花等鱼类资源丰富，也是鲑鱼洄游的必经之路。黑瞎子岛左右分别濒临黑龙江、乌苏里江，黑龙江航道条件优越。抚远水道两岸为灌木林、草地和沼泽。

黑瞎子岛隶属黑龙江省抚远县。该地区的交通以公路为主，水路为辅。县城抚远镇和乌苏镇建有水运码头和渔港。目前正在建设前抚铁路、机场、港口等一批重大基础设施项目，抚远水路、公路、铁路、航空四位一体的口岸交通体系正在形成之中。

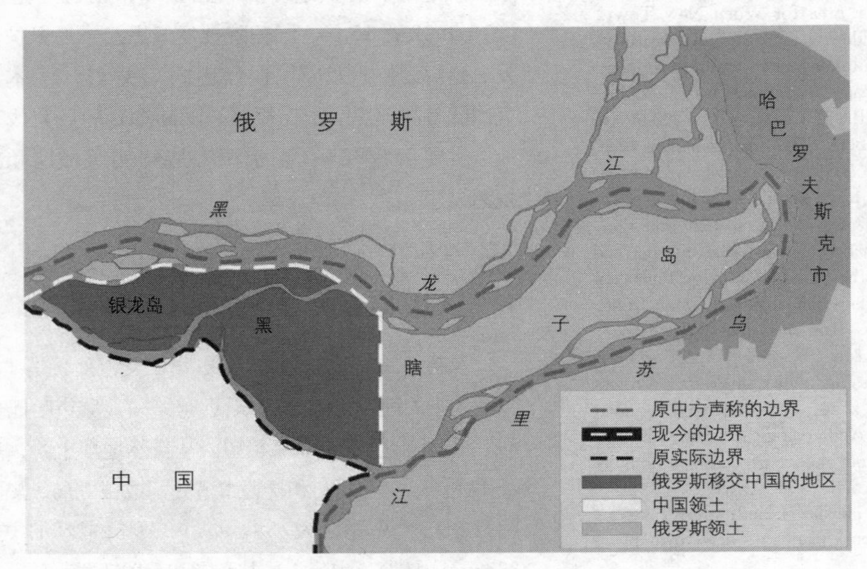

图 1 黑瞎子岛区位示意

2 《黑瞎子岛规划》的基本价值判断与总体思路

《黑瞎子岛规划》是指导黑瞎子岛此后保护与开发建设的纲领性文件，其总体规划思路至关重要，也是体现国际竞赛中各个研究团队价值观和技术水平的重要内容。

首先，编制《黑瞎子岛规划》的首要目的，毋庸置疑就是彰显中国政府对领土及相关水域的主权行使。因此，规划的基本价值观应立足于对国土空间资源财富的认识，无论是基于自然保护的政策，抑或口岸贸易基础设施的开发建设，均离不开这一基于价值判断的宗旨。

其次，编制《黑瞎子岛规划》的重要价值，是发挥黑瞎子岛“一岛两国”、处于中俄边界上少有的几个陆地交接处、并与俄罗斯远东第一大城市哈巴市隔江相望的独特地理区位优势，充分凸显黑瞎子岛在促进中俄两国友好合作方面的象征意义，作为中俄睦邻交流的通道与平台，承载两国开放合作的桥头堡和示范窗口。

再次，编制《黑瞎子岛规划》的基本前提，是充分认知黑瞎子岛自然资源丰富、生态敏感性高、地质水文条件复杂、生态环境脆弱的特征，保护区域生态系统，避免大规模的开发建设活动对区域生态环境的破坏，理顺生态保护、开放和开发三位一体的辩证关系。以生态保护作为开放和开发的前提，通过开放和开发进一步有效促进生态保护，实现黑瞎子岛的绿色发展。

综上，研究团队编制《黑瞎子岛规划》的核心理念和总体思路为：立足国土空间资源，发挥“一岛两国”对开放合作的示范价值，将生态环境的保护作为开放开发的前提，保护可持续生态，以开放促发展，将黑瞎子岛发展成为“面向东北亚地区商贸物流桥头堡，享誉世界的中俄科技文化交流地，辐射欧亚的生态旅游休闲度假岛，中国改革开放北方边境特区城市”。

3 基于生态保护的功能引导区划分

根据规划的基本原则和思路，黑瞎子岛区域的功能引导区划分建立在对区域景观生态系统分析和生态敏感性分析的基础上，统筹布局岛内和岛外的功能分区。在功能区设计上，也充分考虑生态保护与开放开发的关系，合理布局功能区。

3.1 景观生态系统分析

黑瞎子岛由黑龙江、乌苏里江冲积而成，四面环水，南靠抚远高地和俄罗斯境内的卡扎克维切沃山，整个区域属于三江平原湿地（图 2)。斑块、廊道、基质以点、线、面的形式构成了黑瞎子岛的景观生态系统。其中，斑块是天然林地、灌木草地，为均质非线性地表区域；廊道是黑龙江、乌苏里江、抚远水道及岛上水系和水边漫滩，联系斑块与基质，为动物迁徙、植物带延续打通生态通道；基质是沼泽湿地，反映全岛的基本景观（图 3)。

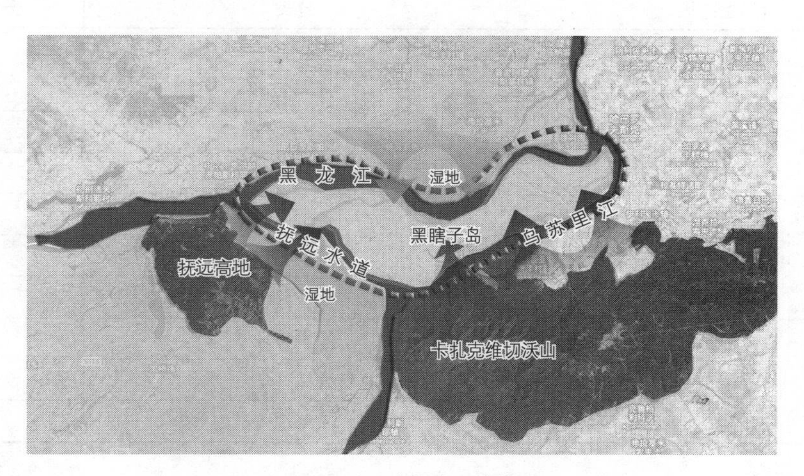

图 2 黑瞎子岛生态环境格局

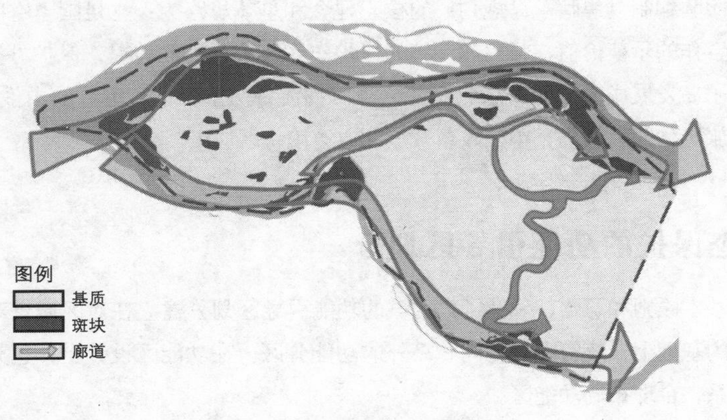

图3 黑瞎子岛景观生态系统

3.2 生态敏感性分析

规划研究采取七项自然因子（表1）进行生态敏感性分析（图4）。

表1 黑瞎子岛生态敏感性评价指标体系及其赋值

自然生态因子	分类	分级赋值
洪水高程	36m以下	9
	36～37m	7
	37～37.8m	5
	37.8m以上	3
动物物种多样性	丰富	7
	较丰富	5
	一般	3
植被	灌木林地	9
	天然林地	7
	草地	3

续表

自然生态因子		分类	分级赋值
地貌	牛轭湖	牛轭湖自然保护区	7
		<20m 缓冲区	5
		20～50m 缓冲区	3
		50～100m 缓冲区	1
	沼泽湿地	湿地自然保护区	9
		<20m 缓冲区	7
		20～50m 缓冲区	5
		50～100m 缓冲区	3
	漫滩	漫滩自然保护区	9
		<20m 缓冲区	7
		20～50m 缓冲区	5
		50～100m 缓冲区	3
	陡坎	陡坎核心区	9
		<20m 缓冲区	7
		20～50m 缓冲区	3

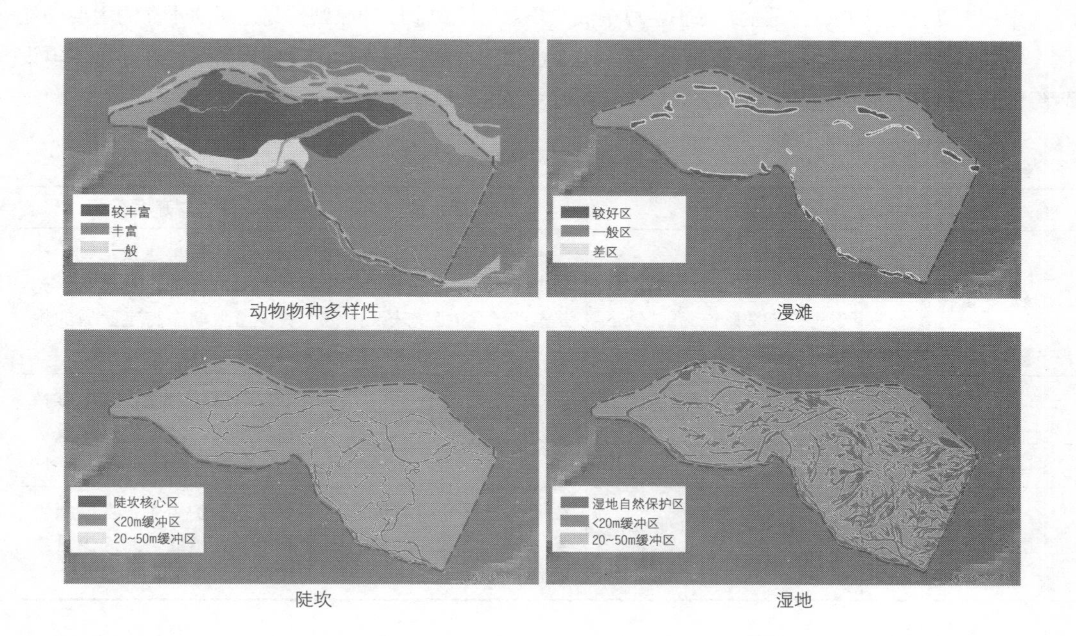

动物物种多样性　漫滩
陡坎　湿地

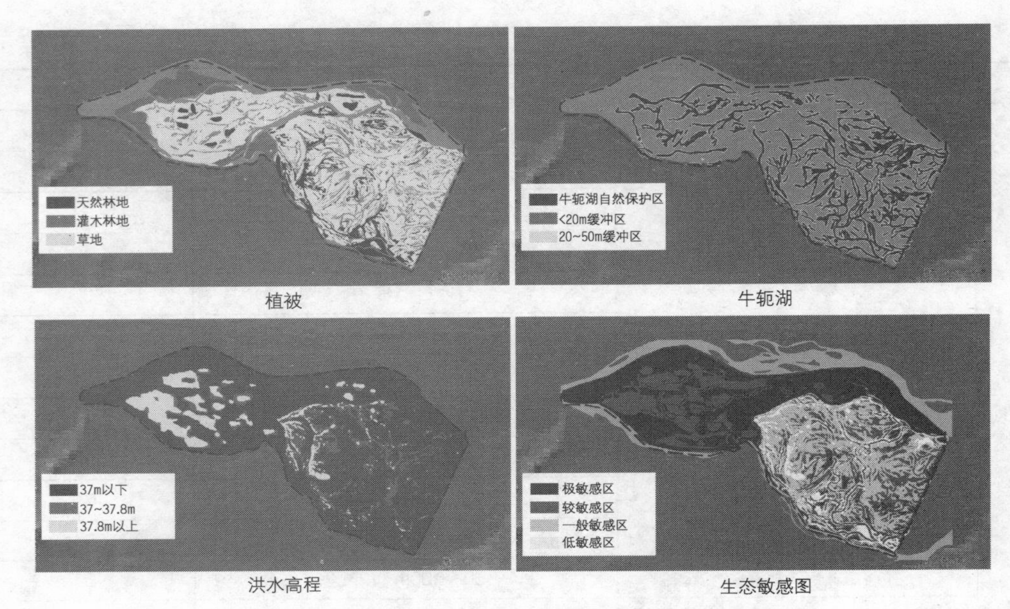

图4 黑瞎子岛生态敏感性分析的单因子评价

3.3 功能引导区划分

根据全岛整体开发，注重生态保护，尊重俄方开发与保护意图的原则，划定黑瞎子岛的主要功能区，包括核心生态保护区、一般生态保护区、渔业资源保护区、观光休闲度假旅游区，在岛上不再设置经贸开发区和旅游休闲区，考虑在岛外布局新城发展区（表2）。

表2 黑瞎子岛功能区划分

功能区	划分标准	发展定位	保护与开发要求
核心生态保护区	湿地、水生生物自然保护区等生态敏感性高的区域	主要发挥生态保育功能，是黑瞎子岛的生态核心	核心区内禁止建设活动，严格控制与保护自然基础，允许少量限制在特定区域的旅游观光活动
一般生态保护区	与俄方对接，对整个岛域生态影响较大的区域	以生态保育功能为主，结合发展旅游业	以生态保护为主，基本维持自然原貌，允许少量建设活动，配合口岸通关需要
渔业资源保护区	渔业资源丰富，对核心区保护起缓冲作用的区域	在保护渔业资源与生态环境的前提之上，提供渔业观光服务	以生态保护为主，发展绿色种植与养殖业，允许少量建设活动和渔业观光

续表

功能区	划分标准	发展定位	保护与开发要求
观光休闲度假旅游区	生态敏感性一般，与岛外对接方便，有开发可能的区域	结合现有自然、文化资源，适度开发度假、旅游、观光功能	以生态保护为主，适度开发旅游服务接待场地和旅游观光点建设
外部新城发展区	工程地质条件优良，生态格局安全，与俄方对接条件优良的区域	承载经贸往来、旅游集散、出口加工、科技文化展示、生活服务等功能	作为开发核心区域，在保持原有水系与生态格局的基础上，开发建设新城，带动黑瞎子岛区域发展

在黑瞎子岛我国领土部分，按照保护与开放开发功能区划，对功能区进一步细分，在城市发展区加入口岸区、商贸区、进出口加工区、保税区、居住区、行政管理区、科教区等功能区(图 5)，构成有机联系的生态空间、生活空间和生产空间（表 3）。

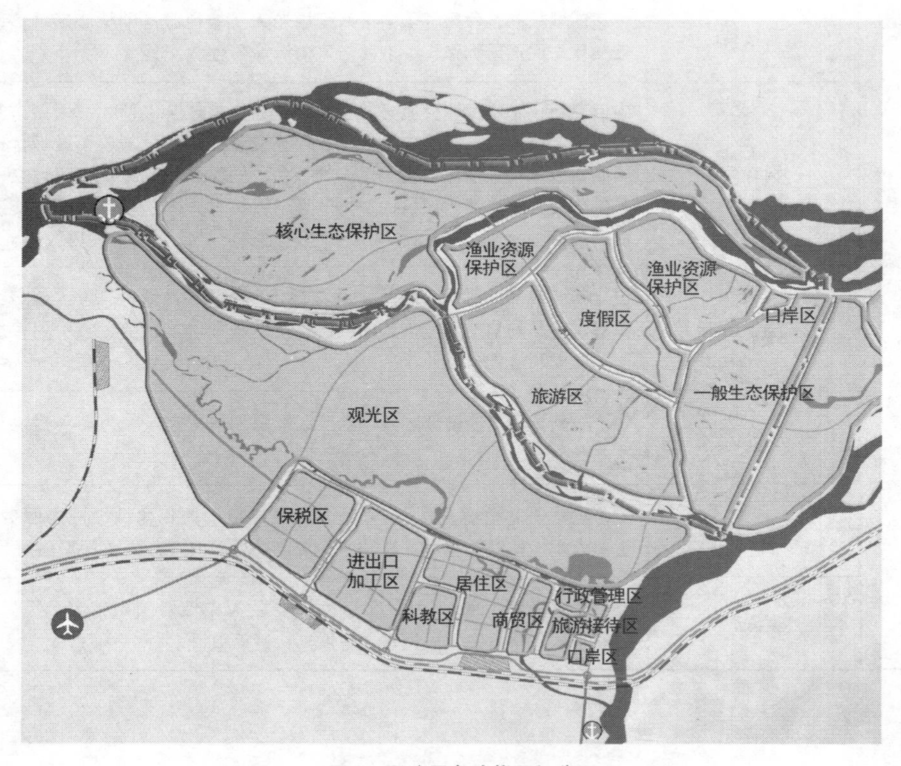

图 5 黑瞎子岛功能区细分

表3 黑瞎子岛生态空间、生活空间和生产空间有机组织

空间组织	功能区	保护与开发活动
生态空间	核心生态保护区	生态核心区位于黑瞎子岛西部，包括整个银龙岛、黑龙江与银龙水道的部分水域。生态核心区作为黑瞎子岛生态保护的关键部分，禁止一切开发建设活动
	一般生态保护区	生态保护区与俄罗斯边境生态保护区对接，保证旅游区退后国境线3.7km，共同形成边境自然良好的生态格局，总面积23.8km²。保护区内允许旅游者参观，并作为边境游的主要区域
生活空间	行政管理区	位于新城东部，管理新城建设与开发、岛内旅游活动并负责对自然保护区的监管
	商贸区	位于新城东部，为中俄两国经贸洽谈、商业金融活动开展提供平台
	旅游接待区	位于新城东部，作为提供中俄两国旅游人员接待服务的核心区域，设立中俄文化与民俗博物馆、中俄民俗风情街等项目
	科教区	中俄高新技术研发、交流与展示核心区域，总面积3.7km²。为俄方共青城的飞机制造技术、我国电子信息技术等交流提供研发与展示区域，搭建两国高新技术相互学习与相互促进的平台。同时采用政策优惠，设立一流大学的分校区、高端培训机构，为两国高新技术人才的培养、学术交流提供便利条件
	居住区	位于新城中部，面积8.8km²，为黑瞎子岛及周边区域的开发人员与当地居民提供宜居的生活环境，远期依靠政策优势和环境优势，吸引更多居民到当地就业和居住
	观光区	位于黑瞎子岛岛外南部区域，以滨江景观和原生态景观为特色提供观光游览服务
	旅游区	位于黑瞎子岛南部，面积32.2km²。区域范围内包含两个旅游服务基地，主要为湿地景观、林地景观、两江文化景观提供旅游项目服务
	度假区	位于黑瞎子岛中部，面积17.3km²。主要为中俄两国旅游人员提供度假、疗养基地，布置中俄民俗村、中俄文化游等项目

续表

空间组织	功能区	保护与开发活动
生产空间	渔业区	包括黑龙江中游30～59km主航道中心线我方一侧水域及银龙岛与黑瞎子岛所夹的河道水域，以及黑瞎子岛北部与西部的两片区域，总面积27km²。该区域作为水生生物保护区，同时也是湿地自然保护区的缓冲区，限制建设活动，发展绿色种植与养殖业，保护珍稀水生物种，如大马哈鱼、鲟鳇鱼等，形成高寒地区水域渔业资源研究、保护中心，允许少量观光与展示活动
	保税区	位于新城西侧，单独成片，以中俄两国货物中转、采购、配送、转口贸易和保税加工等功能为主，以商品服务交易、投资融资保险等功能为辅，面积10km²
	进出口加工区	设置准入门槛，允许木材、纺织服装等对环境影响较小的产业入园，面积12km²
	口岸区	设置岛内、岛外两个口岸，一个位于黑瞎子岛东北部，对接俄罗斯口岸，作为二类口岸使用，为公路口岸，口岸用地规模0.1km²；另一个位于乌苏新城南部，作为一类口岸使用，为铁路、公路、水运口岸，口岸用地规模0.6km²

4　保护价值导向的新城开发

出于建设安全、高效、经济和可持续发展的边疆新城的考虑，规划确立了保护价值导向的新城开发策略。严格进行岛内的建设用地评价，并从生态保护出发，综合评价新城的选址方案，在选定的城址基础上进行规模预测、空间结构和土地利用规划。

4.1　适宜建设用地评价

用地适宜性评价采用如表4所示的评价要素进行。

将以上单因子评价的各类用地进行叠合分析，得到最终用地适宜性评价分区（表5、图6）。

4.2　新城选址

从生态保护角度出发，综合考虑建设用地适宜性评价、新城建设合理规模，在黑瞎子岛内外分别选择了两处场地（共计四处）作为新城建设备选场址（图7）。

表4 土地利用适宜性评价要素

	评价要素	不适宜建设	较适宜建设	适宜建设
工程地质条件	洪水淹没程度	36m 以下	36～37.8m	37.8m 以上（百年洪水位以上）
	工程地质	差区	一般区	较好区
	陡坎	陡坎核心区	<20m 缓冲区	20～50m 缓冲区
	湿地	湿地保护区	<20m 缓冲区	20～50m 缓冲区
	牛轭湖	牛轭湖保护区	<20m 缓冲区	20～50m 缓冲区
	漫滩	漫滩保护区	<20m 缓冲区	20～50m 缓冲区
生态环境条件	植被分布	天然林地	灌木林地	草地
	湿地自然保护区功能区划	核心区	缓冲区	开发区

表5 黑瞎子岛建设用地适宜性评价

	面积（km^2）	占总建筑面积百分比（%）	分布范围
不适宜建设用地	90.6	53.0	主要分布于银龙岛及黑瞎子岛南端
较适宜建设用地	46.2	27.3	主要分布于黑瞎子岛东南部
适宜建设用地	33.6	19.7	主要分布于黑瞎子岛西部，临近抚远水道
总计	170.4	100.0	

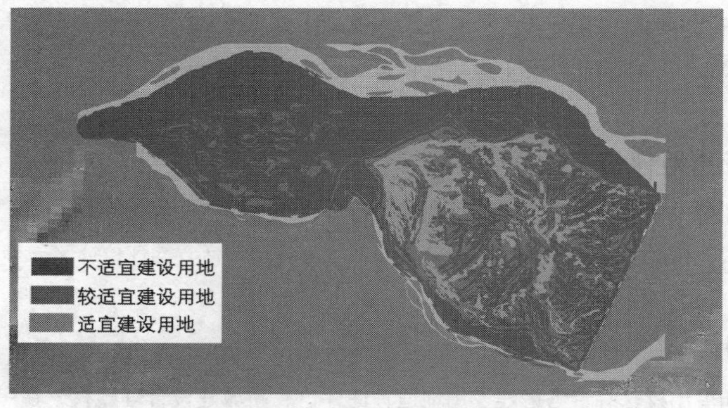

图6 黑瞎子岛建设用地适宜性评价分区

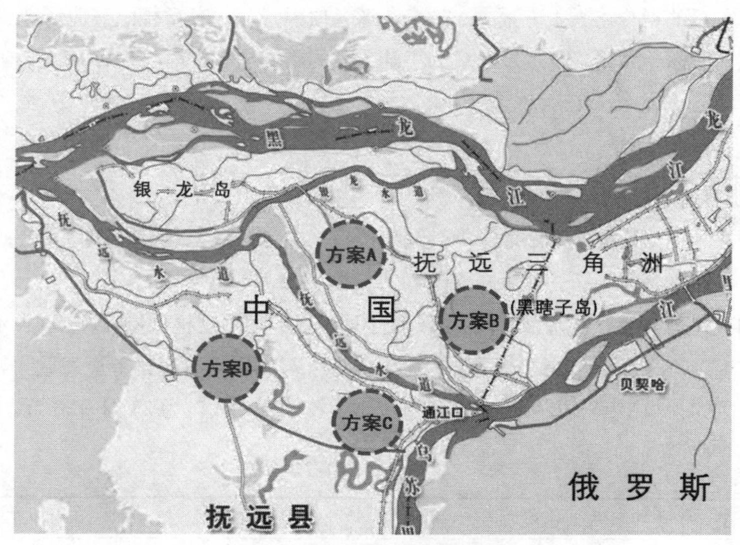

图7 黑瞎子岛新城选址方案

规划从战略意义、基地条件、用地评价、交通条件、边境交流、发展潜力、示范作用、建设成本、宜居环境、景观条件共十个方面对四个备选方案进行了评价。每个因素采用四级评分制，将所得分值以相等的权重叠加求得平均值作为综合得分，得到四个备选场地的综合评定分值（表6）。

表6 新城选址方案综合评价

评价因素	选址方案 A	选址方案 B	选址方案 C	选址方案 D
战略意义	2	3	3	1
基地条件	2	1	2	4
用地评价	2	1	3	4
交通条件	3	1	3	4
边境交流	3	4	2	1
发展潜力	2	2	3	2
示范作用	4	4	2	1
建设成本	1	1	3	4
宜居环境	4	2	3	2
景观条件	4	2	4	1
综合得分	2.7	2.1	2.8	2.4

从表6可以看出，方案A与方案C具有相对的优势。方案A虽然在对俄示范意义、宜居环境、景观条件三项评价因素中分值均为4分，但在建设成本、未来发展规模、生态环境保护等方面受到制约；

从总分来看，方案C的得分略大于方案A。综合考评各项因素，方案C相比其他场地更符合本次规划的发展定位和规划目标。因此，选定方案C为黑瞎子岛的新城建设场地。

4.3 新城规模预测

4.3.1 基于环境容量的分析

土地承载力法。根据适宜建设用地评价，黑瞎子岛（中方）适宜建设区33.6km²，较适宜建设区46.2km²（图6）。通过黑瞎子岛三种不同面积和人口密度估算，具体公式为：$P=\sum B_i \times S_i$。其中：P表示研究区的人口规模（万人），B_i表示第i种土地分区的用地规模（km²），S_i表示第i种生态分区的平均人口密度（万人/km²）。结合国内外相似地区的人口密度情况，考虑黑瞎子岛的现实情况，确定各生态功能区的人口密度（表7）。估算适宜土地容量的饱和人口为25万～36万。

表7　黑瞎子岛人口容量分析

土地类别	人口密度（万人/km²）	面积（km²）	人口（万人）
适宜建设区	0.6～0.8	33.6	20～27
较适宜建设区	0.1～0.2	46.2	4.6～9
不适宜建设区	0	0	0

环境容量预测。如果不考虑地表水污染因素，黑瞎子岛水资源丰沛。根据黑瞎子岛资料推断其含水层厚度大于30m，水位埋深一般在3.15～6.33m，单井涌水量3 000～5 000m³/d。预计到2020年和2030年黑瞎子岛可利用水资源总量约3 650万～9 125万m³。根据规划期末可供水资源总量，选取适宜的人均用水标准预测人口规模。2008年全国人均用水量约475m³，预测以500m³为目标年的人均用水量，可以推算出黑瞎子岛的人口为11万～29万。

4.3.2 基于目标导向的分析

与黑瞎子岛隔江相望的俄罗斯哈巴市，是俄罗斯远东地区乃至东西伯利亚地区最大的工业、交通、科学和文化中心。黑瞎子岛（中方）开发将与哈巴市形成中俄边境姐妹城市，在未来的发展过程中也将存在竞争关系。黑瞎子岛（中方）开发规模需要考虑以下关系。①从政治角度来说，黑瞎子岛1929年被俄占领，隶属于哈巴市，2008年8月俄将银龙岛和黑瞎子岛移交中国，应该在祖国的强大后盾下发展起来，其发展规模应与80万人口的哈巴市有平等对话的地位。②从区位上说，黑瞎子岛扼守着黑龙江—乌苏里江通航的咽喉，它所在的黑龙江省抚远县拥有黑龙江省唯一的水上入海通道。“一岛两国”的独特地理位置，加之它与俄东部最大的城市隔江相望，使之在回归以后受到了世界的关注。要建设一个边疆的新城，也需要一定的城市人口规模。

综合考虑以上两方面的因素，对比改革开放30多年深圳与香港的发展过程，预测黑瞎子岛的人口发展规模到2020年为10万，到2030年为30万左右，最终规模可能在50万人以内。根据《城市规划建设用地标准》和我国城市发展用地状况，新城规划用地规模按 2020 年 15km^2、2030 年 30km^2、最终规模 50km^{2}设计。

4.4 空间结构规划

乌苏新城按综合保税区、进出口加工区、物流区、科技研发和高校区、居住区、经贸文化区、行政管理服务区、旅游服务区和口岸区组织。其中，行政管理、商业区、文化区、国际会展区、旅游服务区和口岸区形成城市服务功能区；居住区、高校区和科技研发区集中形成居住生活区；出口加工区、综合保税区和物流区集中形成生产物流区。三大功能区镶嵌在生态基底中，依次展开(图 8)。

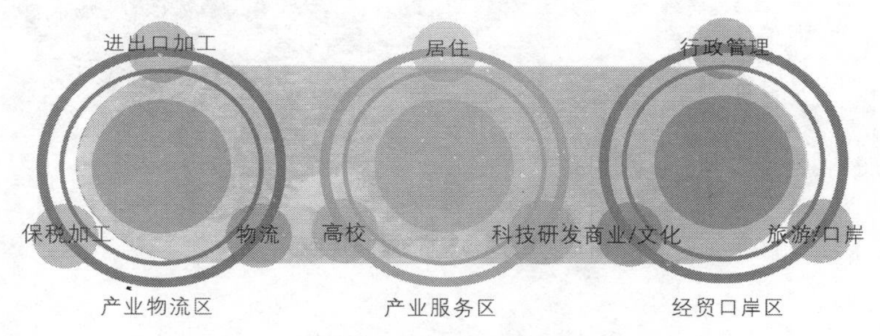

图 8 乌苏新城功能区组织

根据用地适宜性评价结果，带状布局三大功能组团，有利于减少对三角洲的破坏；建设高速铁路客运站和铁路货运站为新城服务；结合现状生态条件，打通南北向生态廊道，实现黑瞎子岛生态对新城的有机渗透。形成“一心、三轴、三组团”的空间结构：“一心”——以行政管理、经贸和文化展示为主的城市中心；“三轴”——南部对外交通轴、中央城市交通轴、北部滨水景观轴；“三组团”——新城中心组团、生活居住组团、产业物流组团（图 9)。

4.5 土地利用规划

规划方案建设用地 47.789km^2，其中：工业类用地 21.078km^2，占 42%；居住类用地 6.755km^2，占 14%；服务设施类用地 6.738km^2，占 14%。三类用地从西向东依次布局：工业用地结合铁路货运站布局，便于物资进出；服务设施用地位于乌苏里江畔，自然环境好，适宜建设主要公共开放空间，同时结合高铁客运站布局，服务于旅游休闲功能；居住用地位于二者之间，利于职住平衡，提高交通可达性。此外，结合现状水系和道路基础设施布局绿地，面积为 6.503km^2，占 13%（图 10)。

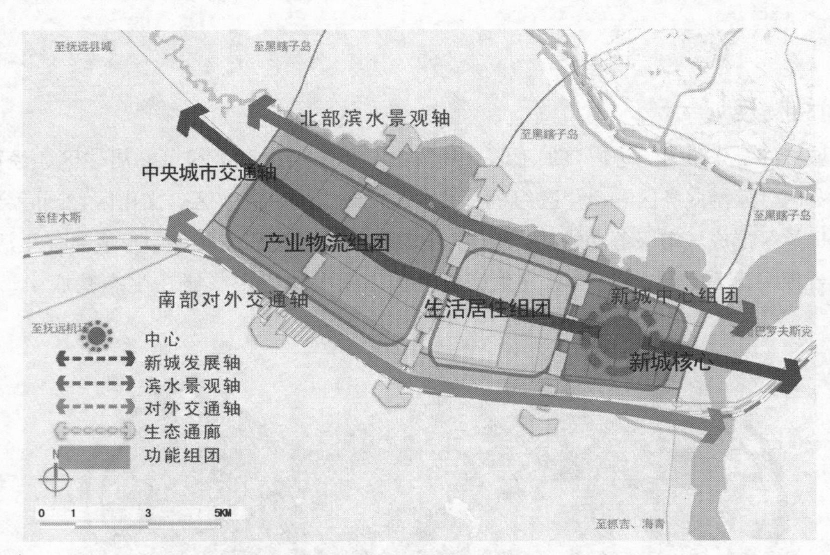

图9 乌苏新城空间结构规划

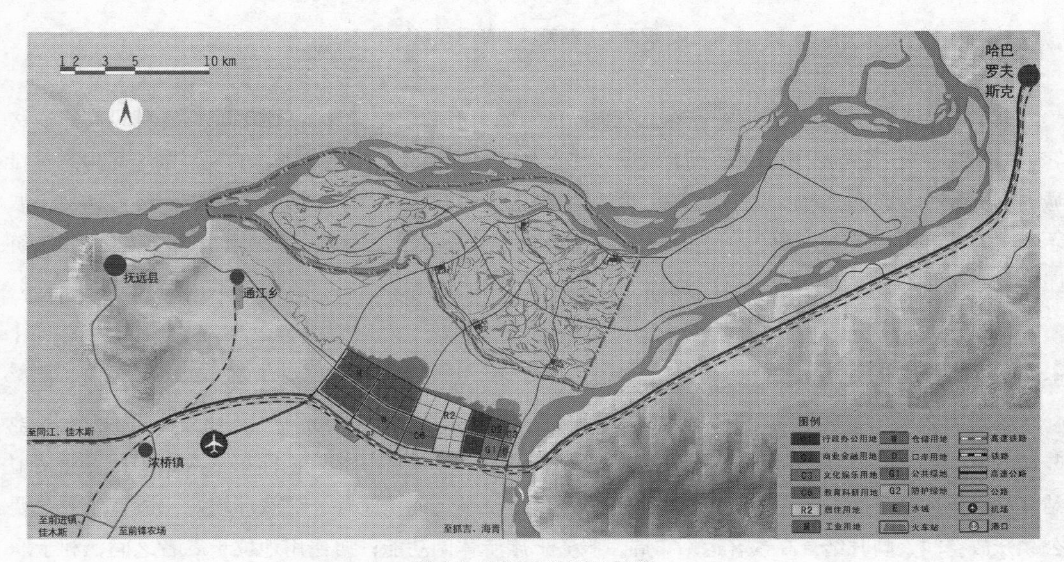

图 10 区域土地利用规划

5 产业规划

从发展目标和发展条件两方面出发，同时考虑黑瞎子岛的特殊性和地域特点，进行产业组织，构建黑瞎子岛产业发展体系。

5.1 产业组织思路

本次规划目标是将黑瞎子岛建设成为“生态良好、稳定安全、开放繁荣的对俄合作示范区”，并要求落实“生态保护、口岸通道、旅游休闲、商贸流通”四大功能，每项功能都需要相关产业发展作为支撑（图 11）。

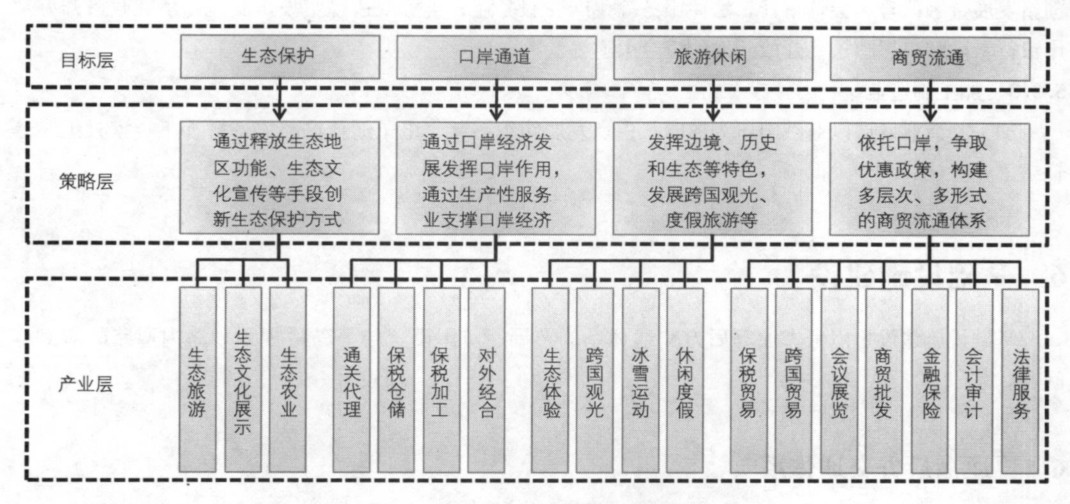

图 11　黑瞎子岛目标导向的产业功能

同时，充分考虑黑瞎子岛生态敏感、空间有限的地域特点，根据岛内外联动的思路，确立产业发展的原则，包括：①岛上禁止建设加工项目，可适度开展季节性、低强度的旅游活动；②有限的新城空间向最能发挥口岸作用、与中俄合作关系最紧密的产业倾斜；③通过相关产业的发展分工实现岛内外之间带动与支撑的关系。总体上，统筹考虑发展目标、发展条件和地域特点三方面的因素，提出黑瞎子岛内外联动的产业体系。

5.2 产业发展设想

5.2.1 生态渔业

在生态保护的前提下，发展特色水产捕捞、养殖等产业。

5.2.2 生产性服务业

旅游休闲度假产业。以生态体验、跨国观光、民族风情、冰雪运动等为特色，发展旅游休闲度假产业，构建“吃住行游购娱”配套发展的旅游产业体系。

进出口贸易和物流业。依托口岸、保税区等功能节点，发展口岸服务、保税仓储、保税加工、保税贸易等保税—口岸经济，为出口农副产品、轻纺工业品和进口木材、煤炭以及矿产等提供顺畅渠道。以进出口货物为导向，发展港口物流业。针对不同货种规划建设不同装卸码头和物流区，如以木材、煤炭、矿产为主的大宗散货物流、以轻纺工业品、农副产品为主的集装箱物流、以机械装备为主的特种物流等。

科教文化服务业。针对中俄双方技术优势领域，通过开展中俄技术交流与合作，以会议、展览等为载体，发展科技研发产业。以定期展会、批发市场等形式，发展商贸流通业，活跃双边贸易交流。创新发展金融保险、会计审计、法律服务等生产性服务业，支撑双边经贸技术交流，争取政策开办离岸银行，以解决黑瞎子岛开放开发的资金渠道等。

5.2.3 加工制造业

加工制造业发展以对俄出口为导向，重点发展纺织服装、电子通信产品、木材加工、家具组装等轻纺工业。

6 基础设施建设

基础设施建设重点考虑通岛后方交通体系的布局、口岸设置与上岛桥规划和岛内道路的规划等问题。

6.1 通岛后方交通体系

随着黑瞎子岛开发的深入，近期规划的交通项目不能满足发展的需要。交通基础设施需要与俄罗斯哈巴市对接，使黑瞎子岛地区成为我国对俄罗斯开放的水路、公路、铁路、航空一体的口岸大通道(图12)。

6.1.1 快速交通系统

铁路客运专线。建设佳木斯至黑瞎子岛的铁路客运专线，并通到哈巴市。通过该线连接佳木斯至哈尔滨的高速铁路，使之成为未来抚远对外铁路交通的重要干线。未来铁路黑瞎子岛至同江 1 小时、至佳木斯 2 小时、至哈尔滨 4 小时、至北京 8 小时。

高速公路。新建同江至黑瞎子岛高速公路，纳入国家高速公路网。通过该线与佳木斯、牡丹江、哈尔滨等地连接，打造未来抚远对外公路交通的主干道。此外，高速公路与城市道路和黑瞎子岛的联系通过东、中、西三个出入口连接。修建抚远机场至城市的高速公路，与高速公路的西端出入口连接。

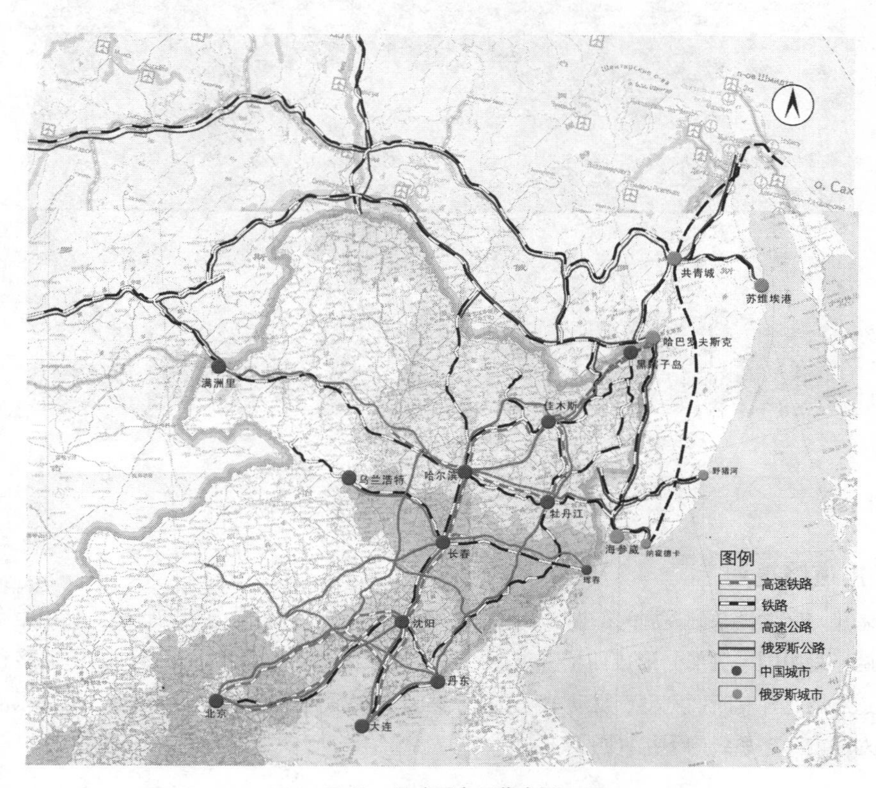

图 12 黑瞎子岛区位交通

机场。抚远机场改造成 4D 级标准，适应 B757、A330 等大型飞机的起降，提高机场的吞吐能力，使吞吐能力达到 100 万人次/年。未来航空黑瞎子岛至哈尔滨 1 小时、至北京 2 小时。

6.1.2 一般交通系统

铁路。提高前抚铁路的等级，未来改造成国铁Ⅰ级，复线铁路，主要承担货运任务。修建跨乌苏里江的铁路桥和乌苏镇连接俄西伯利亚铁路及哈巴市的铁路。修建前锋农场经双鸭山市饶河县至鸡西虎林市的铁路，形成沿乌苏里江及东部国境线，与东北地区建设的东边道连接的铁路线。

公路。全面改造省道，使其达到一级公路标准，提高对外交通能力。县域内的公路建设和改造包括抚远至乌苏、浓桥至乌苏、上岛公路和桥梁。

港口。完善抚远莽吉塔港，提高港口吞吐能力。建设乌苏镇（黑瞎子岛）港区（图 13）。

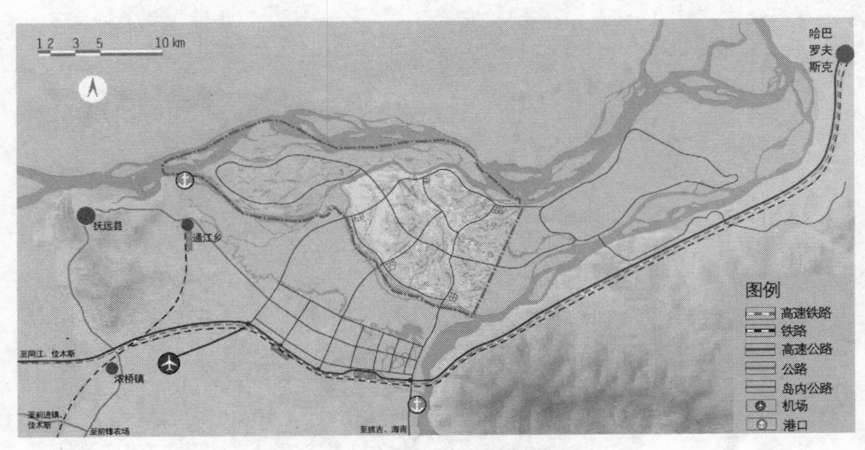

图 13 黑瞎子岛对外交通规划

6.2 岛内道路规划

综合考虑与区域性基础设施的衔接、中俄道路对接等因素，规划岛内路网骨架。其中银龙岛自成一环，黑瞎子岛中国一侧部分形成四横三纵的路网格局。银龙岛与黑瞎子岛通过一横道路和桥梁连接。岛内道路通过控制断面宽度、机动车吨位以及尽量利用桥涵等工程和管理措施，最大限度地降低人工因素对岛内生态系统的干扰（图 14）。

图 14 黑瞎子岛岛内道路交通规划

7 结语

黑瞎子岛“一岛两国”的特殊地理位置和历史沿革，决定了黑瞎子岛在承载中俄两国合作关系中的战略地位。在黑瞎子岛回归祖国和国家促进沿边开放的战略机遇下，黑瞎子岛具备独特的条件而成为国家开放开发的新窗口，成为促进中俄两国文化交流和商贸物流合作的战略要地。同时，黑瞎子岛生态环境的敏感性和在资源保护与区域生态安全格局上的重要地位，也决定了规划需要重新探讨保护与开放、开发的关系。

本次《黑瞎子岛保护与开放开发总体规划》明确了黑瞎子岛在国家主权和领土资源利用方面的重要意义，凸显了其在建立中俄友好合作关系中的地位，并重新探讨了保护与开放、开发三位一体的关系。规划明确以生态保护为前提，通过开放、开发促进保护，实现绿色发展的思路，以建设“生态良好、稳定安全、开放繁荣的对俄合作示范区”为目标，探索保护与开放、开发相互促进的发展道路。

在当前全球气候变化和生态环境日益面临严峻挑战的背景下，此次规划运用的“保护与开放、开发三位一体，通过开放、开发促进保护”的技术思路与规划方法，对于探索生态敏感地区的城市与区域的绿色发展模式将提供借鉴价值，从而通过科学的规划技术分析和有针对性的规划策略引导，促进城市与区域实现生态保护、经济发展与文化繁荣协调共生的格局。

注释

① 2004年10月14日，中国与俄罗斯联邦签订《中华人民共和国和俄罗斯联邦关于中俄国界东段的补充协定》，作为1991年中俄两国签署的《中国和苏联关于中苏国界东段的协定》的补充，明确了关于两国长期争议的黑瞎子岛、珍宝岛以及阿巴该图洲渚地区的归属问题。2005年3～4月，中国全国人民代表大会及俄罗斯政府先后批准了这个补充协定。至此，中俄长达4 300km的边界全部得到了确认。

② 黑瞎子岛，又称抚远三角洲、熊瞎子岛。俄文名：остров Большой Уссурийский，博利绍伊乌苏里斯基岛，大乌苏里岛；满文名：摩林乌珠岛，汉语“马头”的意思。

③ http://baoliao.haixiachina.com/article/2011/0223/mzozkcbpmk7im3utp3twkqwd.html。

④ 清华大学研究团队提交的成果在国际竞赛中获得评审专家的首肯，排名第一。

参考文献

[1] Adams, B. 2008. *Green Development: Environment and Sustainability in a Developing World*. Routledge.

[2] Eagles, P. F. J. 1981. Environmentally Sensitive Area Planning in Ontario, Canada. *Journal of the American Planning Association*, Vol. 47, No. 3.

[3] Grimm, N. B., Faeth, S. H., Golubiewski, N. E. et al. 2008. Global Change and the Ecology of Cities. *Science*, Vol. 319, No. 5864.

[4] Steiner, F., Blair, J., McSherry, L. et al. 2000. A Watershed at a Watershed: The Potential for Environmentally Sensitive Area Protection in the Upper San Pedro Drainage Basin (Mexico and USA). *Landscape and Urban Planning*, Vol. 49, No. 3.

[5] 初凤荣：“黑瞎子岛开发利用的经济意义”，《西伯利亚研究》，2009年第4期。

[6] 丛志颖、于天福：“东北东部边境口岸经济发展探析”，《经济地理》，2010年第12期。

[7] 姜国刚、衣保中、乔瑞中："黑瞎子岛建设自由贸易区的构想与对策"，《东北亚论坛》，2012 年第 6 期。
[8] 欧阳志云、赵娟娟、桂振华等："中国城市的绿色发展评价"，《中国人口・资源与环境》，2009 年第 5 期。
[9] 沈清基、徐溯源、刘立耘等："城市生态敏感区评价的新探索——以常州市宋剑湖地区为例"，《城市规划学刊》，2011 年第 1 期。
[10] 王烨冰："绿色发展背景下国际休闲养生城市建设战略思考——以丽水为例"，《生产力研究》，2012 年第 5 期。
[11] 徐林实："大黑瞎子岛中俄合作开发：机遇、问题及对策选择"，《俄罗斯中亚东欧市场》，2009 年第 9 期。
[12] 杨邦杰、吕彩霞："中国海岛的保护开发与管理"，《中国发展》，2009 年第 2 期。
[13] 于善波、刘宇会、乔瑞中等："黑瞎子岛跨境合作开发与生态环境保护问题研究"，《环境与可持续发展》，2013 年第 4 期。
[14] 赵义华、刘安生、唐淑慧等："基于生态敏感性分析的湿地保护开发利用规划——以常州市宋剑湖地区为例"，《城市规划》，2009 年第 4 期。
[15] 朱麟奇："中国东北对俄边境口岸体系研究"（硕士论文），东北师范大学，2006 年。
[16] 庄大昌、丁登山、任湘沙："我国湿地生态旅游资源保护与开发利用研究"，《经济地理》，2003 年第 4 期。

北京望京地区农贸市场变迁的社会学调查

陈宇琳

Sociological Research on the Evolution of Wet Markets in Wangjing Area of Beijing

CHEN Yulin
(School of Architecture, Tsinghua University, Beijing 100084, China)

Abstract In recent years, markets in many big Chinese cities have been dismantled or displaced, making it hard for the surrounding residents to buy vegetables. This paper focuses on Beijing's Wangjing area, a representative cluster at the outskirt of a mega-city, to gain a deep understanding on the status quo of wet markets in big cities and the driving mechanism of their frequent displacement. Through sociological research methods like questionnaire survey and focused group interview, the paper studies the evolution of wet markets and their response to urban land use changes from the multi-stakeholder perspective. The paper first briefly introduces the evolution of wet markets in Wangjing area. Second, based upon survey data and interview records, the paper analyzes the commercial tenants' attitudes towards the displacement of the market, their countermeasures and re-employment strategies, and local residents' opinions of the displacement as well as their expectations of the new market. Finally, the paper summarizes the problems in the provision of basic public service space in China and proposes some corresponding suggestions.

Keywords wet market; evolution; Wangjing area; sociological research

作者简介
陈宇琳，清华大学建筑学院。

摘　要　近年来，我国许多大城市由于农贸市场拆迁或被取缔引发的买菜难问题屡见不鲜。为了深入了解我国当前大城市农贸市场的生存现状，以及农贸市场频频被拆背后的动力机制，本文以北京市望京地区这一特大城市边缘组团的典型代表作为研究对象，通过问卷调查和深度访谈等社会学调查方法，从多元利益主体互动的视角，研究农贸市场变迁及其对城市土地利用的影响。文章首先介绍了望京地区农贸市场变迁的概况，再基于调查数据和访谈记录，分别就商户对农贸市场拆除的态度、应对策略和去向，以及居民对农贸市场拆除的意愿和对新建市场的期望进行了分析，最后对农贸市场拆除折射出我国在基本公共服务空间供给方面存在的若干问题进行了总结，并提出相应的对策建议。

关键词　农贸市场；变迁；望京地区；社会学调查

1　研究背景

近年来，我国许多大城市由于农贸市场拆迁或被取缔引发的买菜难问题屡见不鲜。农贸市场的命运正处在一个十字路口。一方面，农贸市场是我国在 1980 年代初从计划经济走向市场经济涌现出来的十分具有活力的市场形态，深受百姓喜爱，同时也是政府“菜篮子”工程的重要组成部分；另一方面，农贸市场也由于环境脏乱差常常被视为低端产业，在现代化、高端化的城市发展目标下，农贸市场往往难免被超市和便利店等新型市场所取代。与此同时，由于在农贸市场从业的个体商户多是来自农村的外来人口，不少大城市迫于人口调控压力，都纷纷将清理整顿农贸市场作为人口调控工作的切入点。为了深入了解我国当前大城市农贸市场的生存现状，以及农贸市场频频被拆的动力机制，并进一步探讨农贸市场到底该不该拆，或者说我们究竟需要什么样的农贸市场等问题，本文以北京市望京地区这一特大城市边缘组团的典型代表作为研究对象，通过问卷调查和深度访谈等社会学调查方法，基于调查数据和访谈记录分析，从居民和商户多方利益主体互动的视角，对农贸市场变迁的过程进行追踪调查，分析农贸市场变迁的机制、影响及其应对，从而为我国大城市农贸市场的规划管理提出建议。

2 研究方法

2.1 研究区概况

本文选择的案例——望京地区，是北京市近 20 年来建设规模最大、人口增长最快的城市边缘组团，也是北京城市建成区快速扩张的典型区。它位于北京市区东北部，隶属于朝阳区。一般所说的望京地区，东西以京承高速和机场高速为界，南北以东北四环和东北五环路为界，占地面积约 15.46km^2，下辖望京和东湖 2 个街道、29 个社区，常住人口约 30 万①。望京地区原来是北京城东北郊来广营乡和将台乡的农村蔬菜种植基地，自《北京城市总体规划（1991～2010 年）》提出“分散集团式”城市发展格局后，望京地区被划入北京十大边缘集团——“望京—酒仙桥”边缘集团，自 1993 年至今一直保持着大规模的开发建设。由于望京地区巨大的影响力和辐射力，广义的望京地区还涵盖周边的太阳宫、东坝、酒仙桥、崔各庄、来广营等地区②。本文以望京地区为研究对象，能够较好地反映北京城市边缘组团农贸市场的发展状况，在我国大城市大型生活组团中具有较好的代表性。

2.2 研究方法

本文主要采用了问卷调查、深度访谈和文献研读等方法。本文的数据采集主要来源于 2012～2014 年对望京地区多处农贸市场的走访，重点对 2012 年 12 月 10 日拆除的南湖综合市场和 2013 年 10 月 16 日拆除的太阳宫市场进行了深入调查。对于南湖综合市场，笔者于 2012 年 12 月市场拆除前夕对商户进行了全样本调研，调研内容包括基本情况、工作和居住现状、未来工作打算以及城市融入等方面，共获得有效样本 370 份，其中农村商户样本 283 份；市场拆除后，笔者又于 2013 年 1～6 月对 18 位商户进行了追踪调查，通过半结构式深度访谈了解其再就业情况。对于太阳宫市场，笔者于 2013 年 10 月太阳宫市场拆除前夕对社区居民进行了偶遇式问卷调查，共获得有效社区居民样本 462 个，并对 50 多位社区居民进行了深度访谈，了解其对农贸市场类型偏好和农贸市场拆迁的态度。同时，还对市场经营者、望京街道办事处相关部门、市场用地开发商等利益相关方进行了深度访谈。在文献方面，主要参考了国家、北京市和朝阳区蔬菜零售相关政策规范，以及朝阳区的地方志和历年年鉴，此外，还参考了望京社区网络平台“望京网”社区论坛中对农贸市场拆除的讨论。

3 农贸市场变迁过程

3.1 人口增长过程

望京地区自1993年以来，伴随着住房的大量开发建设，居住人口也迅猛增长，区内户籍人口数量从2004年的6.6万增长到2012年的10.8万③，八年增长了63.7%，其中望京街道增长59.3%，东湖街道增长77.1%。居住人口的增长不可避免地带来对农贸市场需求的增加。

3.2 农贸市场盛衰过程

通过调查发现，2009年，望京地区尚有南湖、宏泰、朝来万通、太阳宫四个规模较大的农贸市场，但到了2014年，只剩下望京街道便民市场和华诚为民市场两个大型农贸市场。不仅如此，2009～2014年不到五年的时间里，望京地区先后有宏泰市场、朝来万通综合批发市场、北小河早市、南湖综合市场、花家地早市、望京街道便民市场、太阳宫市场七个农贸市场拆迁或被取缔（图1）。

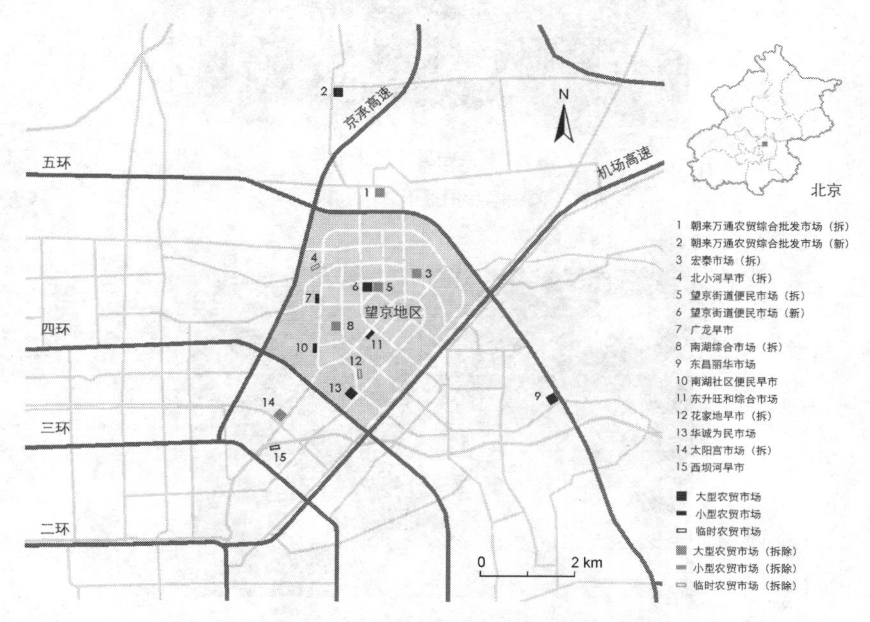

图1 2009～2014年望京地区有七个农贸市场拆迁或被取缔④

3.3 农贸市场类型

根据实地调查、居民访谈以及对望京网论坛相关讨论的梳理，望京地区的农贸市场根据经营主体、用地类型和经营规模大致可以分为四类。

第一类是大型农贸市场。在已经完成农转非的城市化地区，由市场经营者向尚未开发地块的房地产开发商租用整块土地经营市场；在没有城市化的农村地区，由市场经营者向村委会或其所在乡镇政府租用土地经营市场。大型农贸市场一般占地面积较大，用地比较完整，有统一的规划，建筑形态也比较正规，多为封闭或半封闭的大棚，宏泰市场、朝来万通综合批发市场、南湖综合市场、望京街道便民市场、太阳宫市场、华诚为民市场都属于这种类型（图 2、图 3）。大型农贸市场由于望京地区城市快速蔓延和待开发用地被频频收回而屡遭拆除或被迫外迁，这也是引发望京居民买菜难的主要原因。目前，望京地区仅存的最大的望京街道便民市场，还是在 2013 年用地被收回后临时占用旁边的体育公园用地新建的，之后还能坚持多久不得而知。

图 2　望京街道便民市场

资料来源：笔者拍摄于 2013 年 5 月。

图 3　华诚为民市场

资料来源：笔者拍摄于 2014 年 9 月。

第二类是小型农贸市场，包括新开发建设用地和老旧小区之间的破碎地块，以及城乡结合部的边角地块，由市场经营者向土地所有者租用土地经营市场。小型农贸市场顺应周边既有边界，布置比较灵活，有露天、半封闭和封闭多种空间形态，南湖社区便民早市、广龙早市、东升旺和综合市场等均属于这种类型（图 4、图 5）。小型农贸市场由于用地比较破碎，一般较难开发利用，而其周边的老旧小区改造拆迁又需要较高的成本，因此这类农贸市场多得以幸存下来。

图 4　南湖社区便民早市

资料来源：笔者拍摄于 2014 年 9 月。

图 5　广龙早市

资料来源：笔者拍摄于 2014 年 5 月。

第三类是临时农贸市场，由流动摊贩沿街道和河道两侧以及街头和广场空地自发形成，如北小河早市、花家地早市、西坝河早市等。临时农贸市场的稳定性最差，时常因为各种市容整治活动而被取缔，但同时它们又是最容易形成的，尤其是大型农贸市场拆除后，各种临时农贸市场便涌现出来。例如宏泰市场的拆除催生了北小河早市，北小河早市被取缔后，商贩便在旧的望京街道便民市场所在的待建绿地的空置场地上聚集起来，并且商户人数随着朝来万通综合批发市场的外迁而迅猛增长。最终，市场经营者租用待建绿地筹建了望京街道便民市场，但这个市场在这块用地上存活的时间也不过两年半。同样，随着 2013 年年底太阳宫市场的拆除，不少商贩又辗转到西坝河岸边自发形成了西坝河早市，而这个早市所在地原本就是太阳宫市场的前身（图 6）。

图 6 西坝河早市

资料来源：笔者拍摄于 2014 年 9 月。

第四类是其他农贸市场。除了上述三种农贸市场之外，望京地区还存在很多其他类型的农贸市场，如由居委会在居住小区内部设置的菜市场、居住小区底商中的社区菜站以及农社对接的菜车等。由于本文重点关注城市开发建设与农贸市场去留之间的互动关系，因此对于那些比较稳定的农贸市场类型在此不做重点讨论。

3.4 典型农贸市场及其变迁

(1) 南湖综合市场。地处望京地区的西部，位于南湖南路和望京西路之间，当属望京地区历史最久、人气最旺的综合市场之一，辐射了周边的南湖、花家地、大西洋新城、望京西园等望京地区大部分的居住区。南湖综合市场的前身是城乡结合部的农贸市场，正式建成于 2001 年，占地面积约 13 500m^2，共有商户 500 多户，由农贸市场和服装市场两个大棚组成，经营内容包括蔬菜水果、肉类水产、粮油调料、日杂厨具、服装百货等多种类型（图 7、图 8）。南湖综合市场的用地在望京地区开

图 7 南湖综合市场的昔与今

资料来源：笔者拍摄于 2010 年 5 月与 2012 年 12 月。

发之初即由政府划拨给首开集团，市场经营者向开发商长期租用土地用于市场经营。2012 年 12 月 10 日，由于地块即将开发建设，南湖综合市场被迫拆除，市场经营者选择到 7km 之外的东五环将台地区新建东昌丽华市场。由于东昌丽华市场距离望京地区太远，居民买菜很不方便，2013 年年初，一家小型的农贸市场——南湖社区便民早市，在距离南湖综合市场原址不远的地方发展起来。

图 8　南湖综合市场拆除前的繁荣景象

资料来源：笔者拍摄于 2012 年 12 月。

（2）太阳宫市场。地处太阳宫中路和太阳宫南街的交会处，紧邻地铁 10 号线“太阳宫站”和公交车“夏家园站”，属于广义的望京地区，是北京东北三、四环之间规模最大的农贸市场，服务半径覆盖了太阳宫、望京、芍药居、惠新东桥等广大地区。太阳宫市场的前身是西坝河沿岸的河边早市，2008 年由于西坝河两侧商品房的开发而被取缔，之后市场经营者于 2009 年在早市北面的十字口村待开发用地上新建了太阳宫市场。太阳宫市场经过四年的发展，占地面积约 45 000m^2，商户超过 1 000 户，经营内容涵盖了肉食水产、蔬菜水果、调料粮油、古玩日杂、服装鞋帽、百货小吃等多种类型，并设有批发区（图 9、图 10）。2013 年 10 月 16 日，由于太阳宫市场所在用地被收回而被迫拆除，大量商户没有去处，一小部分商贩又回到西坝河沿线聚集，自发形成了西坝河早市。

图 9　太阳宫市场的昔与今

资料来源：笔者拍摄于 2013 年 10 月与 2013 年 11 月。

图 10　太阳宫市场拆除前的繁荣景象
资料来源：笔者拍摄于 2013 年 10 月。

4　农贸市场拆迁对商户的影响

本部分研究主要基于对南湖综合市场调查获得的 283 份农民商户样本的分析。在介绍商户基本情况之后，重点从市场拆除前、拆除中和拆除后三个阶段，就南湖综合市场拆迁对近 300 名商户的影响进行分析。

4.1　商户基本情况

被访农民商户中，以女性居多，占 60.8%，平均年龄为 36.8 岁，平均受教育年限为 8.3 年（初中），已婚比例 88.3%，主要来自河南（22.2%）、河北（21.3%）、湖北（13.1%）、安徽（11.7%）和山东（8.8%）等地，经营类型主要包括服装、蔬菜、家居、水果、肉蛋等，人均月收入约 4 021 元（表 1）。

在工作方面，与工厂打工的农民工不同，自雇经营的商户可以自由选择是加班还是休息，但调查结果显示，南湖综合市场商户的工作强度全部都是每周工作 7 天，每天平均工作 10.5 小时，其中蔬菜类经营者更是达到了平均每天 14 个小时，还有少数人每天工作长达 17 个小时，早上 3 点起床进货，晚上 8 点才能收摊（图 11）。他们常年不分节假日、不论天气恶劣与否都不间断地工作，其辛苦程度超乎想象。

在居住方面，商户的住房以租房为主（96.5%），房屋类型主要为城郊农村平房和棚户、城内棚户、新小区塔楼地下室、老旧小区楼房等。居住条件总体较差，人均居住面积 5.71m^2，设有独立卫生间和独立厨房的比例仅为 25% 和 34%，租房平均每月租金为 828 元。然而，在如此“恶劣”的居住条件下，商户的主观满意程度并没有想象的糟糕——近 2/3 的商户认为“一般”（43%）甚至“满意”（20%），“不满意”的仅占 1/3 多（37%）。

表 1 南湖综合市场农民商户基本情况

		人数（人）	比重（%）			人数（人）	比重（%）
性别	男	111	39.2	经营类型	肉蛋	15	5.3
	女	172	60.8		水产	3	1.1
学历	小学以下	11	3.9		蔬菜	35	12.4
	小学	54	19.1		水果	17	6.0
	初中	159	56.2		主食	4	1.4
	高中中专	50	17.7		粮油	7	2.5
	大专及以上	9	3.2		调料	9	3.2
年龄（岁）	18～20	5	1.8		熟食	8	2.8
	21～30	76	26.9		烟酒	0	0.0
	31～40	104	36.7		日杂	20	7.1
	41～50	88	31.1		家居	25	8.8
	51～60	8	2.8		电子	14	4.9
	61 以上	2	0.7		文具	2	0.7
婚姻状况	已婚	250	88.3		玩具	2	0.7
	未婚	29	10.2		服装	93	32.9
	离异	3	1.1		饰品	4	1.4
	丧偶	1	0.4		化妆品	10	3.5
收入（元）	0～1 000	5	1.8		箱包	5	1.8
	1 001～3 000	127	44.9		缝补	3	1.1
	3 001～5 000	107	37.8		打印	2	0.7
	5 001 以上	41	14.5		维修	2	0.7
	拒答	3	1.1		其他	3	1.1

进一步分析住房的空间分布可以看出，商户的住房集中分布在工作地周边半径 1.5km 和 5km 两个圈层上（图 12）。通勤的主要交通方式依次是公共汽车（42.0%）、（电动）自行车（21.2%）、步行（17.3%）和私家车（11.3%）；单程通勤时间平均为 27 分钟，远低于北京市民的平均水平 45 分钟。

由此可以看出，农民商户有着自己的居住空间选择逻辑，由于他们平日工作时间长、强度大，为了尽量节省通勤时间，居住空间多选择在就业场所附近。并且，他们对于居住条件并没有太高的奢望，尽可能选择租金低的住房以节约生活开支。

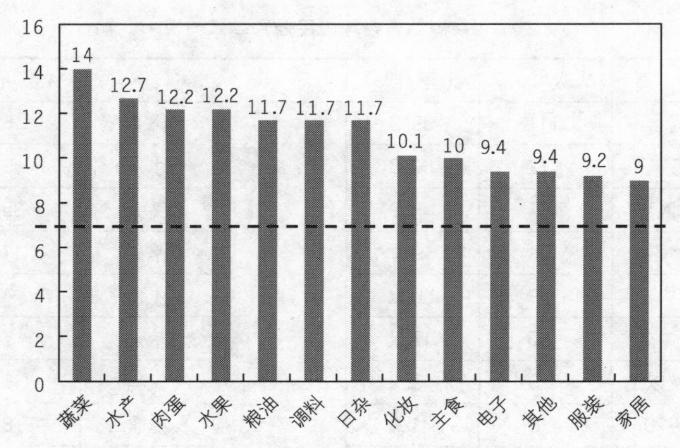

图 11 不同经营类型的商户平均每天工作时长（小时/天）

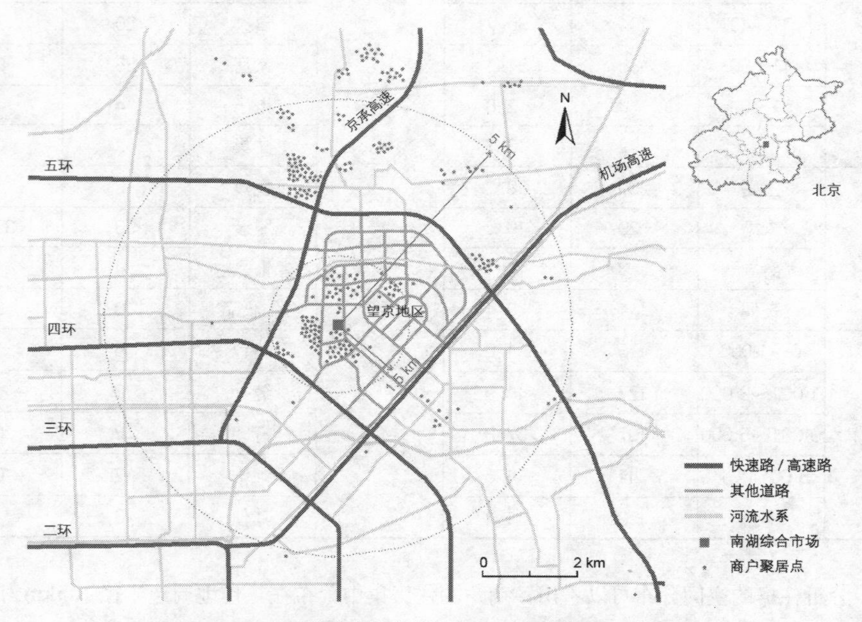

图 12 南湖综合市场商户工作场所与居住场所的关系

4.2 市场拆除前：农贸市场是商户市民化的孵化器

4.2.1 在农贸市场从事经营是农民工就业的首选

尽管农贸市场经营工作如此辛苦，但是商户却似乎对农贸市场情有独钟。调查表明，受访商户在到南湖综合市场之前在京平均每份工作的时长是 3.3 年，到南湖综合市场之后工作时长平均为 5.8 年。

根据18位被访者的工作经历回顾发现，他们来京之后的工作经历主要有两种情况：①先从事其他非正规工作，工作变动频繁，一旦进入农贸市场从事自雇经营，就变得稳定起来；②先后辗转于不同农贸市场，工作地屡遭拆除，却始终坚持在大棚市场工作，曾经尝试进入固定店面，但由于资金周转等问题又回到农贸市场经营。与此同时，经营的家庭化特征明显，商户配偶和子女同在农贸市场工作的比例分别为81.7%和29.5%。

4.2.2 农贸市场是商户市民化的孵化器

在农贸市场从事自雇经营之所以为农民工就业的首选，究其原因，首先，他们在农贸市场超时劳动确实换来了更高的收入，是与市民进行经济融合的有效途径。调查显示，受访者的月平均净收入为4 021元，是2011年我国东部地区农民工工资2 395元的1.7倍，甚至接近了北京市职工工资平均水平4 672元。

其次，南湖综合市场还是实现商户与市民社会融合的“温室”。农贸市场就像一个城市大熔炉，这里既有不少北京本地商户，又有大量北京本地顾客，每周7天、每天长达12个小时的工作时间，强化了商户与市民的交往，商户间互帮互助的融洽关系为商户与市民之间的沟通提供了基础，商户与顾客之间的良好关系更加拓展了商户的社会网络。当问及“是否愿意融入北京市民中”时，高达55.5%的受访商户选择“愿意”，31.4%选择“一般”。当问及“你认为北京人是否欢迎你加入”时，36.4%的商户认为“欢迎”，41.3%认为“一般”。可见，这些商户融入城市的意愿以及他们认为的市民接纳程度都处于较高的水平。

4.3 市场拆除中：商户的无奈与应对

商户提前一个月才接到南湖综合市场要拆除的正式通知。对此，他们没有丝毫抗争，更多的只是表现出“可惜”与“无奈”。当被问及“对农贸市场拆除是否觉得可惜”时（图13），高达92%的商户都认为很可惜，其中，“非常可惜”的比例超过一半（56%）。进一步分析可惜的原因发现（图14），商户认为最主要的原因是“生意好”（47%）和“商户关系融洽”（47%）。在“其他”选项中，填写

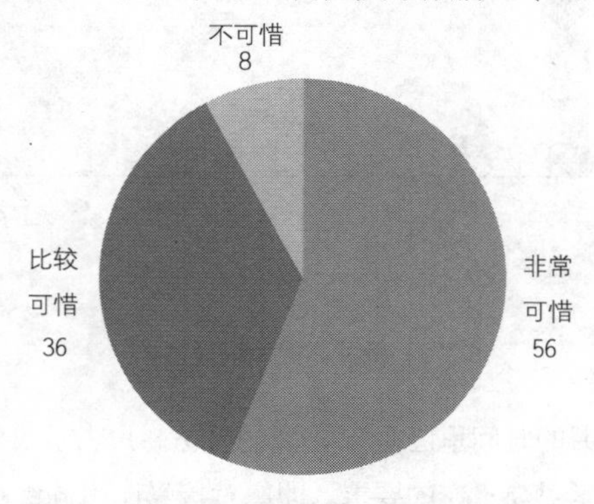

图13 商户对农贸市场拆除的看法（%）

最多的是“没有安定的生活”、“不好找工作”等。在访谈中，商户还表达出对“政府”、“城市规划”等的无奈。“老市场那么多年了，还是拆了。现在就这么空着。”“就是城市规划嘛，就是让我们碰上了吧。现在二环和三环里面也都这样，就是都往外扩张嘛，也没办法。”

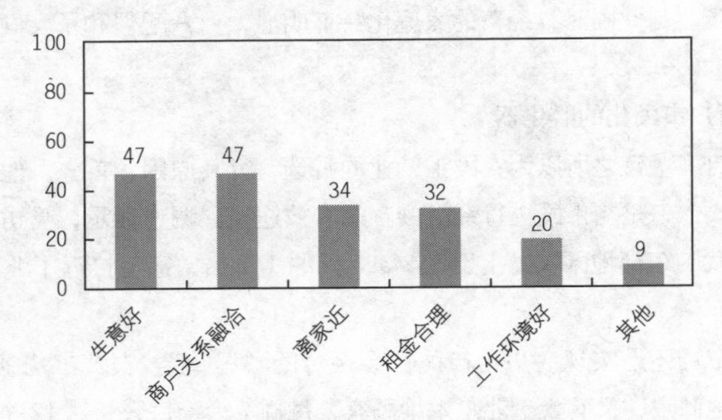

图 14 商户认为农贸市场拆除“可惜”的原因（%）

商户在失业应对过程中表现出超乎想象的主动和自立。对于再就业工作的展望，“继续干本行”和“大棚市场”成为了受访者的首选，分别占 65.0%和 62.0%（图 15、图 16）。至于找工作的渠道，绝大部分人选择了“自己主动寻找”（70.2%），其次是亲戚朋友和老乡（22.3%），而对政府和职业介绍所的依赖微乎其微（不到 1%）。

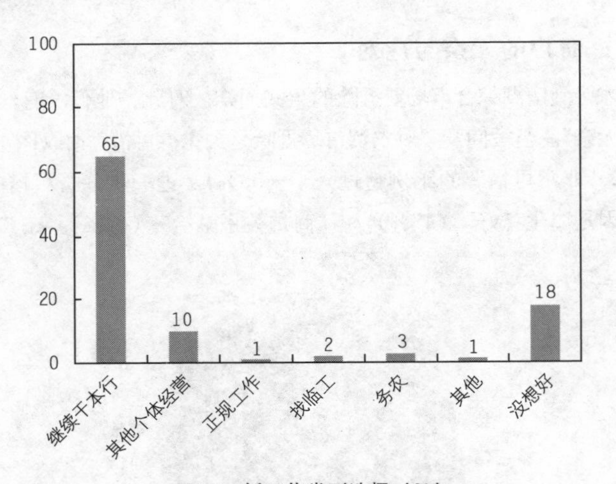

图 15 新工作类型选择（%）

在问卷调查时，不到一个月的时间里已有 54.6%的受访商户表示找到了新工作。但是，为了能更快地找到工作，商户普遍降低了对新工作的要求，即愿意接受比南湖综合市场更低的工作收入、更高的工作强度、更差的工作环境以及更远的通勤距离。

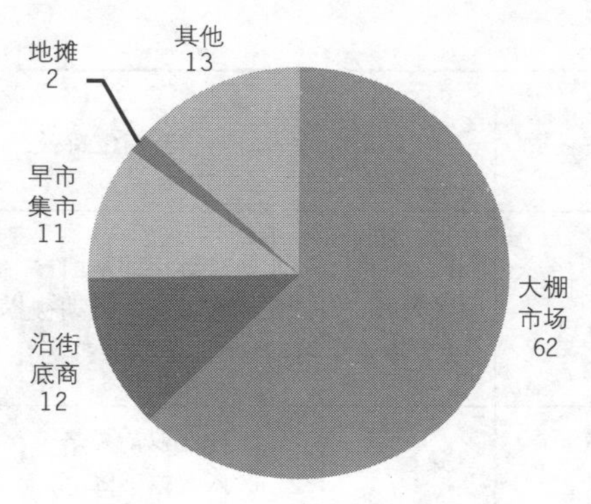

图 16 个体经营形式选择（%）

对于可能出现的待业期，受访商户大多选择了“自己撑”，主要依靠家庭储蓄（82.7%）、其他经营收入（8.8%）和亲友援助（7.4%），其余选项不足5%。在追踪访谈中发现有不少商户都利用原来的客源继续灵活地为他们服务，有的则做起了小时工赚取外快。

4.4 市场拆除后：市民化道路中断甚至倒退

南湖综合市场拆除后，笔者于2013年上半年对18位商户进行了追踪调查，发现新工作去向主要有三种：①农贸市场15人，其中望京街道便民市场9人、东昌丽华市场6人；②转行2人，其中1人去了广龙早市，另1人去了Y超市；③待业1人。尽管大多数人都找到了新工作，但经营状况都远不如从前，需要从头再来。他们有的为了赚钱不得不承担市场再次被拆除的风险，有的为了求得暂时的安稳不得不承受生意上的萧条。无论哪一条道路，都充满了风险和不确定性。正是一次又一次类似南湖综合市场的拆除，导致商户的市民化道路中断甚至倒退（表2）。

表2 南湖综合市场拆除后商户去向调查

去向	与南湖综合市场的距离	区位环境	客源	新岗位特征	经营状况
望京街道便民市场（9人）	1.2km	成熟城市社区，临近地铁站	客流量大，生意好	1）门槛高：需交2万元入场费； 2）租金高：比南湖综合市场高约60%； 3）不稳定：严格意义上是违章建筑，随时可能被拆； 4）风险大：规模大，同类商户多，竞争激烈	所有人的生意都不如以前，甚至一半人在赔本经营。由于初期投资成本高，如果经营状况不尽快好转，只能回老家

续表

去向	与南湖综合市场的距离	区位环境	客源	新岗位特征	经营状况
东昌丽华市场（6人）	6.0km	城郊农村地区	很少有市民光顾，生意冷清	1）生意远不如从前； 2）因在城郊，近期被拆迁的可能性小，更稳定	只有一半勉强维持，另一半只能赔本经营。但为了稳定，仍然愿意留在这里
广龙早市（1人）	0.9km	成熟城市社区	熟客多	1）工作比以前更辛苦； 2）收入大幅下降	只要不拆，就长期干下去，只求生意稳定
Y超市（1人）	2.2km	新建城市社区	客流一般	1）规矩多、要求高、强度大； 2）收入低，只有1 800元，远低于从前	正在考虑换新工作

4.4.1　望京街道便民市场：机遇与挑战并存

望京街道便民市场距离南湖综合市场约1.2km，周边社区成熟且临近地铁站，客流量较大，的确受到了不少农民工经营者的青睐。然而，望京街道便民市场存在的问题也很突出，主要是门槛高、不稳定、风险大。首先，进驻望京街道便民市场必须一次性交纳2万元费用（只有“白条”凭证）；其次，新摊位的租金比南湖综合市场高出不少（约60%）；再次，望京街道便民市场严格意义上是违章建筑，有随时被拆除的可能，而一旦发生，前期投入不仅要打水漂，还要面临再次失业的困境；最后，望京街道便民市场上下两层，空间规模大，同类商户多，内部竞争激烈，经营状况的不确定性很大。在追踪访谈的八位望京街道便民市场商户中，所有人的生意都不如以前，甚至一半人在赔本经营。大家怨声载道：

“市场稳定收入才能稳定，没有固定的市场你怎么稳定啊，稳定不了。”（L：女，46岁，卖布杂）

“以前在南湖综合市场我的肉摊是最好的，到这里来了，不知道有这么多卖肉的。什么抓阄不抓阄啊，有钱有能耐的就占好的位置，像我这样的就在这里做了，你看生意多冷清啊。”（Z1：男，48岁，卖肉）

“我都快要疯了！没生意啊，不挣钱还赔钱。和以前南湖综合市场相差太大了，生意要比这边好一百倍，这里一点生意都没有。……不愿意留这儿了。因为完全是失望嘛，不想干了。”（Z2：女，39岁，卖玩具）

4.4.2　东昌丽华市场：只能维持，但求稳定

东昌丽华市场距离南湖综合市场约7km，但远离城市内部，周边以农村为主，很少有市民光顾。东昌丽华市场的问题是显而易见的，在这里经营的农民工不论是经济融合还是社会融合都面临很大困境。在追踪访谈的六位经营者中，只有一半勉强维持，另一半只能赔本经营。但是调研也发现，尽管生意很不好，这些农民工经营者仍然愿意留在这里，究其原因，他们普遍认为东昌丽华市场比望京街道便民市场更稳定。

"只能靠从那边拉过来顾客，不然这边都没生意。我们先待这呗，抱着看这个市场能不能做活了，做活了再继续在这边待，做不活咱们就撤呗。现在主要靠直接供应点饭店维持。"(H：男，23岁，卖调料)

"我们知道这边消费差一些，日子难过啊，肯定不能和原来比，就维持。……我们倒想去望京街道便民市场的，但是那个地段那么繁华，我怀疑也长不了。最多干了一步，你干了几天还得找地儿。就像这儿，虽然眼下没有什么生意，只要你愿意干，最起码三两年的没问题。"(T：男，41岁，卖菜)

4.4.3 转行：更加辛苦，收入下降

受访商户中，转行的有两位。一位去了距南湖综合市场不到1km的广龙早市，工作比以前更艰辛，但收入却大大下降。目前，她每天早上6点到早市，下午2点收摊，一回来就忙着到自己租的蔬菜大棚里割菜、摘菜、扎菜，为的是赶在天黑之前把明天要卖的300多捆蔬菜整理好，而丈夫则忙着耕地、播种，为的是20多天之后的收获。蔬菜大棚里短短的几步路，夫妻二人都是小跑来回，还不时相互提醒："快点儿整!""快黑啦!"就这样日复一日，只求生意稳定。

"干早市太累，又卖得便宜，赚不了多少钱。……只要它不拆，我就长期在那干下去，因为那片熟客多嘛。"(L1：女，41岁，卖菜)

另一位去了Y超市，加入"打工族"的行列。新工作虽然看似稳定，但规矩多、要求高、强度大，月收入只有1 800元，远低于"N大棚市场"水平。目前，她正在考虑换新工作。

"咱也没干过这个，在心里都觉得（超市工作）挺伟大。一进去，烦心事儿多着呢。每天要给水果贴码，咱从小没读过书啊，条件不好，英文字母还给贴倒了，被人家说。背那'四个能力'真费劲，天天下班还回家背，早晨起来还得背，干活儿还得背，背不出来把胸卡给你揪掉。……全天干受不了，一到晚上睡觉，这两个手肘都疼、麻木，夜里都睡不着。"(X：女，44岁，卖菜)

5 农贸市场拆除对城市居民的影响

本部分研究主要基于对太阳宫市场调查获得的462份居民样本的分析，就居民的基本情况和买菜模式、对农贸市场的态度、对新建市场的建议、对外来商户的态度以及对农贸市场拆除的反馈等进行了调查。

5.1 城市居民基本情况和买菜模式

在462位被访居民中，女性居多，比例为59.1%。被访居民以中老年群体为主，平均年龄为51岁，其中60～69岁的群体比例最高，占27.7%，超过1/4，接下来依次是50～59岁、40～49岁、30～39岁、20～29岁，比例随年龄减小依次递减，从1/5到1/10，70岁以上群体的比例也达到11.7%（图17）。从户籍类型看，被访居民以北京城镇户口为主，占62.1%，外地城镇户口、外地农村户口和北京农村户口的比例分别为22.9%、14.3%和0.6%（图18）。被访居民的居住地主要分布在太阳宫地区，比例超过1/2；其次是望京地区，比例接近1/5；其他则主要分布在太阳宫周边的香河园、左家庄、小关、和平街等街道。

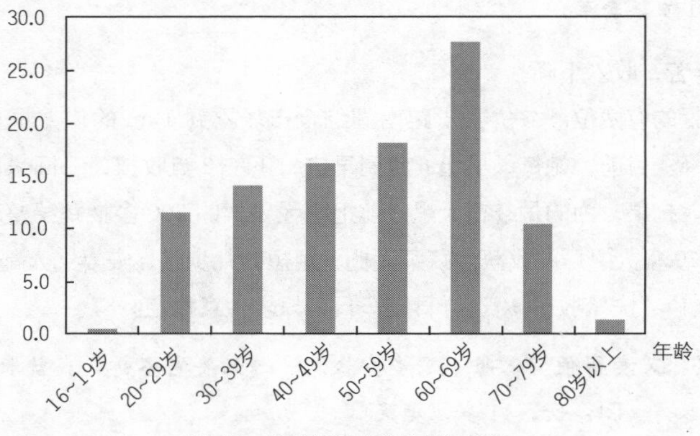

图17　被访居民年龄结构（%）

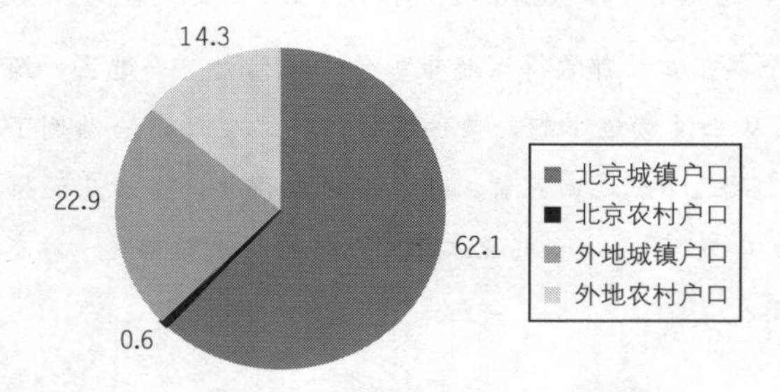

图18　被访居民户籍类型（%）

被访居民买菜的平均频率是每周3.8次。从分项统计看，每周买菜7次的居民比例最高，达32.3%，其次是每周1次、3次和2次，比例分别为18.4%、17.1%和13.9%（图19）。居民买菜的出行方式比较多样（图20），其中比例最高的是步行，占49.1%，其次是公共汽车，比例为

25.3%，再次是自行车，比例为17.3%，而私家车比例仅为6.1%，最低的是地铁（1.5%）和摩托车（0.6%）。由此可见，居民买菜主要还是采取比较绿色的出行方式。居民买菜的单程平均出行时间为21.6分钟。

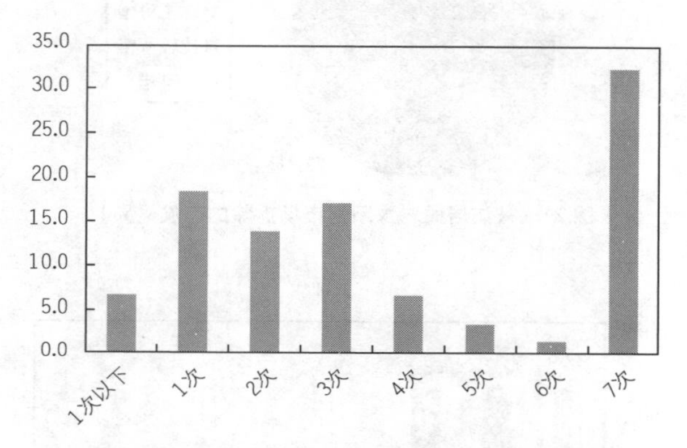

图19 被访居民每周买菜频次（%）

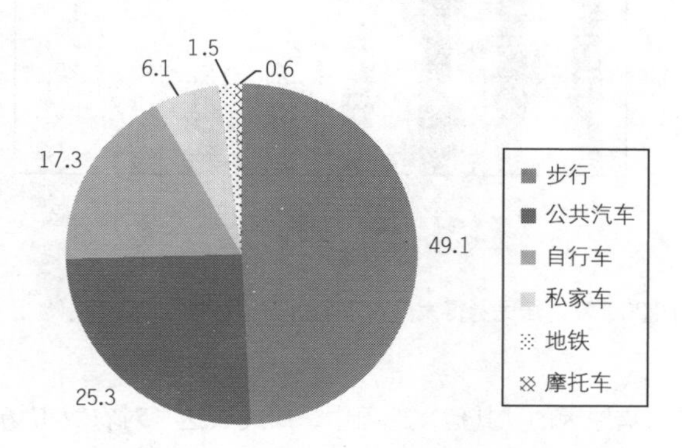

图20 被访居民买菜的出行方式（%）

5.2 城市居民对农贸市场拆除的态度

对于太阳宫市场的拆除，有超过95.2%的居民表示“可惜”，其中73.8%的居民表示“非常可惜”，21.4%表示“比较可惜”，只有4.8%的居民表示“不可惜”（图21）。当问及觉得可惜的原因时发现，居民对于一个农贸市场的评价不仅仅只有“菜价”这一个衡量标准，被访居民的回答中有三个选项的比例都超过了50%，分别是“价格便宜”（57.9%）、“品种多样”（56.1%）和“距离近”（55.2%），此外，“品质新鲜”（27.7%）、“交通便利”（22.4%）和“可比选”（16.6%）也占较高比例（图22）。由此可见，农贸市场受居民欢迎受到综合因素的影响，价格便宜、品种多样和距离近是最为关键的因素。

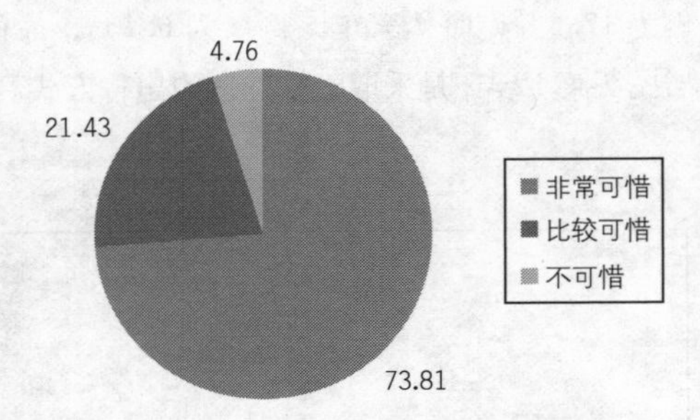

图 21　被访居民对太阳宫市场拆除的态度（%）

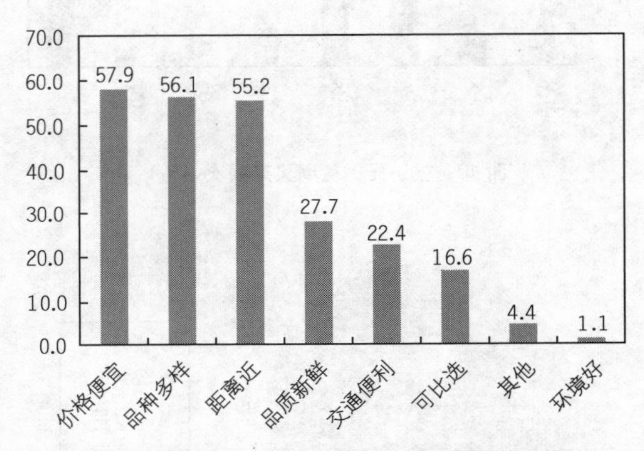

图 22　被访居民觉得太阳宫市场拆除“可惜”的原因（%）

在对于农贸市场拆除可惜原因的“其他”选项中，居民表达了对农贸市场更为多元化的理解，具体可以从以下三个层面进行分析。

首先，就农贸市场本身而言，居民认为市场不仅“规模大”，而且“管理规范”。市场经营者能将数量过千的商户有序地组织起来，并保持市场运营的规范化，这本身就是对经营者管理能力的考验，是太阳宫市场具有巨大吸引力的重要保障。

其次，对于百姓生活而言，农贸市场早已成为周边居民每日遛弯晨练的一个重要环节，尤其是中老年群体，“这是个好地方”，“有人气”。居民由此也对农贸市场形成了极大的文化认同，“喜欢这儿”，在这“心情好”，“有感情了”。农贸市场具有活力的原因，不仅仅是因为其较大的经营规模，半露天的空间形态更赋予了农贸市场公共交往场所的特征，在访谈中发现有不少人都是约着朋友一块来的，逛市场俨然已成为一种“市场文化”。

最后，在更宏观的城市发展层面，农贸市场不仅解决了百姓的买菜难问题，还解决了上千人的就业问题，但由于城市的开发，商户不得面临一次又一次失业，百姓对此认为“太不合理”。而对于太阳宫市场这类“城中村”农贸市场模式，百姓表示欢迎，认为“不要盖那么多高楼大厦”，就百姓而言，更需要农贸市场类的便民设施。

对于太阳宫市场拆除一事，不少居民都认为，政府相关部门在城市建设过程中考虑不周。

首先，绝大多数居民都认为农贸市场拆迁不合理。“市场不该拆，百姓不方便。”“这个市场是百姓心中不可缺少的，关系到老百姓的切身利益。”居民的意见主要可以概括为两个问题，第一个问题是没有处理好城市建设与百姓生活之间的关系。“开发商要为百姓着想，不能说拆就拆，以后没地儿买菜。”“城市要美容，老百姓的生活也要搞。城市要建设，也要考虑老百姓的生活福利。”“多为外地人着想，为附近居民着想，政府相关部门应该过来调查。”第二个问题是空间资源分配不均。“为什么这个小地方不留下，四环、五环好多人都来这儿买菜。”

其次，农贸市场拆除缺乏必要的公众参与环节。在调查中发现，居民对于参与城市建设的积极性是很高的。访谈中一位居民谈道：“昨天看到你们在做调查，后来也没让我填问卷，我特后悔。要形成舆论，要向政府机关呼吁，多为老百姓的方便着想。”然而，农贸市场只在拆迁前两周才贴出通告，百姓对此也提出整个过程缺乏沟通渠道和反馈机制，认为“市场拆迁应该公示、征求意见”。对于市场拆除之后的应对，居民也提出了自己的看法。“市场怎么布局，应该有规划，现在乱了套。政府应该扎扎实实一件件做，管理好一点，留一个空间，可以自由经营市场。”“政府应该给安排另外一个市场。”“建议在路两边设摊，几点以前开放。”

5.3 城市居民对新建市场的建议

对于新建市场类型，有高达93.2%的被访者选择“农贸市场”，大大高于“超市”6.8%的比例。具体而言，对于农贸市场，人们最喜欢的类型是半封闭市场（84.1%），其次是封闭市场（7.4%），再次是周末集市（1.7%）；就超市而言，相对于小型超市（1.3%），人们更喜欢大型超市（5.5%）（图23）。

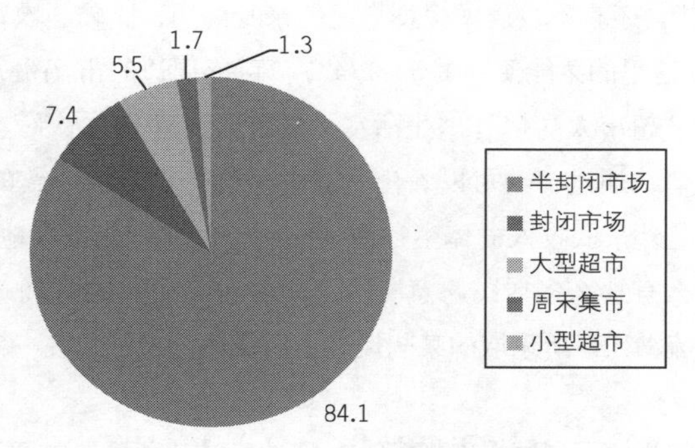

图23 被访居民对于新建市场的建议（%）

农贸市场和超市各有利弊，不能简单地一概而论。根据访谈记录整理发现，总体而言，农贸市场在价格、品质、方便和多样性上具有优势，而超市在规范和环境方面占据优势（表3）。

表3 农贸市场和超市的比较

	农贸市场		超市	
	优势	劣势	优势	劣势
距离	交通便利		近	
价格	便宜		早晨特价菜便宜；农超对接比以前便宜	贵
品种	齐全、应有尽有			不全
数量	充足			下班去买经常没菜
品质	新鲜			不新鲜
环境	敞亮、成本低	冬天温度低，冻菜	保温	看不清菜；空气不好、太闷；成本高
规范	规范、乱中有序	脏乱；有时缺斤少两	公平；干净卫生	
方便	开门早，方便上班族；晨练的一部分，随便、灵活			开门晚；冬天进室内得脱外套；不方便
其他	服务态度好、有人情味			统一定价，和商户没有交流

第一，在价格方面，有不少居民都表示自己居住的小区周边并不缺超市和便利店，但是价格过高，还是喜欢早市这种农贸市场。“我住的小区周边有便民服务设施，虽然近，但是贵，当然建早市好”，“早市好，价格合理”。还有不少居民根据自己的亲身经历，比较了农贸市场与便利店和超市的菜价水平，“便利店太贵，这里的菜能便宜1/5～1/4”，“百盛周边的市场贵，买一斤菜的钱在这里能买两斤”。更有居民提出，“超市太高档”，“生活水平没有达到超市的水平”。其实，本次调查居民的主体都是北京城镇户籍人口，通过访谈可以看出，超市菜价贵是他们一致的呼声。由此我们需要反思，生活成本过高不仅仅是外来低收入群体生存面临的主要问题，北京本地居民也遇到同样的问题，因此也就不难理解，为什么有那么多居民愿意花一个小时甚至更长的时间赶到太阳宫市场买菜。同样，目前北京市为了控制流动人口所采取的某些提高生活成本的做法，在一定程度上也有可能会损害本地居民的利益。

第二，对于农贸市场的规模，居民提出规模大、品种多是“便民”的重要体现。“建早市好，就像这样，规模大而全的。”“如果新建市场，封闭的更好，应有尽有，一站式服务，这是老百姓的市场。”“如果要新建市场，希望就建这样的半封闭市场，什么都有，一块儿都买了。”无怪乎有这么多居民都认为这种农贸市场"比超市都方便"。而菜品是否新鲜也在很大程度上与数量有关，农贸市场的菜供应量大，什么时候去都可以挑选，而超市由于进货数量少，挑剩下的自然就不新鲜，"超市经常没有菜，而且不新鲜"。

第三，对于市场的环境，居民考虑了温度、亮度、通风和成本等多种因素。出于冬天保暖的考虑，有一些居民建议新建封闭市场。"如果新建，封闭市场好，冬天好。""希望建半封闭市场，就是对个体经营者来说，保温条件差点。"但仍有更多的居民偏好半封闭市场，因为光线好、通风好。"这种不封闭的市场好，敞亮，封闭的市场看不清菜。""封闭市场不好，太闷。超市难受，冬天进去太热，一进去头晕，空气不好。"同时，居民也都意识到更好的硬件不可避免地带来更高的成本，然而，在好环境和低菜价之间，大部分百姓选择了低菜价，"如果新建，希望建半封闭市场，封闭市场菜价就上去了"。"超市太贵，管理成本太高。"

第四，对于管理的规范程度，可以从卫生管理和公平管理两个方面分析。对于卫生，有的居民把半封闭市场和脏乱差联系起来，认为封闭市场就没有这个问题。"大棚拆除不可惜，太乱。""半封闭市场太脏，如果新建，希望建封闭市场。"但也有居民给出了自己的理解，"市场已符合广大群众的需求，规格再高也不需要。虽然这里偶尔有点乱，但不影响购物。一天好几万人来这儿。"对于公平管理，居民的态度不一，有的认为比较规范，"不封闭租金便宜，也比较规范"。有的则认为不太规范，"希望建封闭市场，规范一点，好一些"。"这个市场重量没保证，希望市场规范化管理。""市场拆除不可惜，不足斤。"这既与对规范概念的理解有关，也与参照的市场有关，有的居民认为太阳宫市场比望京市场规范，"对望京新城小区周边便民服务设施较不满意，那边的市场不行，这边规范一些"。

第五，还有很多居民提出农贸市场"方便"。方便是一个比较宽泛的概念，不少老年居民都提出，"半封闭市场比较随便"，"就这种市场好，随便"，"随便"表达的是一种老年人喜欢的购物氛围。首先，在营业时间上，农贸市场开得早，对于居民尤其是上班的年轻人来说，十分便利。"希望建半封闭市场，稍微小点都可以。超市早上没开门，每天下班超市的菜都卖完了，上班又没时间买菜。""市场拆了只能上超市，晚一点菜就没了。"其次，逛农贸市场是老年人晨练的一部分，走着走着很方便就进市场了，"遛弯顺便过来"，而且半封闭市场也符合老年人的生活习惯，一位老奶奶在访谈中说道，"冬天进室内超市还得脱外套，不脱感觉热，脱了又没手拿，十分不方便"。最后，农贸市场的买菜方式很轻松。超市统一定价，而农贸市场可以讨价还价，服务态度好，有人情味。"周边也有小超市，但服务不如这。""家周边有朝百商场、燕丰百货、家乐福，从来不去。市场没了很别扭，这里自选性强，很灵活，每天都来这。这是老百姓的市场。"

6 城市居民对商户的态度

6.1 城市居民与商户的融洽程度

被访居民对于与农贸市场商户关系的评价，从"很不融洽"到"很融洽"分为五个等级，分别赋值1～5分。总体上看，评价是十分积极的，均值为3.89分。具体来看，选择融洽的比例达72.9%，其中很融洽的比例为19.7%，比较融洽的比例为53.2%；选择一般的为23.6%；选择不太融洽的比例为3.0%，仅有0.4%的人选择很不融洽（图24）。

分户籍类型分析发现，在四个群体中，认为与商户关系融洽的比例最高的群体是北京城镇户籍居民，比例达到76.0%，超过3/4；其次是外来农村户籍居民，比例为71.2%；再次是北京农村户籍居民和外来农村户籍居民，比例分别为66.7%和66.0%（图25）。由此可以看出，北京城镇居民与市场商户（大部分是外来农村人口）的关系是十分融洽的，这一点充分说明本地居民对外来人口尤其是农贸市场商户的接纳程度是很高的。

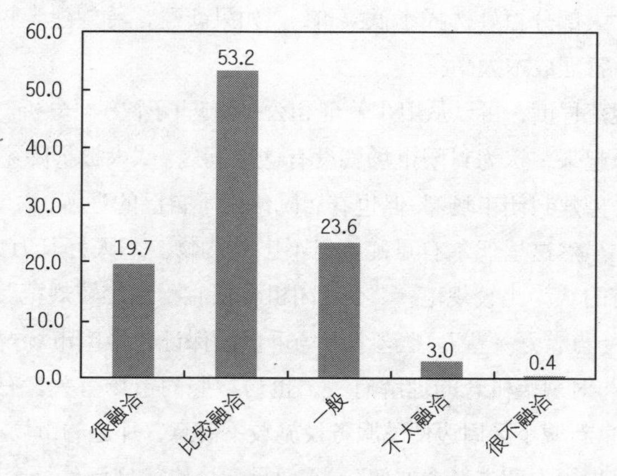

图24 被访居民对与商户关系的评价（%）

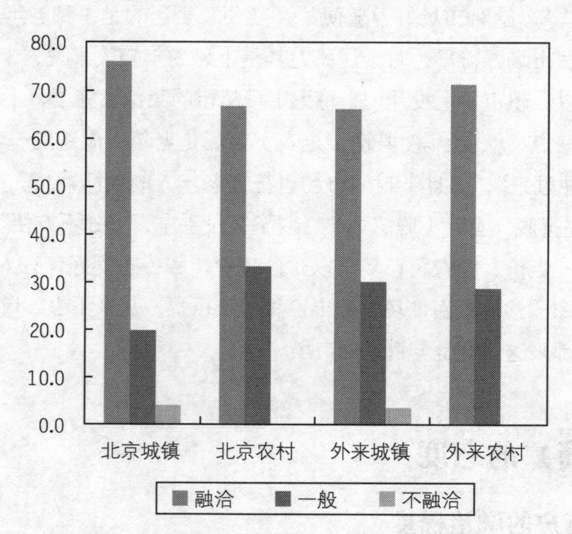

图25 分户籍被访居民对与商户的关系的评价（%）

访谈中，有不少居民直接表达了对商户的信任。68 岁的宋阿姨认为，“自己和商户的关系比较融洽，都是家门口的人。”一句“家门口的人”顿时把居民和商户之间的距离拉近了，家门口的人就是邻居，是邻里，能称之为邻里的前提是相互信任和相互认同。另一位 64 岁的阿姨也说到，“因为自己就是干商业的，和个体户能相互理解。”由此可见，即使是北京城镇居民，由于相同的职业背景，也能够给予这些来自农村的商户以信任和理解。

6.2 城市居民对外来人口的态度

进一步分析被访居民对于外来人口的具体看法，绝大多数被访居民都同意“外地人为市民生活提供了便利”和“外地人为北京发展做出了巨大贡献”的说法，比例分别为 85.3%和 70.6%，而对于“外地人占用了北京过多的公共资源”一说，有 47.4%的被访居民选了不同意，同意的比例仅为 27.6%（图 26）。由此可以看出，北京居民对于外来人口的态度是十分积极的，对于他们做出的贡献是认可的，对于与他们资源共享是包容的。

对于前两个问题，在深度访谈中，被访居民普遍认为北京发展离不开外地人，“外地人为市民生活提供了便利，少了哪一个都不行”，“春节一走，北京都没人了”，“自古以来北京就是消耗城市，都是外地人在提供服务”，“没有外地人也没有北京今日的发展，人口流动是自然规律，要尊重外地人”。与此同时，被访居民也表达了对外地人辛勤劳动的认可。

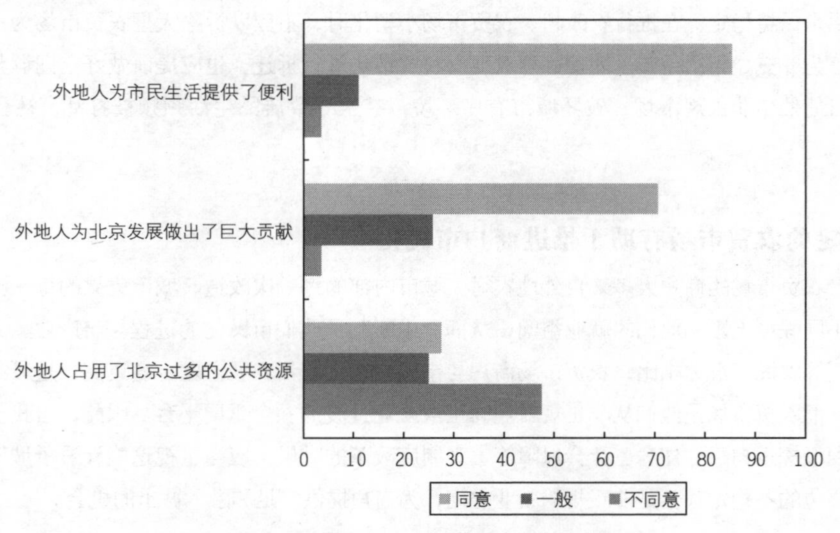

图 26 被访居民对外来人口的评价（%）

7 结论与建议

望京地区农贸市场的兴衰只是北京乃至中国大城市基本公共服务空间变迁的一个缩影。北京旧城著名的四大国有菜市场——西单、东单、朝内、崇文门菜市场——自1990年代起纷纷因城市改造而拆除或搬迁。全国许多大城市，如上海、广州、合肥、济南等，由于农贸市场拆迁造成居民买菜难的新闻屡见报端。在当前倡导以人为本新型城镇化的背景下，城市在追求物质空间现代化时，应当重视其对土地利用、便民化和商户市民化的影响，注重发展方式从外延式扩张向内涵式发展转变。本文通过对北京望京地区农贸市场变迁的社会学调查，得出如下结论和建议。

7.1 稳定的农贸市场对于大城市居民生活及社会稳定具有重要意义

买菜是城市居民生活的基本需求，“菜篮子”工程被城市政府视为民心工程。调查发现，农贸市场是我国大城市百姓买菜的首选场所，相较大型超市和便利店具有明显优势。首先，农贸市场多采用半封闭空间形式，摊位租金较低，因而菜品价格便宜。其次，农贸市场通常规模较大，菜品种类更加丰富，可提供“一站式服务”。最后，农贸市场可达性好，如本次调查中居民买菜以步行为主，单程平均出行时间21.6分钟。因此，不论私人经营或街道社区设置的农贸市场，都是城市重要的便民服务设施，宜尽量保持稳定。在推行农改超、农贸市场小型化时，不应以拆除大型农贸市场为代价，而应该使二者互为补充、相得益彰。即使必须对现有农贸市场进行拆迁，也应提前做好空间调整的统筹安排，否则可能催生非正规市场，破坏城市有序环境，甚至导致居民生活频频被打乱，社会稳定受到影响。

7.2 稳定的农贸市场有助于推进商户市民化

大城市农贸市场的商户大多来自外地农村。城市内部的每一次改造、城市边界的每一次扩张，都有可能在不同程度上影响他们的就业空间，从而“中断”了他们市民化的进程。与产业工人、建筑工人以及散工等农民工群体相比，农贸市场商户与市民交往更密切，城市融合度更高，是最有可能市民化的群体，而农贸市场是他们从非正规就业向正规就业过渡的一个重要平台。因此，当我们在为推进市民化而积极探索户籍、住房、社会保障等宏观制度改革的时候，应当重视这些渗透于城市内部、散布在社区周边的不稳定甚至是非正规的就业空间，为商户提供立足和融入城市的机会。

7.3 亟待加强对大城市农贸市场的规划、建设和管理

在我国大城市外部边界拓展和内部空间整理的过程中，受级差地租因素的影响，占地较大的农贸市场不断向城市边缘搬迁，小型农贸市场也只能在高楼大厦夹缝中生存，其覆盖的居民区范围比例越

来越小，买菜难问题愈发突出。为此，应将农贸市场纳入大城市基本公共服务设施范畴，加强规划、建设和管理。以北京市为例，现有居住区规划规范对于预留农贸市场用地或空间并没有作硬性的规定⑤，而且预留的农贸市场用地或空间在实际使用时挪为他用的情况也时有发生，因此应完善相关规划，加强建设监管，在新建城区保障农贸市场用地的供给。对于已建成地区，应探索多种途径灵活增设农贸市场，如利用闲置空地、破碎边角地块或街道两侧空间等。在管理上，建议实行街道和社区对农贸市场的属地管理，避免由于工商、城管、街道和社区多头管理造成权责不清、缺乏统筹协调。

7.4 推进新型城镇化需要加强公众参与、保护整体利益

芒福德曾批判现代社会过于注重“金钱经济”而不是“人生经济”。在推进新型城镇化的背景下，居民的生活经济、商户的生存经济显然比房地产经济和土地经济更为重要。然而，当前居民和商户在面对农贸市场拆迁时，常缺乏表达利益诉求的渠道，亦无能力寻求法律保护，其各自基本利益难以保障。特别是商户，在拆迁经济补偿谈判时处于弱势地位，有时管理者仅退还租金便草草了事。因此，建议对农贸市场拆除或外迁的公示程序作出具体规定，广泛征求居民和商户意见，重点对农贸市场能否拆除、如果拆除、如何选择新址以及拆旧建新过渡期买菜场地设置等问题进行讨论，并对公示时间、公众参与的范围进行明确规定。农贸市场确需拆除时，应保障商户的基本权益，做好再就业安置和拆迁补偿工作。

致谢

本文受国家自然科学基金项目（批准号：51378278）资助。感谢中华女子学院社会工作系李敏副教授和周琳、李钰苗、李婧琦、赵曼、金瑶、谢思洋、杨雅楠、赵凡婷、方程琳、郝康舒、李聪、王晓莉、姜元一、吴倩等同学在调查中的帮助。感谢北京市朝阳区地方志编纂委员会办公室提供的文献资料。

注释

① 北京市朝阳区地方志编纂委员会编：《北京朝阳年鉴 2013》，中华书局，2013 年。

② 详见望京社区网站“望京网”：http://www. wangjing. cn/。

③ 北京市朝阳区地方志编纂委员会编：《北京朝阳年鉴 2005》，方志出版社，2005 年；北京市朝阳区地方志编纂委员会编：《北京朝阳年鉴 2006～2013》，中华书局，2006～2013 年。

④ 本文中的图表如无特殊说明，资料来源均为笔者根据问卷调查结果整理、绘制或拍摄。

⑤ “商业服务设施原则上重在总量控制，具体项目和指标不是硬性规定，只具参考作用。”《北京市居住公共服务设施规划设计指标（2006 年）》

参考文献

[1] Goldman, A., Krider, R., Ramaswami, S. 1999. The Persisitedn Competitive Adventage of Traditional Food Retail-

ers in Aisa: Wet Markets' Contined Dominance in Hong Kong. *Journal of Macromarketing*, Vol. 19, No. 2.

[2] Zhang, Q. F., Pan, Z. 2013. The Transformation of Urban Vegetable Retail in China: Wet Markets, Supermarkets and Informal Markets in Shanghai. *Journal of Contemporary Asia*, Vol. 43, No. 3.

[3] 北京市朝阳区地方志编纂委员会编:《北京朝阳年鉴2005》,方志出版社,2005年。

[4] 北京市朝阳区地方志编纂委员会编:《北京朝阳年鉴2006~2013》,中华书局,2006~2013年。

[5] 柴定红:"上海非正规经济发展对农民工就业空间的挤压",《社会》,2003年第9期。

[6] 陈美萍:"制造非正规部门:马路摊贩与无照营业的个案研究"(博士论文),清华大学,2009年。

[7] 陈映芳:"征地农民的市民化——上海市的调查",《华东师范大学学报(哲学社会科学版)》,2003年第5期。

[8] 董晓霞、毕翔、胡定寰:"中国城市农产品零售市场变迁及其对农户的影响",《农村经济》,2006年第2期。

[9] 国家人口和计划生育委员会流动人口服务管理司编:《2012中国流动人口发展报告》,中国人口出版社,2012年。

[10] 胡定寰、俞海峰、Reardon, T.:"中国超市生鲜农副产品经营与消费者购买行为",《中国农村经济》,2003年第8期。

[11] 黄耿志、李天娇、薛德升:"包容还是新的排斥?——城市流动摊贩空间引导效应与规划研究",《规划师》,2012年第8期。

[12] 黄耿志、薛德升:"1990年以来广州市摊贩空间政治的规训机制",《地理学报》,2011年第8期。

[13] (加)简·雅各布斯著,金衡山译:《美国大城市的死与生》,译林出版社,2005年。

[14] 李春成、张均涛、李崇光:"居民消费品购买地点的选择及其特征识别",《商业经济与管理》,2005年第2期。

[15] 李强、陈宇琳、刘精明:"中国城镇化'推进模式'研究",《中国社会科学》,2012年第7期。

[16] 李强、唐壮:"城市农民工与城市中的非正规就业",《社会学研究》,2002年第6期。

[17] 李志刚、刘晔、陈宏胜:"中国城市新移民的'乡缘社区':特征、机制与空间性——以广州'湖北村'为例",《地理研究》,2011年第10期。

[18] 李忠旭:"蔬菜流通模式的制度变迁——关于农产品市场改建成超市的问题探讨",《农村经济》,2005年第8期。

[19] 厉基巍:"北京城中村历史成因初探",《北京规划建设》,2010年第6期。

[20] 刘兵、胡定寰:"消费者对'农超对接'产品购买行为的实证分析",《商业研究》,2013年第7期。

[21] 刘海泳、顾朝林:"北京流动人口聚落的形态、结构与功能",《地理科学》,1999年第6期。

[22] 刘梦琴:"石牌流动人口聚居区研究——兼与北京'浙江村'比较",《市场与人口分析》,2000年第5期。

[23] 唐灿、小双:"'河南村'流动农民的分化",《社会学研究》,2000年第6期。

[24] 万向东:"农民工非正式就业的进入条件与效果",《管理世界》,2008年第1期。

[25] 王春光:"中国社会政策调整与农民工城市融入",《探索与争鸣》,2011年第5期。

[26] 王汉生、刘世定、孙立平等:"'浙江村':中国农民进入城市的一种独特方式",《社会学研究》,1999年第1期。

[27] 魏立华、闫小培:"城中村:存续前提下的转型——兼论'城中村'改造的可行性模式",《城市规划》,2005年第7期。

[28] 魏立华、闫小培："中国经济发达地区城市非正式移民聚区——'城中村'的形成与演进——以珠江三角洲诸城市为例"，《管理世界》，2005 年第 8 期。

[29] 文军："论农民市民化的动因及其支持系统——以上海市郊区为例"，《华东师范大学学报（哲学社会科学版）》，2006 年第 7 期。

[30] 吴维平、王汉生："寄居大都市：京沪两地流动人口住房现状分析"，《社会学研究》，2002 年第 3 期。

[31] 吴晓、吴明伟："物质性手段：作为我国流动人口聚居区一种整合思路的探析"，《城市规划汇刊》，2002 年第 2 期。

[32] 夏丽丽、赵耀龙、欧阳军等："城中村制造业空间集聚研究——以广州康乐村服装生产企业为例"，《地理研究》，2012 年第 7 期。

[33] 薛德升、黄耿志："管制之外的'管制'：城中村非正规部门的空间集聚与生存状态——以广州市下渡村为例"，《地理研究》，2008 年第 6 期。

[34] 杨滔："北京街头零散商摊空间初探"，《华中建筑》，2003 年第 6 期。

[35] 尹晓颖、薛德升、闫小培："'城中村'非正规部门形成发展机制——以深圳市蔡屋围为例"，《经济地理》，2006 年第 6 期。

[36] 俞菊生、王勇、曾勇等："上海市民食品消费结构和蔬菜购买行为分析"，《上海农业学报》，2006 年第 3 期。

[37] 袁玉坤、孙严育、李崇光："农产品渠道终端选择的影响因素及选择群体的特征分析——以武汉市居民生鲜农产品消费调查为例"，《商业经济与管理》，2006 年第 1 期。

[38] 周应恒、卢凌霄、耿献辉："生鲜食品购买渠道的变迁及其发展趋势——南京市消费者为什么选择超市的调查分析"，《中国流通经济》，2003 年第 4 期。

村镇社区便民服务系统的规划设计框架研究

吴　潇　李彤玥

Study on Planning Framework of Convenience Service System for Village and Town Communities

WU Xiao, LI Tongyue
(School of Architecture, Tsinghua University, Beijing 100084, China)

Abstract　The convenience service system for village and town communities consists of four parts including trade and consumer services, financial information services, agricultural production services, and material circulation services. A study on it is expected to shed light on the target practice of urban-rural integration. First, the analysis shows that, as the convenience service in town and village communities demonstrates a trend of integration and convenience, service systems can be divided into service content system and service space system. This paper builds a planning framework of the convenience service system for village and town communities from the regional level, village and town level, and detailed design level. The framework includes planning levels and contents, standards of service facilities, planning target system, and then, the paper looks at possible directions for future research.

Keywords　village and town communities; convenience service systems; planning framework

作者简介
吴潇、李彤玥，清华大学建筑学院。

摘　要　村镇社区便民服务包括商贸消费服务、金融信息服务、农资生产服务和物资流通服务四部分内容，对其开展研究有助于实现缩小城乡差距、社区服务均等化和便民化的发展目标。首先，分析表明村镇社区便民服务呈现出集成化和便捷化的发展趋势，其服务系统可分为服务内容系统和服务空间系统。其次，从区域层次、村镇层次和详细设计层次构建了村镇社区便民服务系统的规划设计框架，包括规划层次与内容、服务设施规划配置标准、规划目标体系等，并进一步对后续研究的方向进行了展望。

关键词　村镇社区；便民服务系统；规划设计框架

1　引言

我国的社区服务建设始于1980年代，与西方国家相比起步较晚，服务建设的对象主要局限于城市社区，广大的农村社区的服务发展相对滞后，且多依托集体性质的农业及农村合作组织建立，其服务范围及内容也相对不足。2014年3月16日，中共中央、国务院印发的《国家新型城镇化规划》中明确提出“加快形成政府主导、覆盖城乡、可持续的基本公共服务体系，推进城乡基本公共服务均等化”。村镇社区的公共服务水平提升已成为中小城镇增强承载能力、提升竞争力的重要任务。需要指出的是，虽然目前国家及各级政府对村镇社区服务设施的投入逐年增长，但目前建设的重点还仅仅局限于模式化的内容及“量”上的扩张，如何针对村镇社区的特点和新型城镇化的目标要求，有针对性地做好村镇社区的服务体系建设，需要解决的不仅仅是均等化的问题，更应在服务的智能化、便民化方面有更多的考虑，而首先应该在规划建设层面上实现相应的改变和突破。

2 相关概念与研究现状

2.1 社区公共服务与社区便民服务

社区服务已经成为一个使用频率较高的词汇，但是学术界对它的认识还存在着很大的分歧。广义的社区服务可以说是社区组织或社区成员实施的社区福利性项目，一般以一定层次的社区组织为依托，以广泛的群众参与为基础，用服务设施和服务项目来增进社区的公共福利，提高生活质量。狭义的社区服务，在国外有的称为“社区照顾”，是指发动社区成员通过互助性的社会服务就地解决本社区的社会问题。目前与村镇社区便民服务相关的概念有“社区公共服务”与“社区便民服务”。“社区公共服务”国际上惯称为社会福利性服务，包括社区内各种组织和机构开展的各项公共服务，国内指“以社区为单位而提供的社会公共服务”，它是用社区公共服务的形式来满足社区居民共用性需求的社会公益性产品。

2006 年 4 月，国务院发布的《关于加强和改进社区服务工作的意见》（以下简称《意见》）中明确界定了社区公共服务的内容包括：社区就业服务、社区社会保障服务、社区救助服务、社区卫生和计划生育服务、社区文化教育体育服务、社区流动人口管理和服务、社区安全服务。“社区便民服务”目前尚未有明确定义。仅在《意见》中对其内容做出初步说明，即“鼓励和支持各类组织、企业和个人开展社区便民服务业务。鼓励相关企业通过连锁经营提供购物、餐饮、家政服务、洗衣、维修、再生资源回收、中介等社区服务。利用现代信息技术、物流配送平台帮助社区内中小企业，实现服务模式创新，推动社区商业体系建设。”可见“社区便民服务”涉及内容较分散，未形成系统性的明确范畴界定。

2.2 相关研究现状

(1) 城乡规划领域公共服务均等化研究已有良好基础

目前国内学者针对社区公共服务设施均等化的研究主要集中在公共服务设施配置的理论研究、实证研究及公共服务设施配置的区际差异三个方面。

——理论研究。城乡规划领域提出以空间可达性为基本条件、以生活圈模式为基本框架的农村公共服务配置体系，结合数量分析和地理信息技术，探索自下而上的村镇规划路径（孙德芳等，2012）；彭瑶玲等（2008）、陈振华（2010）、杨国霞（2011）比对公共服务设施的影响因素和配置原则，探讨配置项目、配置标准及设施布局方式，进而提供配置标准。仅有少量文献讨论了社区便民服务，如陈金勇（2013）从社区商业发展的角度，提出健全社区便民服务业运行机制的建议。

——实证分析。国内现有以上海嘉定马陆镇社区、广州番禺区、镇江市润州区、北京顺义区、杭州杨家牌楼社区、南京市、山东省广饶县西刘桥乡等不同尺度的区域为研究对象，分析其公共服务设施配置现状，确定分级配套目标，提出优化配置规划建议（李京生等，2007；黄金华，2009；史健洁等，2010；李乐，2011；潘嘉虹、蒋颖，2013；官卫华等，2012；张志伟，2012）。

——区际差异研究。姚志强、陈晓华（2012）运用GIS分析方法，研究我国三大区域内社区公共服务设施配置的差异化特征；宋潇君等（2012）利用不平等指数模型、标准差和熵值法分析江苏农村公共服务的区域分异特征，指出其存在明显的梯度差异；王晓利、苏玲霞（2013）根据社区公共服务设施的拥有量、拥有率、覆盖率、辐射率等指标统计，分析区际不均衡现状。

(2) 社区便民服务研究集中在基层探索性研究和信息技术应用研究

——基层探索性研究。胡冶岩、赵子建（2009）研究山东胶州九龙镇借鉴企业质量管理方法，推行《乡镇政府便民服务规范》，探索基层政府公共服务的质量标准；林丽琴、林智能（2012）研究福建省永春县开展的农村金融便民服务工作，指出其农村地区金融服务基础设施建设不足、金融机构便民服务功能不完善、金融产品和服务方式创新不足等问题；高鹤（2013）分析山西省农村地区金融支付便民服务点的建立情况，提出金融支付便民点与公共性服务有机融合、相互促进的发展建议。此外，还有学者通过界定社区公益生态圈，分析社区公益生态圈在居家养老中的必要性、创新性、可行性，结合“一刻钟便民服务圈”的具体实践，探讨社区公益生态圈对居家养老的意义（范静，2014）。

——信息技术应用研究。宫林成、薛萍（2008）利用3S、大型数据库等技术，建立数字社区的“三级互通”和“时一房一人一事”四位一体的管理模式，解决数字社区信息共享、空间数据和系统集成等关键技术问题；裴小威、宫林成（2008）结合数字社区与便民服务平台的建设，运用WebService工作流技术，提出基于Web服务和工作流技术的社区信息化平台架构及基于WebService的集成模型；张楚文（2011）提出将社区服务信息系统集成在“社区网格化管理系统”和“综合服务网站”两个社区管理综合服务平台上；王旭东（2011）提出“农村移动信息社区服务体系”概念，建立相应服务体系模式解决农村信息化建设“最后一公里”的问题；兰泽英、刘洋（2012）以广州黄花岗为例，基于SOA技术实现数字社区平台与其他系统之间的同步数据交换，以达到各种数据资源“一张图”管理，采用WebGIS技术、Silverlight技术联动切换技术等实现社区精细化管理与人性化便民服务；李成楠等（2013）基于JSP建立秦皇岛市社区便民服务交流网站，及时了解社区新闻发布并具发表评论、上传照片、向政府相关部门咨询等功能。此外，一些信息化便民服务系统已经应用于社区建设，比如，新余市在传统金融支付领域以及公交、水、电、燃气、出租车、医保与其他小额支付等领域推广符合PBOC2.0标准的银行卡（宋小忠，2012）；山东省推行集成缴费通、票务通、政务通等功能的邮政便民综合服务平台（马志民，2013）。

2.3 当前村镇社区便民服务发展的主要问题

(1) 供给总量不足、结构失衡，空间体系网络并未建立，均等化问题得不到有效解决。我国现有19 234个建制镇、56.88万个行政村、276万个自然村，而当前的村镇服务网点建设比例只有10%左右（图1），服务产品总量严重不足。同时由于缺少统一的规划，未形成标准化的服务网络，整体效率较低，无法满足村镇居民的生产及生活需求。

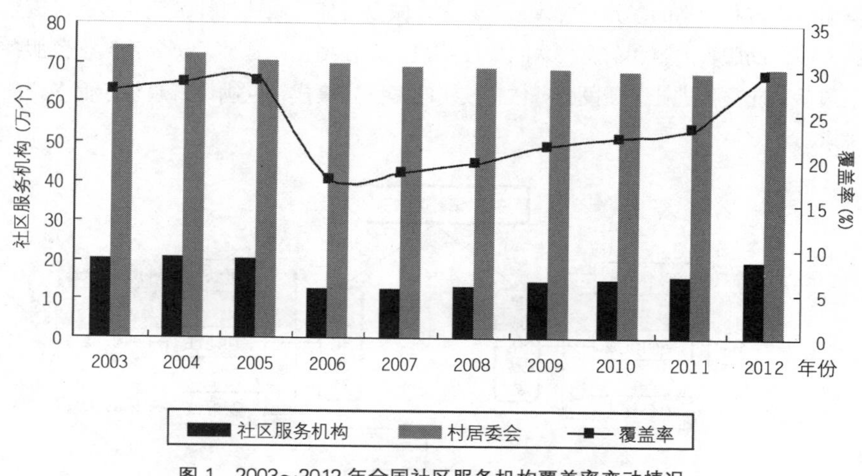

图1 2003～2012年全国社区服务机构覆盖率变动情况

资料来源：《中国民政统计年鉴2013》。

(2) 缺少便民化研究，服务系统的内容构成和配置并未形成统一的技术标准。村镇社区区别于城市社区最主要的特征是村镇的经济活动中生产与生活并无明确的划分，居民的生活和生产空间高度重合。而当前对村镇社区服务系统的便民化设计主要集中在生活方面，涉及生产方面比如农资采购、农产品销售及物资流通等的便民化研究相对缺乏，且生产服务和生活服务的融合化设计也十分滞后。对村镇社区特征把握的不足和基础性研究的缺乏，导致村镇社区服务体系不健全、集成度不高、服务效率低下。

(3) 缺少社区服务系统建设，市场化运营模式研究不足。发展过程中的规划建设、投资经营、财务管理等问题得不到有效解决。我国村镇社区的形成、发展是以政府为主导的，在社区服务供给方面，政府是较为单一的供给主体。虽然近年来已经开始出现一些社区供给主体多元化的趋势，但是不同主体间职责还不够明确，还处于无序的分工状态，使得社区服务管理较为混乱。由于村镇地区与城市在规划建设编制和实施方面的差异，导致村镇建设缺乏可供参考的统一标准，直接制约村镇社区公共服务水平和质量的提高。

3 村镇社区便民服务内容及其系统构成

3.1 村镇社区服务的发展趋势

目前村镇层面的公共服务应用体系已经建立，并在均等化理论与实践方面开展了深入广泛的研究。相比而言，社区便民服务应用体系及其相关研究均较为薄弱，便民化和集成化将成为村镇社区便民服务应用系统的主要研究方向（图 2）。首先，目前集中在基层的村镇便民服务研究相对分散，应推广并构建其服务内容和业态的多元集成体系。其次，城乡规划领域针对社区公共服务设施丰富而广泛的研究成果，应借助服务内容和信息技术的集成手段向“便捷化”延伸，研究社区便民服务的空间布局及配置。最后，应当促进社区便民服务信息技术的多内容集成，以满足日趋复杂而多样的村镇社区便民服务需求。

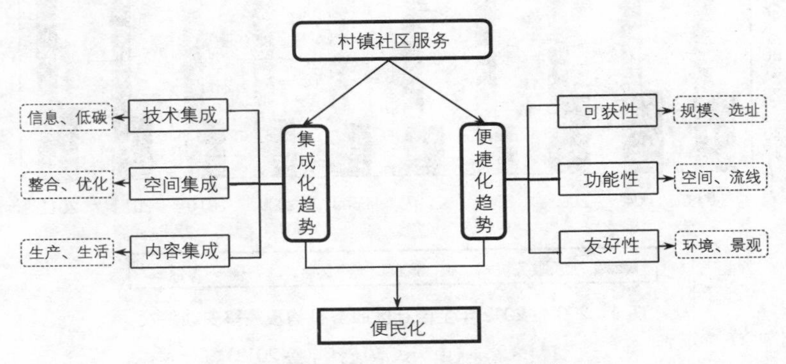

图 2 村镇社区便民服务的发展趋势

3.2 村镇社区便民服务内容

村镇社区服务包括公益性服务、商业性服务和中介性服务三种不同类型。其中，公益性服务包括科、教、文、卫等主要由国家投入的基础性服务内容。村镇社区便民服务则主要包括商业性服务和中介性服务，涵盖生产和生活两方面，主要包括商贸消费服务、金融信息服务、农资生产服务和物资流通服务（产销及再生资源回收）四种类型，共同构成了完整的村镇社区便民服务系统（图 3、图 4）。

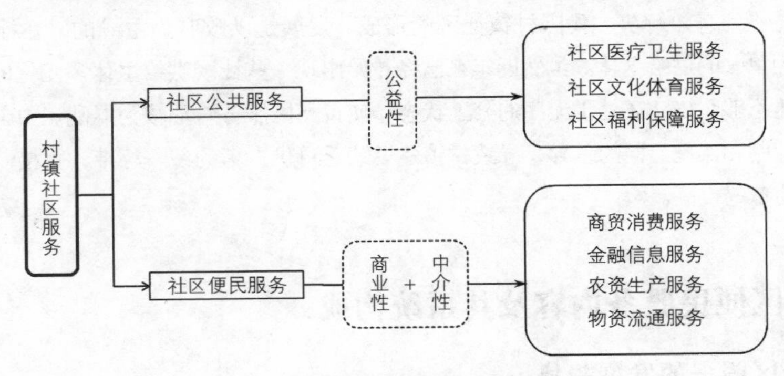

图 3 村镇社区服务的内容构成

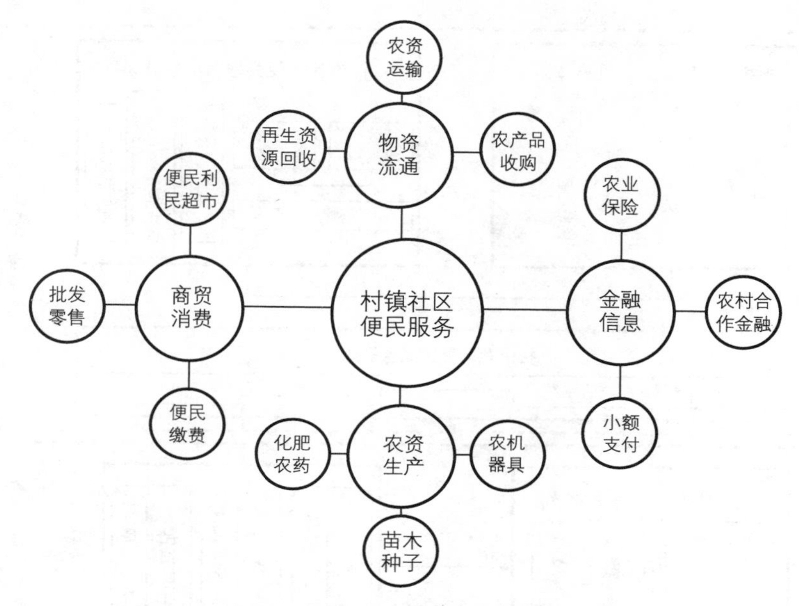

图 4　村镇社区便民服务的内容构成

3.3　村镇社区便民服务的系统构成

村镇社区便民服务系统主要包括服务内容系统和服务空间系统两部分。其中服务内容系统主要是通过信息网络技术的运用和前端人机交互设备制造，将社区日常生活中涉及的商贸零售、便民缴费、金融服务、信息咨询等内容进行集成；而服务空间的集成则包括区域性便民服务点规划、社区服务点空间功能设计及外部环境景观营造三个方面（图 5）。

4　村镇社区便民服务系统的规划设计框架

4.1　村镇社区便民服务系统的规划设计层次与内容

（1）区域层次——村镇便民服务系统的网络规划

在一定范围的区域内，基于设施共建共享及服务半径、服务可获性标准的考量，将便民服务供给与村镇社区的空间分布相结合，在区域内进行村镇社区便民服务系统的网络化布局。主要内容包括便民服务需求与供给关系分析、村镇社区便民服务设施服务半径及配置标准分析、村镇社区便民服务点的网络化布局研究。

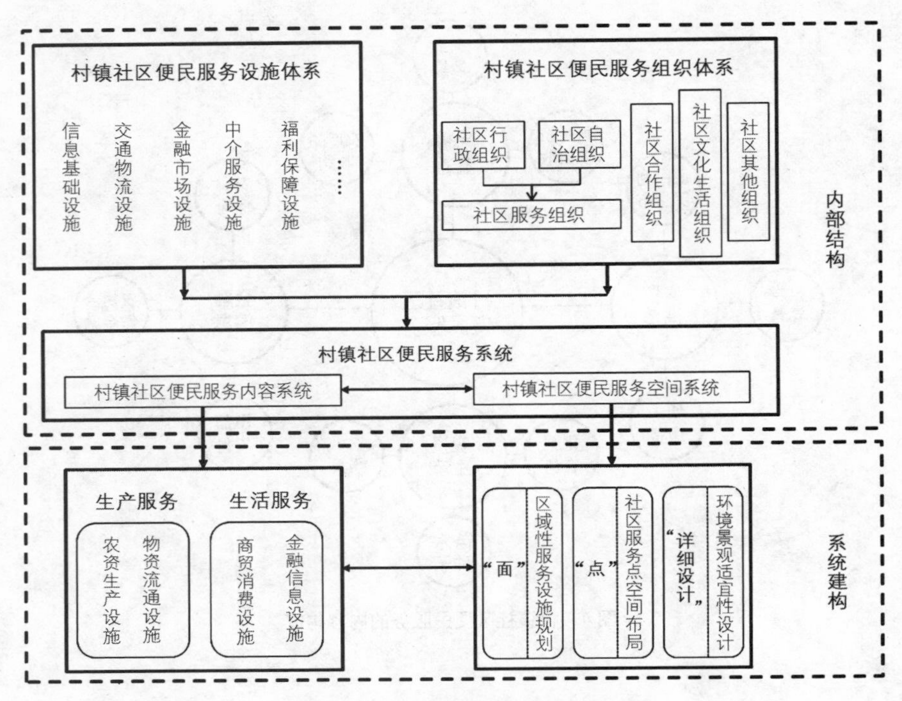

图5　村镇社区便民服务的系统构成

(2) 村镇层次——基层便民服务点的空间布局

基于村镇社区便民服务内容系统的集成，在空间上进行服务功能组合和优化布局。主要内容包括村镇社区便民服务点的用地规模测算、村镇社区便民服务点的选址、村镇社区便民服务点的空间布局模式研究。

(3) 详细设计层次——便民服务点的适宜性设计

即对便民服务点的空间环境进行适宜性设计，主要内容包括村镇社区便民服务点的空间功能设计、建筑设计和景观环境营造（表1)。

表1　村镇社区便民服务系统的规划内容

分项	主要内容
背景分析	区域发展、社会经济、土地使用等分析
相关规划分析	土地规划、城市规划、服务设施规划等规划总结和任务分析
便民服务现状及需求分析	现状服务设施数量与水平分析、现状服务问题评价与总结、社区服务的便民化要素分析、便民服务需求的时空特征分析

续表

分项	主要内容
便民服务设施配置标准分析	基于层级和规模考量的差异化进行村镇便民服务设施配置标准研究、不同类型便民服务内容和设施的组合方式分析
区域便民服务系统网络规划	区域村镇社区便民服务的布点规划、便民服务设施体系设计
便民服务点用地规模测算	参照布点规划确定的服务人口数量与相关规范标准确定的人均指标值，进行基层服务点的用地规模测算
便民服务点选址与布局	通过交通分析、用地条件及建设条件等的分析，结合村镇土地和空间规划，合理选择适宜地块进行便民服务点建设
便民服务点空间布局模式分析	不同层级、规模及服务内容的空间布局模式设计、不同空间布局模式的适用条件分析
便民服务点空间设计	便民服务点内部功能流线分析与设计、不同方案比选与优化、内外部交通组织
便民服务点景观环境设计	建筑设计、景观设计、整体环境营造

4.2 村镇社区便民服务系统的设施配置内容与标准

参照城市社区建设的基本要求和村镇社区便民服务职能的需求，考虑各服务设施的综合利用，村镇社区便民服务系统的设施应包括：社区服务管理办公室、社区一站式综合服务大厅、社区信息发布区、社区金融服务点、社区便民超市、社区农业技术服务站、社区生产物流服务平台、社区农产品网上展销中心、社区法律保障援助中心、社区多功能综合厅。同时结合并参考《社区服务指南》（GB/T 20647-2006）、《城市公共服务设施规划规范》（GB 50442-2008）以及相关地方对于村镇社区服务设施建设的条文与标准，初步建构起村镇社区便民服务设施建设的内容与配置标准（表 2）。

需要说明的是，由于我国幅员辽阔，东、中、西部村镇发展的水平和条件存在着巨大的差异，本文中所列的设施内容及标准仅为探讨性和参考性建议。且针对不同情况，各类设施也可根据标准进行组合化设计。

表 2 村镇社区便民服务设施建设的内容与配置标准

设施名称	服务职能	建设标准（m^2）	附属设备
社区服务管理办公室	社区自治管理 市场主体和市场秩序管理	40	办公设备
社区一站式综合服务大厅	社会保障服务 计生服务 科技服务 家政服务 ……	60	办公设备

续表

设施名称	服务职能	建设标准（m²）	附属设备
社区信息发布区	生活信息发布 社区广播 集体及个人布告通知 生产资讯 ……	20	信息显示屏 广播设备 网络信息平台
社区金融服务点	自助金融设备 保险经营点 农业金融服务	40	自助存取款机 办公设备 产品柜台
社区便民超市	农资供应 日用品销售 农产品收购 产销订单	100	—
社区农业技术服务站	农业技术支持 农业科技宣传 技术需求和服务信息发布	40	电子终端设备 信息显示屏 办公设备 服务台
社区生产物流服务平台	物流信息发布 生产资料采买订单 团购代购业务 废旧物品回收服务	50	电子终端设备 信息显示屏 办公设备 服务台
社区农产品网上展销中心	农产品收购信息 农产品价格发布 市场变动信息分析 产销中介服务	30	电子终端设备 信息显示屏 办公设备 服务台
社区法律保障援助中心	福利保障咨询 维权咨询 法律援助 普法教育	30	办公设备 服务柜台
社区多功能综合厅	会议厅 农民学校 展演空间 文体中心 ……	80	办公设备 会议音响设备 图书资料

4.3 村镇社区便民服务系统的规划指标体系

分别从空间可达性、服务便捷性、环境适宜性和实施性四个方面进行考量，通过控制性指标和引导性指标的筛选与设计，建立村镇社区便民服务系统的规划指标体系，用以引导和控制村镇社区便民服务设施配置和空间设计水平，使之能够满足村镇居民的生产、生活需求，保证规划的适应性和可操作性。

控制性指标主要包括获取服务的行程与时间、便民服务点的服务半径、区域公共交通覆盖率、便民服务点的服务承载能力、便民服务点的服务内容及设施标准、人均服务用地面积标准等。

引导性指标主要包括便民服务内容组合配置建议、便民服务点选址原则、便民服务点的建设工程造价、标识导引系统设计、对公共空间影响程度等（表3）。

表3 村镇社区便民服务系统的规划指标体系

类别	指标	说明
空间可达性	获取服务的行程与时间	控制性
	便民服务点的服务半径	控制性
	区域公共交通覆盖率	控制性
	便民服务点选址原则	引导性
服务便捷性	便民服务内容完善程度及组合配置建议	引导性
	便民服务设施建设标准	控制性
	便民服务内容及信息集成程度	引导性
	便民服务承载能力（服务时间、最大服务人口数）	控制性
	服务指引和标识导引系统	引导性
	服务点和空间的辨识度	引导性
环境适宜性	便民服务点用地规模标准及人均服务用地面积要求	控制性
	对周边公共空间、绿化系统的影响程度	引导性
	不同功能空间的规模比例关系	控制性
	交互界面及安全设施设计	控制性
	村镇居民接受程度	引导性
实施性	建设工程造价	引导性
	可分解性及组合性	引导性
	运营模式	引导性

5 结语

随着新型城镇化国家战略的实施，村镇社区将成为未来城镇化的主要空间载体。本文结合村镇社区服务的发展特点，总结出集成化和便捷化的发展趋势，进而对村镇社区便民服务的内容和系统进行了分析。并进一步开展对村镇社区便民服务系统的规划框架研究，对规划层次、规划编制内容、规划设施建设标准及规划指标体系进行了分析，能够为村镇社区便民服务规划建设的理论与方法提供一定的借鉴。然而，村镇社区便民服务设施的规划是一项复杂的系统工程，受多种因素的影响，本研究只是做出了普遍性的探索，并未针对不同类型和发展基础的村镇展开实证分析，具有一定的局限性。在今后的研究中可进一步结合具体对象对村镇社区进行划分和针对性分析，进而完善村镇社区便民服务系统的规划设计方法与框架，促进村镇社区承载能力和综合竞争力的提升，也使村镇居民能够更加公平、便捷地享受各项服务。

致谢

本文得到国家科技支撑计划课题《村镇社区便民服务应用系统研究与示范》（编号：2015BAL05B04）的资助。在本文写作过程中，清华大学顾朝林教授、武廷海教授、张悦教授、邵磊副教授以及中华全国供销合作总社科教部周子乔副处长参加了讨论，特此致谢！

参考文献

[1] 陈金勇："社区便民服务商业发展趋势统计技术应用分析"，《理论前沿》，2013年第12期。
[2] 陈振华："城乡统筹与乡村公共服务设施规划研究"，《北京规划建设》，2010年第1期。
[3] 范静："社区公益生态圈在居家养老中的探析——以'一刻钟便民服务圈'为例"，《理论观察》，2014年第2期。
[4] 高鹤："山西省农村支付便民服务点与公共服务融合发展的思考"，《山西科技》，2013年第6期。
[5] 宫林成、薛萍："数字社区信息管理与便民服务系统的设计与实现"，《测绘技术装备》，2008年第1期。
[6] 官卫华、刘正平、叶菁华："试谈我国农村新型基本公共服务设施体系及配建模式——以南京市为例"，《多元与包容——2012中国城市规划年会论文集（小城镇与村庄规划）》，中国城市规划学会，2012年。
[7] 胡冶岩、赵子建："探索基层政府公共服务的质量标准——山东胶州九龙镇《乡镇政府便民服务规范》调查"，《国家行政学院学报》，2009年第3期。
[8] 黄金华："新农村公共服务设施规划初探——以广州市番禺区为例"，《规划师》，2009年第S1期。
[9] 兰泽英、刘洋："广州市黄花岗数字社区的设计与实现"，《测绘工程》，2012年第6期。
[10] 李成楠、檀小璐、梅芳："基于JSP的秦皇岛市社区便民服务交流网站设计"，《电子技术与软件工程》，2013年第7期。
[11] 李京生、张彤艳、马鹏："上海嘉定区马陆镇社区公共服务设施配套研究"，《规划师》，2007年第5期。

[12] 李乐："农村公共服务设施空间布局优化研究——以北京市顺义区为例"，《地域研究与开发》，2011 年第 5 期。
[13] 林丽琴、林智能："农村地区金融便民服务的调查与思考——以福建省永春县为例"，《福建金融》，2012 年第 2 期。
[14] 马志民："山东邮政便民综合服务平台建设规划与管理策略研究"（硕士论文），山东大学，2013 年。
[15] 潘嘉虹、蒋颖："城市边缘区社区公共服务设施的优化配置研究——以杭州市杨家牌楼社区为例"，《城市时代，协同规划——2013 中国城市规划年会论文集（居住区规划与房地产）》，中国城市规划学会，2013 年。
[16] 裴小威、宫林成："WebService 和工作流技术在数字社区与便民服务平台中的应用"，《测绘科学》，2008 年第 S2 期。
[17] 彭瑶玲、孟庆、曹力维："关于农村基本公共服务设施体系规划的思考"，《生态文明视角下的城乡规划——2008 中国城市规划年会论文集》，中国城市规划学会，2008 年。
[18] 史健洁、朱晓芳、马强："社区公共服务设施空间布局规划研究——以镇江市润州区为例"，《规划创新：2010 中国城市规划年会论文集》，中国城市规划学会、重庆市人民政府，2010 年。
[19] 宋潇君、马晓冬、朱传耿等："江苏省农村公共服务水平的区域差异分析"，《经济地理》，2012 年第 12 期。
[20] 宋小忠："金融 IC 卡在新余市便民缴费支付领域的应用"，《中国信用卡》，2012 年第 5 期。
[21] 孙德芳、沈山、武廷海："生活圈理论视角下的县域公共服务设施配置研究——以江苏省邳州市为例"，《规划师》，2012 年第 8 期。
[22] 王晓利、苏玲霞："社区公共服务设施区域配置差异分析与均等化对策"，《城市建筑》，2013 年第 18 期。
[23] 王旭东："农村移动信息社区服务体系建设研究"（硕士论文），浙江大学，2011 年。
[24] 邢爱华："城市社区公共服务问题研究"（硕士论文），山东师范大学，2013 年。
[25] 杨国霞："欠发达地区新农村建设中的公共设施配置探讨"，《小城镇建设》，2011 年第 9 期。
[26] 姚志强、陈晓华："基于 GIS 的社区公共服务设施区域配置差异化研究"，《池州学院学报》，2012 年第 3 期。
[27] 詹成付、王景新：《中国农村社区服务体系建设研究》，中国社会科学出版社，2008 年。
[28] 张楚文："社区网格化综合服务集成平台开发"，《图书情报工作》，2011 年第 11 期。
[29] 张志伟："城乡统筹背景下农村住区公共服务设施配置研究——以山东省广饶县西刘桥乡为例"（硕士论文），山东建筑大学，2012 年。

更加全面地认识城镇化、城镇地区和碳循环的关系

帕特里夏·罗梅罗-兰考　凯文·格尼　凯伦·濑户　米哈伊尔·切斯特　赖利·杜伦
萨拉·休斯　露西·赫蒂拉　彼得·马科图利奥　拉里·贝克　南希·格里姆
克里斯·肯尼迪　伊丽莎白·拉森　斯蒂芬妮·平塞特　丹·伦福洛　兰迪·桑切斯
吉娅米·斯雷斯塔　安德烈亚·萨兹姆斯基　乔舒亚·斯佩林　埃莉诺·斯托克斯
高雪梅　徐　瑾　译，顾朝林　校

Towards a More Integrated Understanding of Urbanization, Urban Areas and the Carbon Cycle

Patricia ROMERO-LANKAO[1], Kevin GURNEY[2], Karen SETO[3], Mikhail CHESTER[4], Riley M. DUREN[5], Sara HUGHES[6], Lucy R. HUTYRA[7], Peter MARCOTULLIO[8], Larry BAKER[9], Nancy B. GRIMM[2], Chris KENNEDY[10], Elisabeth LARSON[11], Stephanie PINCETL[12], Dan RUNFOLA[1,15], Landy SANCHEZ[13], Gyami SHRESTHA[14], Andrea SARZYNSKI[16], Joshua SPERLING[16], Eleanor STOKES[3]

作者简介

帕特里夏·罗梅罗-兰考（通讯作者）、乔舒亚·斯佩林，美国都市未来和大气研究中心；凯文·格尼、南希·格里姆，亚利桑那州立大学生命科学学院/全球持续力学院；凯伦·濑户、埃莉诺·斯托克斯，耶鲁大学森林与环境研究学院；米哈伊尔·切斯特，亚利桑那州立大学土木、环境和可持续工程学院；赖利·杜伦，美国国家航空航天局喷气推进实验室；萨拉·休斯，多伦多环境保护局/多伦多大学；露西·赫蒂拉，波士顿大学地球和环境系；彼得·马科图利奥，纽约城市大学亨特学院地理系；拉里·贝克，明尼苏达大学生物产品和生物系统工程系；克里斯·肯尼迪，多伦多大学土木工程系；伊丽莎白·拉森，美国科学促进会/美国国家航空航天局；斯蒂芬妮·平塞特，加利福尼亚大学环境与可持续发展学院；丹·伦福洛，美国大气研究中心/乔治·华盛顿公共政策研究所；兰迪·桑切斯，墨西哥城市与环境学院人口研究中心；吉娅米·斯雷斯塔，美国碳循环科学项目办公室；安德烈亚·萨兹姆斯基，德拉华大学公共政策和管理学院。

高雪梅、徐瑾、顾朝林，清华大学建筑学院。

摘　要　对城镇化、城镇地区和碳循环相关的独立研究，加深了我们对能源和土地使用影响碳循环这一过程的认识。本文将多样化观点综合在一起，作为全面理解城镇化过程、城镇地区及其与碳循环关系的第一步。本文建议，对于不同的城镇化过程、机理和要素，不同的时间、不同的城市乃至跨城市的碳排放时空模式问题，需要在现有研究方法的基础上，应用补充和整合的新型跨学科研究法进行研究。文章呼吁对城镇化和不同位置城市碳影响的研究需要采用更加整体性的方法，其中既包括收入，也包括城市发展路径的其他相互联系的特性，如城市形态、经济功能和制度或治理安排。文章进一步指出城镇化机理和城镇化过程都存在广泛的不确定性，而且两者都与城市社会制度和建成环境系统存在相互关系，它们三者对碳循环均有影响，并且相关碳排量的控制又会对城镇化产生影响。最后，文章还研究了低碳城市转型发展的路径、障碍和局限，建议发展终端到终端、合作、综合的科学意识，从而提高城市转型效率，同时规避转型过程中的障碍。

关键词　城镇化；城镇地区；碳循环

1　为什么要研究城镇化、城镇地区和碳循环的关系

近几年来，城镇化、城镇地区和碳循环之间的关系，因多方面的因素在科研和政策领域引起了越来越多的关注。我们的地球的城市化已到空前的水平，城镇地区的基础设施、经济和社会活动以及人口密度对化石燃料和碳密集材料的需求不断提高，这些数不胜数的燃料和材料被用于生

(1. Urban Futures, National Center for Atmospheric Research, Boulder, CO 80307; 2. School of Life Sciences/Global Institute of Sustainability, Arizona State University, Tempe, AZ 85287; 3. Yale School of Forestry and Environmental Studies, Yale University, New Haven, CT 06511; 4. School of Civil, Environmental, and Sustainable Engineering, Arizona State University; 5. Jet Propulsion Laboratory, NASA 4800 Oak Grove Dr. Pasadena, CA 91109; 6. Environmental Protection Agency and University of Toronto, Toronto, ON M5S 1A4; 7. Department of Earth and Environment, Boston University, Boston, MA 02215; 8. Department of Geography, Hunter College, City University of New York, NY 10065; 9. Bioproducts and Biosystems Engineering, University of Minnesota; 10. Department of Civil Engineering, University of Toronto, Toronto, ON M5S 1A4; 11. AAAS, Terrestrial Ecology Program, Earth Sciences Division, NASA; 12. Institute of the Environment and Sustainability, University of California, Los Angeles, CA 90095; 13. Centro de Estudios Demográficos, Urbanos y Ambientales, El Colegio de Mexico; 14. U. S. Carbon Cycle Science Program Office, DC; 15. George Washington Institute of Public Policy, 805 21st, St NW Room 625, Washington, DC 20052; 16. School of Public Policy and Administration, University of Delaware, Newark, DE 19716)
Translated by GAO Xuemei and XU Jin, proofread by GU Chaolin
(School of Architecture, Tsinghua University, Beijing 100084, China)

Abstract This synthesis paper pulls together some of these diverse viewpoints as a first step towards an integrated framework for understanding urbanization processes, urban areas and their relationships to the carbon cycle. It suggests the need for interdisciplinary approaches that complement and combine the plethora of existing insights into interdisciplinary approaches to how different urbanization processes, drivers and components affect the spatial and temporal patterns of carbon emissions, differentially over time and within and across cities. It calls for a more holistic approach to the carbon implications of urbanization and cities as places, based not only on income,

活服务（采暖、制冷和照明）、商业建筑、工业生产、电信系统、供水、废料加工、交通等。到 2050 年，全球的城市人口预计将从现在的 36 亿增长到 60 亿以上，并且主要来自中低收入的国家（UNDESA，2010）。到 2030 年，城镇化的范围将比 2000 年增长三倍，21 世纪前 30 年的城市土地扩张将超过人类历史上的所有城市土地的总和（Seto et al.，2012）。虽然当前城镇地区的面积占地球土地总面积的不到 3%，但已对自然资源、社会系统、人类福祉和环境造成了全球性的影响。城市的能源使用占全球能源使用的 67%～76%，其 CO_2 排放占全球最终能源使用所产生的 CO_2 排放的 71%～76%（Seto et al.，2014）。随着全球城镇化率的不断增长，以及人们越来越认识到城镇地区占全球温室气体排放的很大一部分，且其所占比例仍在不断提高，使得深化该领域研究的要求变得极为重要。

城市数量不断增多使城市碳减排成为制定气候变化政策的重要考虑因素。现在，已有数千个城市加入到了可持续发展地方政府协会（ICLEI）、C40 城市气候领袖群、100 弹性城市、美国市长承诺网等跨国和国家网络，宣布承诺降低化石燃料依赖和温室气体排放（Bulkeley et al.，2009；Carmin et al.，2012）。尽管有了这些努力，但对总的全球碳减排影响并不明显，主要在于相关活动开展情况的系统报告很少，城市碳减排潜力的证据也不足。气候行动计划趋向于具体到某一领域（如建筑能效），而忽略了范围广大的土地利用规划以及更为系统化的跨领域减排措施的采用（Seto et al.，2014）。为了让这些努力的结果更有实际意义，我们需量化城市水平的碳排放基线，并评估减排目标达成的进度（Raciti et al.，2014）。

虽然针对全球碳循环、城镇地区和城镇化的独立研究已有数十年之久，但我们的努力还远不能让我们真正理解城镇化所驱动的能源和土地使用在全球范围内使碳排放发生变化的诸多过程和相互联系，以及哪些低碳政策会在哪些地区起作用及其原因。由于化石燃料向大气排放 CO_2 和甲烷导致地球温室效应，因此城镇地区向大气排放的碳流

but also on such other interconnected features of urban development pathways as urban form, economic function, and institutional or governance arrangements. It points to a wide array of uncertainties around the drivers, the urbanization processes, their interactions with urban socio-institutional and built-environment systems, how these impact the carbon cycle, and how carbon feedbacks can impact urbanization. Finally, it explores options, barriers and limits to transitio-ning cities to low-carbon trajectories, and suggests the development of an end-to-end, co-produced and integrated scientific understanding that can more effectively inform the navigation of transitional journeys or the avoidance of obstacles along the way.
Keywords urbanization; urban areas; carbon cycle

应该是全球气候变化的关键动因。这里我们将城镇地区界定为场所，将城镇化界定为一系列相互联系的过程和转变。很明显，城镇地区在世界范围内迅速扩张，其能源和土地使用是全球碳循环向更高温室气体水平转化的关键要素，但是以城市碳作为主要内容的研究相对较少，且缺乏比较案例，目前大多数研究还都集中在高收入国家的大城市地区（如 Kennedy et al.，2009），或关注中国（Sugar et al.，2012）。针对中低收入国家城市的研究很少，研究范围也很有限（如 Chavez et al.，2012）。与此同时，我们对城市间可能存在的随时间推移而不断发生作用的模式和类型也仅有非常有限的了解。但我们确已知道，同时代的城镇化，尤其是中低收入国家的城镇化，在速度、特性和范围方面均与欧洲、北美和拉丁美洲的历史性城镇化过程有着很大的差异（Satterthwaite，2007；Marcotullio and Schulz，2007；Romero-Lankao，2007）。毫无疑问，这些城镇化地区的建成环境、社会制度和自然体系的动力学系统产生了过去一个世纪的城镇化过程中所没有的新约束和新机遇，同时，城市、碳循环和城镇化的协同发展将可能偏离先前的模式。即便是高收入国家，其城镇地区也正在面临着诸多新的挑战，如去工业化、城市人口收缩和文化多样化（老年人、外来移民）以及过时和老化的基础设施（Bernt，2009）。这些趋势在某些方面限制了知识跨时间和跨区域的可转移性，为能源和土地使用的可持续和弹性改变带来了替代性的新问题，在全球范围内增大了碳流在城镇化作用相关的不确定性。

另一重要的挑战是，到现在为止，学者和国际组织间还没有标准化的城市定义。事实上，联合国要求各国“根据自身的需要”给出城市的定义（UN，2008）。最常用的城市定义之一涉及的是城市边界，通常具有政治行政意义，大部分由自治市和国家领土界定。另一个常用定义为物理或形态定义，涉及城市建成环境的范围和布局、基础设施和土地使用；还有一种常用定义涉及城市职能，根据城市核心与外围区间的经济、移动、信息和运行连接进行界定。

当我们审视边界性定义与某城市碳排量的关系时，这种定义的问题就变得很明显了。例如，根据美国城镇地区的分析（Parshall et al.，2010），结果显示不同的城市边界定义会造成能源使用划归结果的很大差异。由于这些定义的不同，城市内建筑和工业的预计燃料消耗在37%～86%变化，城市道路交通的预计燃料消耗在37%～77%变化。同样，拉奇蒂等人（Raciti et al.，2012）发现，不同的城市常规定义可能造成植被储碳密度在每公顷37±7～66±8MgC之间变化，同时还可能得出城镇地区生物流的重要性方面的不同结论。

除上述挑战外，城镇化、城镇地区和碳循环的关系只是最近才开始由不同学科展开研究，在很大程度上，自然、社会和工程等学科彼此隔离，造成了定义和研究范畴的差异、理论和范式的相互冲突、数据和结果的互不兼容以及对特性、关系和机理的碎片式理解（表1）。例如，自然科学中的城市碳研究一直以来主要关注城市地表和大气间碳库（如生物群、废物、燃料）以及碳流的量化，尤其关注大气监控（Raciti et al.，2014）。但这些研究主要为诊断性研究，未涉及制度设置、文化价值和基础设施对碳排放的影响问题。工程师和产业生态学家已开发了交通、建筑、水、废物、电力等建成环境的元素使用材料和能源流的详细模型（Kennedy et al.，2007），但仅限于独立分析，与驾驶行为或大气监测间的关联有限（Chester et al.，2013）。社会科学家已从较多不同的视角研究了城镇化中人口统计、经济、政治和文化等维度（Marcotullio et al.，2012），但对人口动力学、富裕度及社会政治因素等影响碳排放的因素的研究还刚刚起步（Romero-Lankao et al.，2009；Marcotullio et al.，2012；Liddle，2013），同时还没有研究明确地建立与城市碳排放的时空分布和物理控制的联系。

表1 当代城镇化、城市和碳的相关研究

	工程师/产业生态学家	社会科学家	自然科学家
城市相关的“碳”定义	直接或间接支持人类活动的输入（化石燃料、可再生能源）；输出（具有增温潜能的 CO_2 类似物或温室气体）	自然资源（如化石燃料）、材料和人工产品（如水泥）中加入的元素或污染物/废物（如甲烷）	碳库（如材料、燃料、生物圈、水圈和大气）间的碳流、碳通量或碳交换。碳池可显示特定范围的特征周转时间（碳池/碳通量）。CO_2 中的碳是关键的观测指标，地表—大气交换是高优先级的碳流
城市碳相关的“城镇化”定义	以下增长所形成的过程：城市内居住人口比例的增长；城市基础设施的增长，即铺砌道路、供水和污水系统、电力的增长	下述项目产生的过程：人口动态的转变或经济转变（从一级到二级再到三级领域）；现代化或文化变化、精英阶层的政治影响或社会复杂度的提高	改变地表覆盖和生态系统、大面积集中和破坏“自然”碳流和碳库的过程。该过程受控于人为碳流动

续表

	工程师/产业生态学家	社会科学家	自然科学家
城市碳相关的“城镇地区”定义	包含技术和社会经济过程的代谢系统，可推动经济增长、能源产出和废物处理	城市和城镇地区的范围可从“特大城市”到小规模城市聚落（如城镇）	最常用的定义：由非天然材料覆盖的地表区域，是城镇化过程的发生地。边界划分依据了人口密度、城市治理或能源密集度等指标的多种定义
典型研究问题	城市的新陈代谢如何变化？城市代谢中的哪些过程会危害城市的可持续性？对水、材料、能源和营养素的提取、加工、运输、使用和处理的生命周期分析（LCA）结果中，体现了哪些碳影响？	以下因素如何影响能源使用和温室气体排放：人口动力学、富裕度、经济和制度设置？驱动城市转型的诱发因素、机遇和压力有哪些？城市变化的机遇、障碍和限制有哪些？低碳城市转型的特性有哪些？	源于城市人活动的碳通量和储量情况如何？其随时间和空间的变化情况如何？我们是否能从过程、空间和时间方面确定碳通量的特性？碳通量的控制因素有哪些？碳通量相关信息会为制定缓解政策带来什么启示？造成研究机构、监管部门或“自主报告”机构的碳排放清单间差异的主要原因是什么？我们是否能协调“自上而下”和“自下而上”的碳通量计算方法？
典型概念模型或框架	城市代谢：流入城市系统中的材料、碳储量、碳流和相应的输出（污染、废物、出口）。 城市循环系统生命周期内输入、输出以及其影响的全生命周期分析	扩展的环境负荷模型（STIRPAT）：一种随机回归模型，用于量化计算污染、富裕度和技术对城市能源使用或碳排放的影响	汇聚数据/模型系统，既可描述以城市景观与大气间为代表的碳库间过程驱动的碳流特征，也可观测以优化地表碳通量和大气观测结果的一致性

由于缺乏对城镇化和城镇地区碳循环中全球温室气体的跨学科研究，很大程度上限制了对能源和土地利用方式转变使用的潜力，从而约束了全球碳足迹改变的可能性。如果不能更深入地了解城市中自然、社会制度和建成环境等变化要素与碳流在固态和气态间互相转化的关系，就很难评估从市场工具到扩展了的公共交通系统等缓解措施的可能性和有效性。

2 我们需要做些什么？

当面对全球多样化的自然体系、社会制度体系以及建成环境体系和城镇化进程与碳流动相互影响时，我们迫切需要形成一种综合理解力。这种综合理解力能够加强我们探究它们之间种种联系的能力，这种综合理解力必须与相关土地—大气碳流动的空间/时间模型和大气测量结果明确联系起来

(图 1)。之后，我们才有可能持续地将此类方法所获得的结果用于碳库、碳流动和碳反馈（例如气候变化）的分析工作。

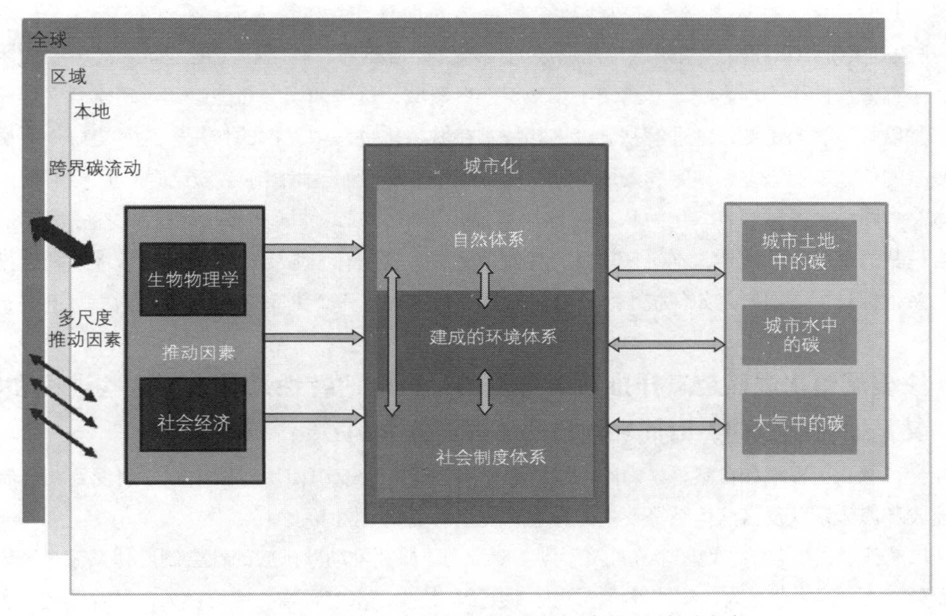

图 1 能源对城镇化、城镇地区和碳循环动态关系概念框架

注：灰色箭头描述了各个体系与各个组成部分之间的联系。

本研究项目是应对这一挑战的一次尝试。本次研究成果中的三篇文章，从三个专业领域的视角对每个研究对象进行评述，并分别为它们提出一份视野开阔的研究议程。这些文章为我们理解目前城镇化、城镇地区和碳循环之间的联系提供了许多帮助。赫蒂拉等人阐释了近年来自然科学家们研究城镇地区的历程，并介绍了调查分析城镇地区内和外、过去和当前碳流动情况的定量方法，而且特别强调应将大气作为关键的观测点。此外，他们还概述了定量描述城镇地区碳流动特征的复杂性和各种挑战。他们认为工程学和社会科学领域有各种潜在的可能性，可开始建立一个更大、更包容且具有阐述性质的概念框架，来阐释城镇化、城市和碳循环之间相互影响的关系，帮助我们更好地了解这一问题，从而制定出缓解碳排放的有效措施和促进城市发展向可持续方向转变的措施。

马科图利奥等人概述了社会科学对研究城镇化和碳循环之间相互关系所做出的诸多贡献，并对各种推动因素，即能源使用、土地利用和温室气体排放等关系的研究趋势与研究结果进行了回顾。他们为未来社会科学的研究工作指出了知识空白领域和应予以优先研究的领域。他们还认为城镇化是一个社会化、基础设施化并涉及生物物理学的多元化过程，这一过程在人口、经济和制度变化的推动下不断演进。这一观点启示了开展更大范围的且能与工程学及自然科学相衔接的研究工作。

切斯特等人综合研究了工程师和产业生态学家们分析交通运输、燃料、建筑物、水体、电力和各种废弃物处理系统碳排放影响的各种最先进方法，研究发现评估温室气体（GHG）的排放倾向于将基础设施体系静止化，且认为它们独立于社会制度体系而存在。尽管人们已经掌握了减少基础设施GHG排放的关键知识和由这些知识转化形成的技术，但自然界、制度和文化方面的诸多制约因素仍对各种工程方法产生不利影响，暴露出不少知识空白领域，这些知识空白能够通过跨学科合作和知识协作来加以解决。为了更好地理解基础设施和技术在城镇化进程中发挥的作用，为了更好地平衡这些日益复杂的体系以促进发达地区和发展中地区的低碳增长，他们还指出了必须克服的七项挑战。

本文力图综合各种观点，作为认识并建立城镇化进程、城镇地区和城市碳排放之间关系（图1）的综合框架的第一步。此外，本研究项目的其他论文进一步阐释了城镇化进程、城镇地区和碳排放之间的关系，探讨了不同研究如何梳理以下各种问题，旨在确定一个更完整的研究议程。

2.1 主要城镇化进程是怎样推动碳排放的：相应的特性是什么？这些进程和特性又是如何随空间、时间和规模的不同而改变的？

社会科学、工程学和自然科学内的不同研究学派已研究了能源使用与碳排放分别受到社会制度体系、建成环境体系以及自然体系等要素的影响时发生的变化（图1）。

人口统计学、社会学、地理学和经济学则主要致力于研究推动碳排放的社会制度体系三个要素的不同方面和特性。第一个是人口统计资料，即人口数量、结构、密度和增长率。例如，尽管已经证实人口老龄化导致消费模式转变和碳排放减少（Dalton et al.，2008；Liddle and Lung，2010），但家庭小型化趋势意味着家庭数量增长的速度已经超过了总人口数量增长的速度。由于这个原因，规模经济减少了，人均能源消耗和碳排放量则明显高于较大型家庭的人均能源消耗和碳排放水平（Liu et al.，2003；Pachauri and Schaeffer，2006；Pachauri and Jiang，2008）。第二个关注的领域是财富或称为“富裕度”，它通常与能源使用和碳排放量成正比（Marcotullio et al.，2014）。城市的经济动态与其在城市多级体系内发挥的作用同样重要。采掘活动和矿石燃料密集型制造业为主的城市与成熟的服务业和金融业为主的城市相比，前者的局部碳排放量水平更高（Weber and Matthews，2008；Dodman，2011）。第三个关注的领域是制度或治理结构，主要包括各种政策、条例、文化、市场和惯例等，这些制度或结构均会对各种角色（比如能源的管理者、提供者和使用者等）与城市中碳排放和能源相互作用的方式产生影响。各种经济政策与土地利用、交通规划等相结合，通过人居环境和经济发展的模式影响碳排放（Marcotullio et al.，2014）。其他三个制度因素也会影响碳排放，即由公营或私营机构提供的能源价格和能源服务；电力、系统控制和能源使用的技术；各种环境政策，尤其是有关气候变化的政策，因为它们会影响能源效率、碳排放强度和各种“绿色”能源产业在市场上的重新定位（Mondstadt，2009）。

对建成环境体系的各个组成部分，工程师和工业生态学家们已经研发了新陈代谢和全生命周期的分析方法，从而能量化能源（电力和矿石燃料）、材料投入、碳排放量等。建成环境体系的组成包括交通运输、建筑物、水体、能源产出和废弃物等要素的形成、运行和结束使用。他们已对城市居民生活日益依赖远距离的材料和能源供应链而可能产生的后果进行了分析（Chester et al.，2014）。工程师们已将研究重点放在了城市使用能源的碳含量方面。例如使用相同数量的能源，利用附近水电资源的城镇地区（比如斯德哥尔摩、西雅图、里约热内卢和圣保罗等）或天然气资源的城镇地区（比如伦敦）的碳排放数量低于依靠煤炭资源的城镇地区（比如华盛顿特区、中国和南非的城市等）（Kennedy et al.，2011）。他们探究了诸如高昂的建造及升级成本、不断增加的回报、法律制约和基础设施较长的生命周期等因素使城镇化进程、城市能源体系和碳排放易于"锁定"的原因（第2.4小节）。他们发现，例如在2006年时，两种基础设施材料即钢材和水泥的生产所产生的碳排放量占全球碳排放量的7%～9%（Seto et al.，2014）。但由于缺乏连续的数据，因而难以探究不同的城镇化进程中如何产生了不同的城市基础设施、城市形态、能源使用方式和碳排放量。

自然科学家们已经开始致力于自然系统中与碳相关的各种关键性研究工作。他们已经研究了自然环境，包括所有特定城镇地区的位置及自然环境特征，这是因为自然环境影响土地利用和供热制冷产生的能源需求，从而影响碳排放（Wilbanks et al.，2007；Jenerette et al.，2011）。他们对各种碳循环过程（Pouyat et al.，2002；Townsend-Small and Czimczik，2010；Zhang et al.，2013）、碳库（Churkina et al.，2010；Hamilton and Hartnett，2013）以及它们如何因城镇化而改变（Churkina，2008；Kaye et al.，2005；Kaye et al.，2011）等做了调查研究。自然科学家们还对城市内和来自城市的碳流动（Pataki et al.，2006）以及内陆碳库吸收大量碳流动的能力（Raciti et al.，2014）开展了调查研究。最终，自然科学家们对大气生态系统、城市陆地生态系统和水生态系统（每个系统均有相关的碳库）通过碳固定或碳释放的自然过程，对来自城市的碳排放或碳流动造成的影响（Raciti et al.，2014）以及相关碳循环动态特性的能力进行了量化（图1）。

所有这些研究工作，让我们掌握了更多关于这个有趣的难题的核心知识，并使我们了解了前述研究框架中某些过程和组成部分的详细情况。但我们几乎未曾做出任何经验性或理论性的尝试，采用跨学科的综合方法，将掌握的这些知识统一起来，形成包括更多内涵的理解，并据此对每个体系内不同水平和不同相互作用的各个过程，随时间和空间的不同，对能源、能源需求、能源利用强度和产生的不同影响进行量化。综合的理解能更有效地影响和指导以下工作。

首先，创建基础设施和研究计划，并按照各种测量标准，为协调收集世界各地的数据指标提供支持，包括：①人口规模与增长的结构和速度；②能源和材料的投入；③城市基础设施、人工产品和材料中包含的碳，以及隐藏在地表内和地表下土壤中的碳；④气候条件、位置和环境特征；⑤能源技术；⑥各种规章制度、市场工具、法律规定和其他治理因素；⑦与碳相关的行为、生命周期和文化信仰等。

其次，创立观测城市碳库和碳流动并建模分析的新领域。系统将就地观测城市碳流量、浓度，并登记碳排放活动发生的空间和时间，而且仅在着力探究各种推动因素、系统以及它们随空间、时间和规模不同而改变的情况之间的关系时，这些系统才会有效（Gurney，2011）。

我们需要依照格式、时间和空间的尺度收集数据，有助于建立并验证城镇化、城镇地区和碳循环之间相互影响的各种理论。这些数据还需要足够详细，才能使我们识别和理解基础设施、社会制度以及自然系统之间的反馈。

2.2 城镇化进程、城镇地区和碳排放之间的关系在世界各地有何不同?

除了受地理因素或与城市固有能源、供热制冷需求等因素影响碳排放产生的碳含量以外，不同的研究学派已阐明了城镇化进程、城镇地区和碳排放之间关系中的关键性的地理变化情况。首先，高收入国家能源利用和城市转型（从以农业为主转变为日益城镇化的国家）、能源转型（能源的数量、质量和碳含量发生转变）相关方面的碳排放量已经历了几何数量级的快速增长阶段，同时人口也有适度增长。中低收入国家的情况则不同，他们的人口呈几何数量级的快速增长，不同的城镇化和工业化途径下，能源使用和碳排放量却呈现出线性增长的态势（Grubler and Cleveland，2008）。分析可得，高收入国家能源使用和碳排放量的大部分增长是由人均消费额的增长所导致，而中低收入国家，以往能源使用和碳排放量相对缓慢的增长大部分是因人口增长所导致的。这一情况也因以下事实得到证实，即发达国家基础设施的人均碳排放量（53 ± 6Mg CO_2）是发展中国家基础设施的人均碳排放量的五倍（10 ± 1Mg CO_2）（Seto et al.，2014）。

这种趋势在最近几十年中发生了变化。城市化和能源的转型正在向亚洲和非洲转移，而这两个洲中有许多中低收入国家（Montgomery and Kim，2008；UN-Habitat，2011）。当高收入国家一些城市的人口趋于稳定时，亚洲和非洲国家人口占世界人口的比例仍在快速提高，并且大部分的人口增长集中在较小的城镇地区（UN，2011）。一些学者认为，碳排放的挑战将有助于增强中小型城市往往薄弱的缓解能力（Seto et al.，2014），其他学者也指出了利用缓解碳排放的机会的重要性（UN-Habitat，2011）。由于这些地区尚未进行大面积的城市开发，因此有可能通过发展战略规划，例如可再生能源系统和有效的空间、交通规划等，为城市迈向低碳的未来重新制定方向。至于未来城镇化轨迹的地区性差异，仍存在着许多不确定因素，第2.3节将就此进行探究。

第二个趋势是城市土地面积扩大和全球性的城市人口密度长期下降，其程度视不同国家和不同地区历史发展轨迹的差异而不同（路径依赖性）。例如，高收入国家的平均城市人口密度从1990年的3 545人/km^2降至2000年的2 835人/km^2，低收入国家的平均城市人口密度从1990年的9 560人/km^2降至2000年的8 050人/km^2（Angel et al.，2005）。城市人口密度下降的趋势预计将一直持续下去（Seto et al.，2014），并受相关趋势的影响，如城市形态结构的改变，即成熟城市从单中心发展模式转变成多中心发展模式（Bertaud et al.，2011；Aguilar et al.，2006）。在以纽约、伦敦、孟买和新加坡为代表的单中心城市中，大多数的经济活动、就业机会和服务设施集中在中央商务区（CBD），且公共交通（低碳选择）为最便利的交通模式。而在以休斯敦、亚特兰大和里约热内卢为例的多中心城市中，市中心的就业机会和服务设施十分少见，且大多数的交通发生在市郊之间。公共交通困难且成本高昂，私家车或出租车出行成为更便利（碳的消耗量更高）的交通运输方式。这些变化意味着城市中碳排放因人口密度、土地混合使用和连接度的不同（Seto et al.，2014），在不同国家和不同地区间存在着细微的差别。

这些趋势体现在不同城镇地区中。但城市扩张背后隐藏的背景或类型转变仍属于未知领域，且其对世界上不同国家不同城镇地区的适用性同样无从得知。例如，中国、印度和撒哈拉以南非洲等地区的发展均有独特的动态特点，它们是否遵循欧洲或美国的发展模式尚无定论（Parnell and Walawege, 2011；Seto et al.，2012）。尤其是进口替代型工业对城市转型的碳排放的影响更无从得知，如拉丁美洲的进口替代型工业导致该地区的工业化进程不能完全吸收劳动力的增长，同时城镇地区政府也无法提供大幅度影响能源消耗的公共交通（Romero-Lankao，2007）。

另一个挑战是认识这些趋势与撒哈拉以南非洲国家等地的发展趋势之间的比较差异，因为这些地区的城镇化和工业化在很大程度上为独立性发展。

正是不同时间、空间中决定城镇化、城市和碳排放等各种因素的复杂性，印证了对世界上不同城市特性的变化进行三系统分析和背景解释的必要性。这意味着低碳解决方案并不能“一刀切”。发展能将全球城市社会制度、建筑环境、自然系统和城镇化模式等关键要素进行整合的类型学，并结合成统一模型、碳来源和渗透情况（即整体碳平衡），将可能成为增进城镇化、城镇地区和碳循环认识的研究方法。

2.3 与上述两个问题相关的主要不确定因素是什么？

在我们的理解中，影响全球碳排放的不确定因素主要有三方面。首先，目前对未来城镇化与碳动态的研究并没有对不同国家和不同地区的城市发展、城镇化以及城市转型做出解释。研究中部分城市来自高收入的稳定国家，而其他来自快速发展中的国家，它们各自遵循不同的发展轨迹（Seto et al.，2014）。例如，奥尼尔等（O'Neill et al，2012）预计到2050年，印度的城镇化水平可达到38%～69%，中国的城镇化水平可达到55%～78%。需要注意的是这并不能说明这两个国家在城镇化本质上的明显差异。其次，2000～2030年预计土地使用面积增长很大，这还没有考虑建筑环境和基础建设的变化（Seto et al.，2014）。但这些模型能作为估算基础建设对碳排放影响的基础。最后一个不确定因素与“未知碳汇”有关，例如在北半球尤为突出的大面积森林在碳存储中的作用。到2050年，城市人口使用能源产生的CO_2排放量估计在12.2～14.3GtC。该范围值约相当于目前全球海洋和陆地生物圈吸收量的一半，即为众所周知的全球碳收支中的不确定部分（Le Quéré et al.，2009），强调了提高城市相关的碳排放量和排放率的测算精度与相关控制措施以及杠杆点的重要性。

除了上述不确定因素，其他可促进碳排放的空间因素我们知之甚少。对多时空尺度中的城市建筑环境、社会制度和自然系统的研究需要满足以下要求。

首先，改良监控、上报和检验城市碳通量的观察和建模构架。目前的地表CO_2观察站有意避开了城镇地区。估算详细空间/时间下碳通量的系统与大气观测相连接，该系统于近期投入使用且仅在非常有限的城镇区域范围中可用（Gurney et al.，2012）。最终导致不能实现可观测和认识城市碳通量的关键特性的目的（Gurney，2013）。这些空白可导致大气观测（McKain et al.，2012）和卫星观测

(Kort et al., 2012) 获得的地区性碳收支数据出现较大误差。最关键的是，由于城市实践者通常只关注城镇地区或区域内的特定政策和措施（Mendoza et al., 2013），因而它们对城市实践者的意义十分有限。根据不同的城市类型，结合城镇地区内大量的地表观测、逆向建模、高分辨率通量估计和新型遥感技术等，可对碳循环科学进行有效升级（Duren and Miller，2011、2012）。

其次，进一步开展近期可选择的对未来城镇化规划的评估。少量的研究明确检测了全球范围内的城镇化程度（Grubler et al., 2000；Seto et al., 2012），而更多的研究需纳入三个系统（图1）内受因果驱动而变化的碳效应，包括人口结构、政府政策和激励机制、基础设施和建成环境的投资、生活方式和城市腹地退化的转型，分析可选择的未来规划方案，需侧重城市环境的范围，以便考虑路径依赖因素并引导城市转型。

最后，促进对碳排放时空分布的了解，将极大地推动对全球碳循环的变化进行更准确的估测，其中时空分布包括低、中、高收入国家的城市、新兴城市与成熟型城市以及不同经济职能的城市。进一步对城市变化的了解也同样重要，因为排放等级通常因人口或邻域关系的不同而不同。即使在城市内，人口或邻域关系仍会引起碳循环的分化。

在城镇化、碳循环和气候系统的相互作用下，“转折点”和非线性的研究可提供向交替城镇化轨迹转型的充要条件。此领域的研究不仅应侧重城镇化和城市系统是否经历转型及转型的时间，还应侧重相关的不确定因素，其中转型与城镇化、碳循环相互作用的方式相关，包括碳循环的转型点，这些转型点形成了影响城镇化过程的反馈环路（图1）。

总之，为了更充分地了解当前和未来城镇化、城市和碳循环之间的关系，识别和量化不确定因素非常重要。概念模型的各个参数（包括驱动因素、过程、社会制度和人造环境系统之间的相互作用，这些因素影响碳循环的方式和碳循环反馈，并可能影响城镇化的方式）中本身存在一些不确定因素，在城镇化过程和相关碳排放的未来演变方式中同样也存在不确定因素。这意味着有关城镇化和城市的不确定因素与全球碳循环（以及气候系统）组成部分中的不确定因素存在一定程度上的类似性，因而对政策演变的高敏感性取决于此领域内知识的拓展。最终，研究这些参数及其相互作用所得的新知识，必将推进评估框架不断发展。

2.4 城镇化过程、城市能源系统和碳排放是何时以及如何“锁定”的，进而使未来碳排放足迹难以改变?

虽然我们了解到当前能源的使用模式和碳循环变化（目前在城市内及其附近观察到的变化）极大可能是无法维持的，但对相关状况了解甚少，我们将看到城市会降低对碳的依赖性，并从高碳足迹向低碳足迹转型。社会技术转型理论（STT）和政治生态学已形成框架，用于探索电力供应商和使用者等参与者以及社会制度因素（影响城市能源系统发展的实践）的作用（城市能源系统也称为能源体制，Romero-Lankao and Gnatz，2013）。在已建立的能源系统中，STT 侧重于长期、多维和根本性的转型过程，此能源系统向不同资源使用模式及与环境的新关系转型（Geels，2002、2011）。政治生态学的方法强调了观点、利益和资产不同的参与者之间的权力关系是促进或制约变化发生的核心社会环境条件（Heynen et al.，2006；Lawhon and Murphy，2012）。

转型会在人造环境、社会制度和自然系统中引起深远的变化。转型涉及各类参与者，且持续较长的时间。转型源于生态位、政治制度和地理环境的动态相互作用（Geels，2002、2011）。地理环境是较广义和稳定的层面，由国家和国际经济发展（如公路基础设施系统）以及广义上个人通勤形成能源轨迹的规范价值（自由与个性）构成。生态位是最不稳定的层面，该层面常发生能源创新和学习（如替代蒸汽发动机的汽车的第一台内燃机）。社会技术性的体制组织活动并理顺城镇化参与者（如能源或运输供应商和使用者）之间的关系，这些参与者对优先级和适当措施（个体流动）开展实践并达成共识。能源体制为“动态稳定型”，在发展的既定道路中强加渐进式变化的逻辑和方向。路径依赖性（Liebowitz and Margolis，1995）是呈现对能源可用性（如煤与水）等初始条件、气候条件和社会制度因素依赖性的结果，如供应城市能源的能源系统（Brown and Southnorth，2008）。而这些社会制度因素得以延续之前的行动（管理、能源价格和税制结构），导致基础设施、技术和实践难以变化、成本高。“锁定”同样发生在基础结构形成的过程中（Chester et al.，2014）。

尽管政治制度具有动态稳定性，但其地理因素、生态位创新的出现仍可能导致政治不稳定和新兴国家的出现，最终形成新的能源体制。例如，在社会技术网络中已得到认可的城市创新能源低碳模式（Bulkeley et al.，2012），显示了与城镇化的特殊既得利益和特定情景相关联。政治生态学者对变化的另外两个来源进行了探索（Heynen et al.，2006）：有关能源的获得、使用和再分配等环境决策的冲突与争论，以及对环境和民生的影响；外源性诱因，如资源枯竭的压力、气候风险、经济波动和政治动荡导致的风险承受能力的变化（Romero-Lankao and Gnatz，2013）。

一项以城镇化、城市中心与碳循环之间的关系为重点的研究议程，可利用STT和政治生态学，说明城市能源体制如何变化及其时间和原因，并认识改变这一关系（以鼓励低碳足迹）的机遇和困难。我们已经确定了一系列问题，一旦这些问题得到解答，将在实现这些目标的道路上取得重大突破。

城镇化、城镇区域与碳循环之间关系的变化可能因化石燃料以及碳排放相关技术、基础设施和政策的持续投资（无论有意或无意）而困难重重。为确定可能变化的幅度，先要了解城市有可能继续依赖化石燃料，形成未来高碳足迹的基础设施、政治体制和公共政策，从而造成投资受限和路径依赖性的程度高低不同。解决这个问题需要对能源和碳的路径依赖的来源与强度进行批判性的评估。如果变化随着城市发展和碳作用的路径递增，路径依赖性何存，其来源又如何？这些碳密集型的能源投资是否在某些方面定义了碳密集型能源？目前条件和投资作用下，某些城市对碳产生的依赖性如何？路径依赖性在成熟城市还是高收入国家的城市中更普遍？要回答这些问题，需要全面了解政治决策、激励机制、基础设施运营和碳密集度之间的关系。

城市向低碳足迹转型可能面临很多阻碍和限制（Brown and Southnorth，2008），因而科学理解建成环境、社会制度和自然系统与城市发展的相互作用，及其限制城市与碳的关系改变的方式，是很有必要的。这些限制的显著性在各个城市随时间如何变化？不同城市和时段，这些限制之间是否存在共性并得以加强？不同尺度的干预措施（例如建筑、社区、城市或地区）可能遇到不同的限制。目前亟须能够解释变化发生或不发生的因果关系，以及识别并解释城市间共性和差异的新方法与数据。

2.5 低碳排放轨迹是什么样的？城镇化轨迹向低碳路径转变的机会是什么？

研究不仅要突破限制和阻碍，还必须探讨对转型为可持续城镇化道路的机遇如何出现的理解。不同方向的社会科学学者围绕更好地理解向低碳城市转型，对研究的重点领域进行了探索。研究领域包括：为减少碳排放的多级空间规划措施（Seto et al.，2014），治理和政策在过渡管理周期中促进转型的作用（Loorbach and Rotmans，2010；Park et al.，2012）。同时，还研究了政府、私人和社区管理者发挥的作用，并指出干预城镇化道路的措施需考虑各利益相关者的要求和发挥的作用。

关于变化可能性的研究也因此一直由社会科学所主导，但需要与工程和自然科学更好地结合。这些不同的见解怎样才能与自然科学和工程领域结合，从而探索城市的社会制度、技术和建筑环境转型，改变其与支持自然系统的关系，促进低碳足迹的最佳介入点呢？我们知道干预的时机会影响其成本和收益。举例来说，基础设施改造往往比项目初期采用创新设计元素的成本更高，但最终这些改造措施也有可能比部署新的基础设施碳密集程度更低（Chester et al.，2013）。

基于多个评估指标（包括效率、效益和公平性），在城镇化进程的哪一个阶段实施干预措施才是最有效的？当前的多尺度决策结构可提供在不同介入点采取干预的机会。例如，许多城市都经历了五年或十年的战略规划阶段，但老旧基础设施更换、城镇地区重建、非正式住房升级等的周期却可能各不相同。我们需要更深入地分析现有决策框架中存在的干预机会（包括许多城市的非正式框架），以及与低碳足迹的干预方案的一致性。更进一步说，低碳干预有可能创造共赢局面，为特定项目既定范围以外的人员和部门创造更多的机会。例如，降低碳排放的基础设施投资对城市的整体经济发展有积极作用，同时，减少电厂排放有益于健康（Ruddel et al.，2011）。为了更充分地理解干预机会的根源和范围，我们必须了解低碳足迹所带来的共同利益的大小、受益对象以及所有利益和共同利益公平分配的程度。这需要在政治、经济和环境以及利益分配的不同选项之间进行权衡，而这些权衡也是需要了解的对象。城市的内外危机、冲突和创新也有可能导致新的技术与社会格局。

最后，我们如何创新知识来克服障碍？此领域中需要充分挖掘过去的经验，以获得方法上的进步，为未来的转型服务。虽然STT已经阐明过去如何以及为什么会发生大规模快速转型，但城镇化和城镇区域转化碳循环的速率仍需从未来可能有的转型层面上，以不同的、更全面的方式来理解。为此，我们必须确定新的原型案例来研究变化的常见模式，并理解低碳转型的明确意图。另一个必要非充分条件是整理并评估我们过去的低碳干预经验，进而更全面地理解如何克服障碍。通过这些探索，我们将发现不同政策干预（如拥堵费和上下班方案）发挥作用的条件和过去获得成功的融资策略。我们还可以理解不同类型的基础设施方案在不同城市的效果有好有坏的原因、城镇管理者引导城市变化的策略和决定变化的包容性的决策者是谁。最重要的是，发展一门以时间和空间为界的具体知识，更全面地认识城市如何克服转型的障碍。这门知识对低碳转型的建立至关重要。

3 全方位理解通往可持续性城市低碳未来的道路

面对国际和国家层面政治挑战，城市中不断涌现气候政策和技术创新、基层动员中心、民间社会实验等，以遏制碳排放并避免不可逆转性气候变化带来的大规模影响。然而成功的干预策略设计取决于系统协调的研究工作，从“首尾衔接”的角度理解城镇化的多维性和城市变迁与能源使用、土地利用和碳流的关联。这很大程度上依赖于研究机构、城镇管理者和其他利益相关者在制定并实施低碳解决方案中的多方参与。

近年来，大量研究显著提升了我们对城镇化、城镇区域和碳循环关系的特性以及多维链接的理解。这些研究也向我们展示了建设低碳、可持续性未来的障碍和机遇。自然科学家们对碳流和某些城市的特性有了更详细的认识。社会科学家们已经探索了城镇化进程对社会制度体系变化的推动，同时工程师们也量化表示了建成环境系统中不同基础设施和公共服务碳相关的能量和物质的输入与输出。其他学者还解释了城镇化、城镇地区和碳循环的关系中的基本地理变异。此外，社会科学家对低碳排放与城镇转型的关键性诱发、推动和限制因素进行了分析。

尽管分析取得了重大进展，但研究仍然面临着诸多挑战和制约。其中部分挑战与科学家的兴趣爱好所做的现有案例研究的空间和时间范围有关，其他则源于数据和调查结果的兼容性与可比性所带来的挑战，如组织架构、范围以及定义的差异。

为了突破这些限制，需要采取跨学科的综合方法，结合现有的诸多理解，对不同城镇化进程、动因和要素如何随时间在城市内以及跨城市地影响碳排放的能源、能源需求、能源使用强度与时空模式达成新的理解。这种方法必将更准确地预估全球碳循环的变化，必将建立更坚实的类型学，包括：

（1）建成环境、社会制度和自然系统的关键要素；城镇化进程；城镇碳通量和碳库；

（2）城市在低、中、高收入国家发挥作用的现实特性；新兴城市与成熟城市；单中心城市与多中心城市；具有不同经济职能的城市（如工业、服务或娱乐/旅游城市）；

（3）城市能源与土地利用的变化，碳循环的变化造成不同层级种群和邻里人口数量、社会经济和基础设施的特性（包括城市内部）。

还必须通过这些方法努力认识并克服概念模型中每个参数固有的广泛不确定性。其中包括：

（1）缺乏对动因、城镇化进程和与社会制度、自然和建成环境系统之间相互作用的充分理解；

（2）这些因素如何影响碳循环，碳循环反馈又如何影响城镇化；

（3）一系列未来合理的城镇化进程和碳排放轨迹选择；

（4）城镇系统是否以及何时将迎来城镇化与碳循环相互作用方式的变革。

城市向低碳足迹转型，既有可行的一面，也存在巨大的障碍和制约，但我们所提倡的综合科学意识的发展，将有助于转型道路的发展和规避转型过程中的障碍。例如，学者和城镇管理者可以参与科学合作生产过程，以明确分析物理基础设施投资、有利于私人运输模式、低密度居住区的政治体制、其他碳密集型活动和公共政策（社会制度体系）在何种程度上带给城市发展制约和路径依赖性（建成环境系统）。这些过程有助于探索应对发展制约和路径依赖性，如何制定特定的碳排放路径，以及在何种社会政治和气候变化条件（如增加影响能源系统的极端气候的强度和/或频率）下，城镇化轨迹可以向低碳排放和有弹性的城市生态系统管理转变；同时也为寻求协调高度分散的政府政策、城镇基础设施和生态系统设施所有权提供支持。或许最重要的是，他们将提出的方法最能体现对地方、区域和全球系统中各种物理、环境、社会与经济状况的认识。

总之，城镇地区作为碳排放和减排创新的主要区域，已成为碳和能源领域的主力推手。众多不同学科都揭示了城镇化、城市与碳循环之间的关系的不同要素。未来的关键挑战在于建立将这些不同的要素紧密整合为更有效的政策和决策的体制。我们希望，本研究成果的这四篇文章能够通过讨论各方面要素、观点以及城镇化、城市和碳循环关系的关键研究领域（社会科学、工程和自然科学）的可能联系，为综合研究框架打下坚实的基础。

参考文献

[1] Aguilar，J.，Añó，V.，Sánchez，J. 2006. Urban Growth Dynamics（1956～1998）in Mediterranean Coastal Regions：The Case of Alicante，Spain. Desertification in the Mediterranean Region. A Security Issue. Springer Netherlands.

[2] Alberti，M.，Hutyra，L. R. 2013. *Carbon Signatures of Development Patterns along a Gradient of Urbanization in Land Use and the Carbon Cycle：Science and Applications in Human Environment Interactions*. Brown，D. G.，Robinson，D. T.，French，N. H. F.，and B. C. Reed（eds.）. Cambridge University Press.

[3] Angel，S.，Sheppard，S.，Civco，D. 2005. The Dynamics of Global Urban Expansion. Transport and Urban Development Department，World Bank，Washington DC.

[4] Bernt，M. 2009. Partnerships for Demolition：The Governance of Urban Renewal in East Germany's 3 Shrinking Cities. *International Journal of Urban and Regional Research*，Vol. 33，No. 33.

[5] Bertaud，A.，Lefèvre，B.，Yuen，B. 2011. GHG Emissions，Urban Mobility，and Morphology：A Hypothesis. *Cities and Climate Change*，Hoornweg，D.，Freire，M.，Lee，M. J. et al.（eds.）. The Word Bank.

[6] Bettencourt，L. M. A. 2013. The Origins of Scaling in Cities. *Science*，Vol. 340，No. 6139.

[7] Bettencourt，L. M. A.，Lobo，J.，Helbing，D. et al. 2007. Growth，Innovation，Scaling，and the Pace of Life in Cities. *Proceedings of the National Academy of Sciences of the United States of America*，Vol. 104，No. 104.

[8] Brown，M.，Southworth，F. 2008. Mitigating Climate Change through Green Buildings and Smart Growth. *Environment and Planning*，Vol. 40，No. 3.

[9] Bulkeley，H.，Schroeder，H.，Janda，K. et al. 2009. Cities and Climate Change：The Role of Institutions，Governance and Urban Planning. University of Oxford. Report Prepared for the World Bank Urban Symposium on Climate Change.

[10] Bulkeley，H.，Broto，C.，Maassen，V. 2012. Urban Energy Systems and the Governing of Climate Change. Urban

Transitions Project Working Paper. University of Durham.

[11] Bulkeley, H., Hodson, M., Marvin, S. 2012. Emerging Strategies of Urban Reproduction and the Pursuit of Low Carbon Cities. *The Future of Sustainable Cities: Critical Reflections New Politics of Sustainable Urban Planning*. Policy Press, Bristol.

[12] Carmin, J., Nadkarni, N., Rhie, C. 2012. Progress and Challenges in Urban Climate Adaptation Planning: Results of a Global Survey. Cambridge, MA: MIT. http://www.doc88.com/p-5394766862823.html.

[13] Chavez, A., Ramaswami, A., Nath, D. et al. 2012. Implementing Transboundary Infrastructure-Based Greenhouse Gas Accounting for Delhi, India: Data Availability and Methods. *Journal of Industrial Ecology*, Vol. 16, No. 6.

[14] Chester, M., Horvath, A., Madanat, S. 2010. Comparison of Life-Cycle Energy and Emissions Footprints of Passenger Transportation in Metropolitan Regions. *Atmospheric Environment*, Vol. 44, No. 8.

[15] Chester, M. V., Pincetl, S., Elizabeth, Z. et al. 2013. Infrastructure and Automobile Shifts: Positioning Transit to Reduce Life-Cycle Environmental Impacts for Urban Sustainability Goals Environ. Research Letter. 8015041.

[16] Churkina, G. 2008. Modeling the Carbon Cycle of Urban Systems. *Ecological Modelling*, Vol. 216, No. 2.

[17] Churkina, G. D., Brown, G., Keoleian, G. 2010. Carbon Stored in Human Settlements: The Conterminous United States. *Global Change Biology*, Vol. 16, No. 1.

[18] Dalton, M., O'Neill, B., Prskawetz, A. et al. 2008. Population Ageing and Future Carbon Emissions in The United States. *Energy Economics*, Vol. 30, No. 2.

[19] Davis, S. J., Caldeira, K., Matthews, H. D. 2010. Future CO_2 Emissions and Climate Change from Existing Energy Infrastructure. *Science*, Vol. 329, No. 5997.

[20] Dodman, D. 2011. Forces Driving Urban Greenhouse Gas Emissions. *Current Opinion in Environmental Sustainability*, Vol. 3, No. 3.

[21] Duren, R., Miller, C. 2011. Towards Robust Global Greenhouse Gas Monitoring. *Greenhouse Gas Measurement & Management*, Vol. 1, No. 2.

[22] Duren, R., Miller, C. 2012. Measuring the Carbon Emissions of Megacities. *Nature Climate Change*, Vol. 2, No. 8.

[23] Geels, F. 2002. Technological Transitions as Evolutionary Reconfiguration Processes: A Multi-level Perspective and a Case-study. *Research Policy*, Vol. 31, No. 8.

[24] Geels, F. 2011. The Multi-level Perspective on Sustainability Transitions: Responses to Seven Criticisms. *Environmental Innovation and Societal Transitions*, Vol. 1, No. 1.

[25] Goldewijk, K. K., Beusen, A., Janssen, P. 2010. Long-term Dynamic Modeling of Global Population and Built-up Area in a Spatially Explicit Way: HYDE 3. 1. *The Holocene*, Vol. 20, No. 4.

[26] Grimm, N. B., Foster, D., Groffman, P. et al. 2008. The Changing Landscape: Ecosystem Responses to Urbanization and Pollution Across Climatic and Societal Gradients. *Frontiers in Ecology and the Environment*, Vol. 6, No. 5.

[27] Grubler, A., Cleveland, C. J. 2008. Energy Transitions. *The Encyclopedia of Earth*. http://www.eoearth.org/view/article/152561/.

[28] Gurney, K. R. 2011. Observing Human CO_2 Emissions. *Carbon Management*, Vol. 2, No. 3.

[29] Gurney, K. R., Razlivanov, I., Song, Y. et al. 2012. Quantification of Fossil Fuel CO_2 at the Building/Street Scale for a Large US City Environ. *Science and Technology*, Vol. 46, No. 21.

[30] Gurney, K. R. 2013. Beyond Hammers and Nails: Mitigating and Verifying Greenhouse Gas Emissions. *Eos*, *Transactions*, *American Geophysical Union*, Vol. 94, No. 22.

[31] Hamilton, G. A., Hartnett, H. E. 2013. Soot Black Carbon Concentration and Isotopic Composition in Soils from an Arid Urban Ecosystem. *Organic Geochemistry*, Vol. 59, No. 1.

[32] Hamin, E. M., Gurran, N. 2009. Urban Form and Climate Change: Balancing Adaptation and Mitigation in the US and Australia. *Habitat International*, Vol. 33, No. 3.

[33] Heynen, N., Kaika, M., Swyngedouw, E. (eds.) 2006. *In the Nature of Cities: Urban Political Ecology and the Politics of Urban Metabolism*. London: Routledge.

[34] International Energy Agency 2012. *CO_2 Emissions from Fuel Combustion*. Organization for Economic Co-operation and Development (OECD).

[35] Jackson, T. 2007. Developing a Dataset for Simulating Urban Climate Impacts on a Global Scale (ProQuest). University of Kansas.

[36] Jenerette, G. D., Harlan, S. L., Stefanov, W. L. et al. 2011. Ecosystem Services and Urban Heat Riskscape Moderation: Water, Green Spaces, and Social Inequality in Phoenix, USA. *Ecological Applications*, Vol. 21, No. 7.

[37] Kaye, J. P., Groffman, P. M., Grimm, N. B. et al. 2006. A Distinct Urban Biogeochemistry? *Trends in Ecology & Evolution*,Vol. 21, No. 4.

[38] Kaye, J. P., Eckert, S. E., Gonzales, D. A. et al. 2011. Decomposition of Urban Atmospheric Carbon in Sonoran Desert Soils. *Urban Ecosystems*, Vol. 14, No. 4.

[39] Kaye, J. P., McCulley, R. L., Burke, I. C. 2005. Carbon Fluxes, Nitrogen Cycling, and Soil Microbial Communities in Adjacent Urban, Native and Agricultural Ecosystems. *Global Change Biology*, Vol. 11, No. 4.

[40] Kennedy, C., Cuddihy, J., Engel-Yan, J. 2007. The Changing Metabolism of Cities. *Journal of Industrial Ecology*, Vol. 11, No. 2.

[41] Kennedy, C., Steinberger, J., Gasson, B. et al. 2009. Greenhouse Gas Emissions from Global Cities. *Environmental Science & Techonology*, Vol. 43, No. 19.

[42] Kennedy, C. A., Ramaswami, A., Carney, S. et al. 2011. *Greenhouse Gas Emission Baselines for Global Cities and Metropolitan Regions*. The World Bank.

[43] Kort, E. A., Frankenberg, C., Miller, C. E. et al. 2012. Space-based Observations of Megacity Carbon Dioxide. *Geophysical Research Letters*, Vol. 39, No. 17.

[44] Lawhon, M., Murphy, J. T. 2012. Socio-technical Regimes and Sustainability Transitions Insights from Political Ecology. *Progress in Human Geography*, Vol. 36, No. 3.

[45] Lenzen, M., Wier, M., Cohen, C. et al. 2006. A Comparative Multivariate Analysis of Household Energy Requirements in Australia, Brazil, Denmark, India and Japan. *Energy*, Vol. 31, No. 2-3.

[46] Le Quéré, C., Andres, R. J., Boden, T. et al. 2012. The Global Carbon Budget 1959～2011. *Earth System Sci-*

ence, Vol. 5, No. 1.

[47] Liddle, B., Lung, S. 2010. Age-structure, Urbanization, and Climate Change in Developed Countries: Revisiting STIRPAT for Disaggregated Population and Consumption-related Environmental Impacts. *Population and Environment*, Vol. 31, No. 5.

[48] Liddle, B. 2013. Impact of Population, Age Structure and Urbanization on Carbon Emissions/Energy Consumption: Evidence From Macro-Level, Cross-Country Analyses. *Population and Environment*, Vol. 35, No. 3.

[49] Liebowitz, S. J., Margolis, S. E. 1995. Path Dependence, Lock-in, and History. *Journal of Economic Behavior & Organization*, Vol. 11, No. 1.

[50] Likens, G. E., Bormann, F. H. 1995. *Biogeochemistry of a Forested Ecosystem*. New York: Springer-Verlag.

[51] Liu, J., Daily, G. C., Ehrlich, P. R. et al. 2003. Effects of Household Dynamics on Resource Consumption and Biodiversity. *Nature*, Vol. 421, No. 6922.

[52] Lobo, J., Bettencourt, L. M. A., Strumsky, D. et al. 2013. Urban Scaling and the Production Function for Cities. *Plos One*, Vol. 8, No. 3.

[53] Loorbach, D., Rotmans, J. 2010. The Practice of Transition Management: Examples and Lessons from Four Distinct Cases. *Futures*, Vol. 42, No. 3.

[54] Marcotullio, P., Schulz, N. B. 2007. Comparison of Energy Transitions in the United States and Developing and Industrializing Economies. *World Development*, Vol. 35, No. 10.

[55] Marcotullio, P., Albrecht, J., Sarzynski, A. et al. 2012. The Geography of Urban Greenhouse Gas Emissions in Asia: A Regional Approach. *Global Environmental Change*, Vol. 22, No. 4.

[56] Melo, P. C., Graham, D. J., Noland, R. B. 2009. A Meta-analysis of Estimates of Urban Agglomeration Economies. *Regional Science and Urban Economics*, Vol. 39, No. 3.

[57] Mendoza, D., Gurney, K. R., Geethakumar, S. et al. 2013. U. S. Regional Greenhouse Gas Emissions Mitigation Implications Based on High-Resolution Onroad CO_2 Emissions Estimation. *Energy Policy*, Vol. 55, No. 1.

[58] Montgomery, M. R., Kim, D. 2008. An Econometric Approach to Forecasting City Population Growth in Developing Countries. The Graduate School, Stony Brook University: Stony Brook, NY.

[59] Montgomery, M. R., Balk, D. 2011. The Urban Transition in Developing Countries: Demography Meets Geography. In Birch, E., Wachter, S. (eds.), *Global Urbanization*. Philadelphia: University of Pennsylvania Press.

[60] Monstadt, J. 2009. Conceptualizing the Political Ecology of Urban Infrastructures: Insights from Technology and Urban Studies. *Environment and Planning*, Vol. 41, No. 8.

[61] Newman, P., Kenworthy, J. 1989. Gasoline Consumption and Cities: A Comparison of US Cities with a Global Survey. *Journal of the American Planning Association*, Vol. 55, No. 1.

[62] O'Neill, B. C., Ren, X., Jiang, L. et al. 2012. The Effect of Urbanization on Energy Use in India and China in the Ipe TS Model. *Energy Economics*, Vol. 34, No. 3.

[63] Pachauri, S., Jiang, L. 2008. The Household Energy Transition in India and China. *Energy Policy*, Vol. 36 , No. 11.

[64] Park, S. E., Marshall, N., Jakku, E. et al. 2012. Informing Adaptation Responses to Climate Change Through

Theories of Transformation. *Global Environmental Change*, Vol. 22, No. 1.

[65] Pataki, D. E., Alig, R. J., Fung, A. S. et al. 2006. Urban Ecosystems and the North American Carbon Cycle. *Global Change Biology*, Vol. 12, No. 11.

[66] Parshall, L., Gurney, K. R., Hammer, S. A. et al. 2010. Modeling Energy Consumption and CO_2 Emissions at the Urban Scale: Methodological Challenges and Insights from the United States. *Energy Policy*, Vol. 38, No. 9.

[67] Parnell, S., Walawege, R. 2011. Sub-Saharan African Urbanisation and Global Environmental Change. *Global Environmental Change*, Vol. 21, No. 1.

[68] Pouyat, R. V., Groffman, P. M., Yesilonis, I. et al. 2002. Soil Carbon Pools and Fluxes in Urban Ecosystems. *Environmental Pollution*, Vol. 116, No. 1.

[69] Raciti, S., Hutyra, L. R., Newell, J. D. 2014. Mapping Carbon Storage in Urban Trees with Multi-Source Remote Sensing Data: Relationships Between Biomass, Land Use, and Demographics in Boston Neighborhoods. *Science of the Total Environment*, Vol. 500-501.

[70] Raciti, S., Hutyra, L., Rao, P. et al. 2012. Inconsistent Definitions of "Urban" Result in Different Conclusions about the Size of Urban Carbon and Nitrogen Stocks. *Ecological Applications*, Vol. 22, No. 3.

[71] Romero-Lankao, P. 2007. Are We Missing the Point? Particularities of Urbanization, Sustainability and Carbon Emissions in Latin American Cities. *Environment and Urbanization*, Vol. 19, No. 1.

[72] Romero-Lankao, P., Tribbia, J. L., Nychka, D. 2009. Testing Theories to Explore the Drivers of Cities' Atmospheric Emissions. *AMBIO*, Vol. 38, No. 4.

[73] Romero-Lankao, P., Dodman, D. 2011. Cities in Transition: Transforming Urban Centers from Hotbeds of GHG Emissions and Vulnerability to Seedbeds of Sustainability and Resilience: Introduction and Editorial Overview. *Current Opinion in Environmental Sustainability*, Vol. 3, No. 3.

[74] Romero-Lankao, P., Gnatz, D. M. 2013. Exploring Urban Transformations in Latin America. *Current Opinion in Environmental Sustainability*, Vol. 5, No. 3.

[75] Romero-Lankao, P., Qin, H., Borbor-Cordova, M. 2013. Exploration of Health Risks Related to Air Pollution and Temperature in Three Latin American Cities. *Social Science & Medicine*, Vol. 83, No. 1.

[76] Ruddell, D. M., Brazel, S. W., Declet, J. et al. 2011. Environmental Tradeoffs in a Desert City: An Investigation of Water Use, Energy Consumption, and Local Air Temperature in Phoenix, AZ. Tempe, AZ. Poster Presented at the 12-13 January 2011 CAP LTER 13th Annual Poster Symposium and All Scientist Meeting, Global Institute of Sustainability, Arizona State University.

[77] Saha, D. 2009. Empirical Research on Local Government Sustainability Efforts in the USA: Gaps in the Current Literature. *Local Environment*, Vol. 14, No. 1.

[78] Satterthwaite, D., Huq, S., Pelling, M. et al. 2007. Adapting to Climate Change in Urban Areas: The Possibilities and Constraints in Low- and Middle-income Nations. London: Human Settlements Discussion Paper Series.

[79] Seto, K. C., Fragkias, M., Güneralp, B. et al. 2011. A Meta-analysis of Global Urban Land Expansion. *Plos One*, Vol. 6, No. 8.

[80] Seto, K. C., Guneralp, B., Hutyra, L. R. 2012. Global Forecasts of Urban Expansion to 2030 and Direct Impacts on Biodiversity and Carbon Pools. *Proceedings of the National Academy of Sciences of the United States of America*, Vol. 109, No. 40.

[81] Seto, et al. 2014. Human Settlements, Infrastructure and Spatial Planning. Intergovernmental Panel on Climate Change 5th Assessment Report. Working Group III – Mitigation of Climate Change.

[82] Solecki, W., Seto, K., Marcotullio, P. 2013. It's Time for an Urbanization Science. *Environment*, Vol. 55, No. 1.

[83] Sugar, L., Kennedy, C. A., Leman, E. 2012. Greenhouse Gas Emissions from Chinese Cities. *Journal of Industrial Ecology*, Vol. 16, No. 4.

[84] Townsend-Small, A., Czimczik, C. I. 2010. Carbon Sequestration and Greenhouse Gas Emissions in Urban Turf. *Geophysical Research Letters*, Vol. 37, No. 2.

[85] United Nations (UN) 2008. Population Density and Urbanization. UN Statistics Division. Accessed May 2014: http://unstats. un. org/unsd/demographic/sconcerns/densurb/densurbmethods. htm.

[86] UN-Habitat 2011. Cities and Climate Change: Policy Directions. United Nations Human Settlements Program. Global Report on Human Settlements 2011. Available May 2014: www. unhabitat. org/grhs/2011.

[87] United Nations Department of Economic and Social Affairs (UNDESA) 2010. *World Urbanization Prospects: The 2009 Revision*. New York, N. Y.: Population Division, Department of Economic and Social Affairs.

[88] United Nations Department of Economic and Social Affairs (UNDESA) 2012. *World Urbanization Prospects: The 2011 Revision*. New York, N. Y.: Population Division, Department of Economic and Social Affairs.

[89] Weber, C. L., Matthews, H. S. 2008. Quantifying the Global and Distributional Aspects of American Household Carbon Footprint. *Ecological Economies*, Vol. 66, No. 2-3.

[90] Wilbanks, T. J., Parry, M. L. et al. (eds.) 2007. Industry, Settlement and Society. In: Climate Change 2007: Impacts, Adaptation and Vulnerability. Contribution of Working Group II to the Fourth Assessment Report of the Intergovernmental Panel on Climate Change. Cambridge University Press, Cambridge, U. K., and New York, N. Y., U. S. A.

[91] Zhang, C., Wu, J. G., Grimm, N. B. et al. 2013. A Hierarchical Patch Mosaic Ecosystem Model for Urban Landscapes: Model Development and Evaluation. *Ecological Modelling*, Vol. 250, No. 1.

秦始皇陵规画初探

武廷海　王学荣

Research on Plan of Mausoleum of the First Qin Emperor

WU Tinghai[1], WANG Xuerong[2]
(1. School of Architecture and Institute of Architectural and Urban Studies, Tsinghua University, Beijing 100084, China; 2. Cultural Heritage Protection Center, The Institute of Archaeology, Chinese Academy of Social Sciences, Beijing 100710, China)

Abstract The first emperor of Qin Dynasty, Ying Zheng, is the first emperor in Chinese ancient history. His mausoleum, as a great testimony of culture in Qin Dynasty, is the largest imperial mausoleum with the most abundant collections in ancient China. The mausoleum of the first Qin emperor has been included into the world cultural heritage category, which can be seen as the "eighth wonder of the world", with its distinction in terms of long construction time, a large number of labor cost, large scale, and abundant collections. This paper observes the layout and construction process of this mausoleum, and argues that its planning and design follows the principles of "city planning" in ancient China through discussing the activities and thoughts of several key actors, such as Ying Zheng, Lv Buwei, and Li Si. The authors explore the city planning

作者简介
武廷海，清华大学建筑学院/清华大学建筑与城市研究所；
王学荣，中国社会科学院考古研究所文化遗产保护中心。

摘　要　秦始皇陵是中国历史上第一个皇帝嬴政的陵墓，也是中国古代帝王陵墓中规模最大、埋藏最丰富的一座大型陵园。本文对秦始皇陵的规划布局与营建过程进行宏观考察，发现秦陵规划设计与营建符合“都邑规画”的一般规律。通过探讨秦始皇、吕不韦、李斯等人的行为活动与思想观念，在“天—地—人”关联的思想体系下，考察秦始皇陵的规划设计与营建：一方面是“山川定位”，将秦始皇陵纳入山水体系这一比较恒定的参考系中，探究区域范围秦始皇陵轴线的定位，复原秦始皇陵空间规划、设计与营建的过程；另一方面是“形数结合”，尝试建立考察秦始皇陵的尺度体系，认为尺度揭示了秦始皇陵与自然环境之间的形态、数量关系及其内在的统一。秦始皇陵的空间形式是由地理环境基础及规画过程决定的，即在一定的地理环境基础上，通过仰观俯察、相土尝水、辨方正位、计里画方、置陈布势等过程，形成了规画的空间格局与形态（可称之为“规画图式”），这是造成秦始皇陵空间形式这个果的空间的因，也是直接原因。

关键词　秦始皇陵；规划设计；规画；考古

秦始皇陵是中国历史上第一个皇帝嬴政的陵墓，也是中国古代帝王陵墓中规模最大、埋藏最丰富的一座大型陵园，是秦代文化的伟大见证。秦始皇陵建造时间之久、用工之众、规模之恢宏、从葬之丰富，皆为世界历史所罕见，堪称世界第八大奇迹，被列入世界文化遗产保护名录。

从文物资源分布状况看，秦始皇陵概念可以分为陵区、陵园和陵墓三个空间层级（图 1）。其中，秦始皇陵区是指与秦始皇陵相关资源的总和， 空间分布范围东起玉川河，

through two aspects: site location according to the landscape; and integration of environment and magnitude. The former investigates the location and orientation of mausoleum with the natural landscape as reference system; the latter attends to establishing a scale system which integrates natural form, numbers, and its inherence. The spatial form of mausoleum of the first Qin emperor is determined by both geographical environmental basics as well as planning process, which means that, the form and layout can be shaped through a series of strategies based on certain circumstances consisting of Yangguanfucha (Observe between heaven and earth), Xiangtuchangshui (Read the soil and examine the water), Bianfangzhengwei (Take bearings and fix the position), Jilihuafang (Apply a square grid system with one square li as a unit), and Zhichenbushi (Set up the layout and configuration). These strategies are decisive elements of the mausoleum.

Keywords mausoleum of the first Qin emperor; planning and design; planning; archaeology

西至临潼河，南至骊山北麓，北抵渭河，面积近 60km^2，已知遗址密集分布区域近 20km^2；秦始皇陵园是指以封土为中心、内外相套的两重南北向长方形城垣地区，面积 2.13km^2，这是秦始皇陵区主要组成部分；秦始皇陵墓是指封土及地宫部分，面积 0.25km^2，是秦始皇陵的核心所在。

长期以来，关于秦始皇陵的研究主要集中在陵园及陵墓层面，关注两重城垣范围内的历史文化遗存。本文主要着眼于陵区层面，从规划设计角度，对秦始皇陵墓与陵园的规划布局和营建过程进行更为宏观的考察。

1 秦始皇陵的空间特征及其研究

1.1 秦始皇陵区位与环境特征

秦始皇陵位于关中平原的中部，秦岭余脉骊山的北麓（图 2）。骊山北麓山前地带系重要的历史文化资源分布富集区，目前所知，其遗存年代自史前老官台文化时期（赵村、零口）始，经仰韶文化时期（赵村、零口、北李、严上、岩王、庞岩村、鱼池、姜寨）、龙山文化时期（宋家、南坪、山孙、陈家窑、芷阳、贾村）、商周时期（下和、零口）、秦汉时期（沙河、刘寨、秦始皇陵、鸿门坂）等重要阶段，一直持续到明清时期（图 3）。

骊山北麓区域可以海拔 400m 等高线为界，分为上、下两个区域。海拔 400m 等高线以下至海拔 350m 等高线（即渭河南岸）间为东西狭长阶地，秦代丽邑分布其间，鸿门坂与渭河扼其东出要道。海拔 400m 等高线以上，自北向南地形逐渐高起，积高修陵，陵园主体被措置于海拔 450m 与海拔 500m 等高线之间地带。海拔 400m 等高线南、北的陵域、城域对应关系，与秦东陵、芷阳城关系相若。

图 1　秦始皇陵空间层级

图 2　秦始皇陵区位

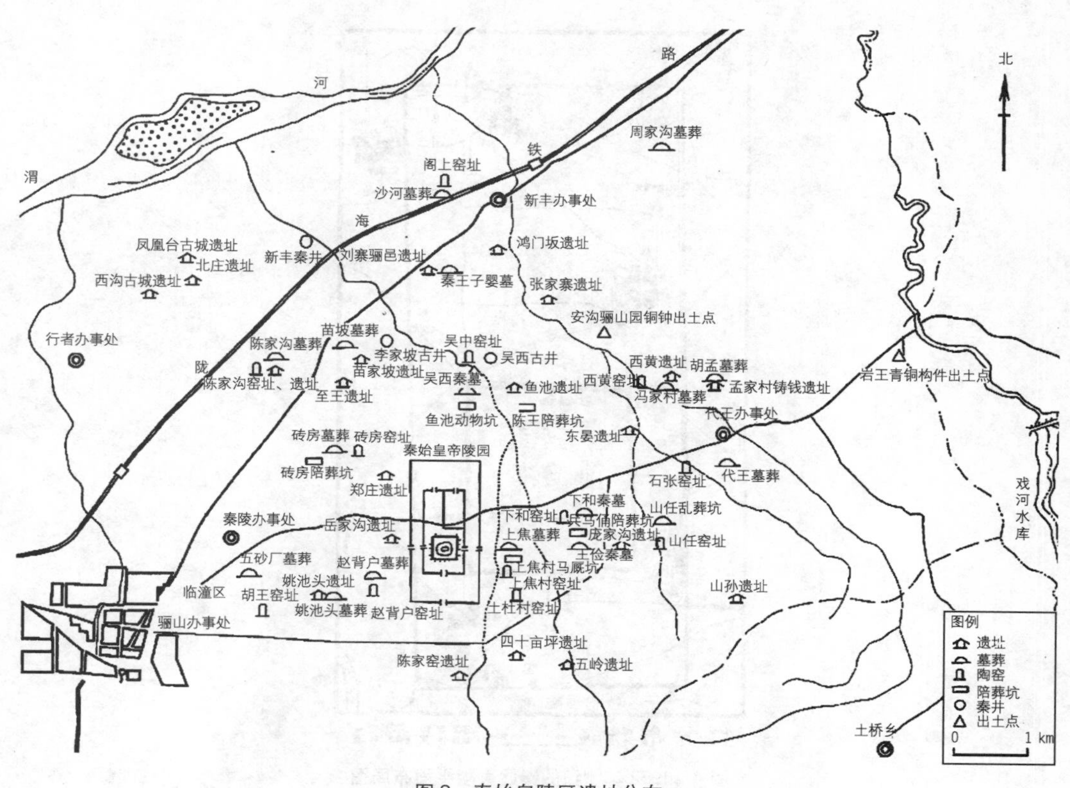

图3 秦始皇陵区遗址分布

资料来源：段清波（2011）。

1.2 秦始皇陵研究概况

自始皇入葬骊山后，秦始皇陵就成为古代中国最诱人的考察与研究对象。西汉司马迁所撰《秦始皇本纪》是《史记》中篇幅最大、最经典的篇章，详细记载了秦始皇（前259～前210年）一生的事迹，其中包括有关秦始皇陵的内容及背景资料。此后的2 000多年间，上至帝王将相、文人雅士，下至匹夫草莽，都对秦始皇陵怀有无限兴趣，在有关的游历、登临、凭吊等活动中记载着秦始皇陵的情况。19世纪末以来，在西方形成一股对包括秦始皇陵在内的中国西部地区考察热潮，比较著名的有足立喜六、关野贞、常盘大定、伊东忠太、维克多·萨伽伦等，采用现代记录手段，留下关于陵园的图像与定量资料。国人王子云、郑振铎等在新中国成立前考察过始皇陵或研究过始皇陵遗物。1960年代，科学意义上的秦始皇陵考古活动开始（图4）。1974～1997年正式开展以兵马俑坑的发现为代表的科学考古工作。1998年以来，以整理石甲胄坑发掘资料为契机，秦始皇陵考古工作进一步开展，拓展了秦始皇陵的内涵，拓宽了学术研究的思路（曹玮、张卫星，2011）。

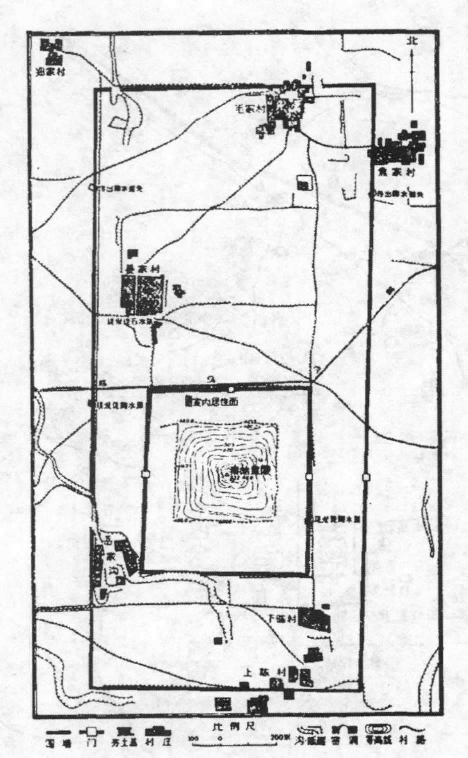

图4　1962年测绘的秦始皇陵平面布局图

资料来源：王玉清、雒忠如（1962）。

目前，关于秦始皇陵的研究主要针对骊山山前洪积平原上的陵园部分。秦始皇陵的陵墓封土周围，修建有呈南北向、长方形的内外两重城垣，通过中间一道东西向隔墙，将内城分隔成南北两个相对独立的空间区域，陵墓封土位于内城南部区域，内城之外为外城。秦始皇帝陵园内，除陵墓封土和两重城垣及相应的门址外，已发现的主要遗址和遗迹有位于内城南半部的地宫及相关设施系统、地宫周边的内藏系统[1]［含铜车马坑、K0003、K0006（原“文吏俑坑”）、K0002、K0001、K0204、K0203、K0202、K0101、K0205、K0201、甲字形墓等］、环绕封土的石板道路、阻排水系统等；位于内城北半部的有寝殿、便殿、陪葬墓区、道路等；位于内城西侧内外城间的有园寺吏舍遗址、食官遗址、陵园西门系统（西门系统为封闭空间，含外城西门、内城西门、南北两侧的夯土墙及门址、南北对峙的一组双阙、道路等。陵园东门系统布局与西门相同）、外藏系统[2]（含珍禽异兽坑、曲尺形马厩坑、双坡道陪葬坑、K0004、K0005等）等；位于内城东侧内外城间的有外藏系统［含K9801（百戏俑坑）、K9902（石铠甲坑）等］、陵园东门系统等；在内城北侧内外城间发现诸多建筑遗存；内城南侧内外城间发现零星遗存，如墓葬等。王学理（1994）、袁仲一（2002a）、段清波（2011）、曹玮与张卫星（2011）、张卫星与付建（2013）等都从考古学角度，对秦始皇陵特别是陵园部分进行较为系统深入的考古学研究。杨宽（1984）、刘庆柱（1990）、孙嘉春（1994）、朱思红（2006）、朱学文（2009）、孙伟刚与曹龙（2012）等探讨了秦始皇陵园布局结构、朝向、范围等问题。相比之下，对较为宏阔的陵区层面以及与秦始皇陵区规划设计相关的问题，学术界尚缺乏足够的关注和深入的研究。本文拟借用中国古代都邑规画理论、方法与技术，对秦始皇陵区范围的空间规划与设计进行初步探讨，努力为解决秦始皇陵的范围及标志、朝向乃至设计思想等问题提供启发。

1.3 古代都邑规画方法简介

目前，学术界对于中国古代城市研究的基本范式是将城市视为历史文化研究的对象，采用1925年王国维先生在《古史新证》中提倡的“二重证据法”，即运用“地下之新材料”（如殷墟甲骨、西域简牍、敦煌文书等）与“纸上之材料”（古文献记载）互相释证。值得注意的是，作为历史文化研究的对象，城市具有不同于一般历史事件或文化器物的特殊性，即它是在特定的地理环境基础上，实实在在地规划建设起来的，具有鲜明的“空间性”；城市发展与活生生的社会生活相联系，随着时代变迁而变动不居。因此，仅仅依靠传统的“二重证据法”，尚不能有效解决古代城市的空间结构与形态问题。为此，武廷海（2011）提出，重视“大地”在城市规划建设中的基础作用，将“大地”作为第三重证据，与历史文献记载、田野考古资料相结合，从古代“规划师”的角度，揭示古人如何基于城市的山川形胜与自然肌理，将城市与自然山水进行整体考虑和谋篇布局。简言之，这是认识古代城市空间结构形态及其形成规律的“规画”方法。

中国古代城市规划的思想和方法浩阔，城市建设达到了很高的技术与文化水平，但是在中国历史上并无“规划”一词，而多使用更为广义的“规画”。所谓规画，也称计画、谋画，大到国家发展、战争之运筹帷幄，小到具体水利工程、宫室之经营建设，运用十分广泛。从技术方法看，中国古代城市是根据自然地理条件，运用规、矩、准、绳等基本工具，将城市防御、生存、礼制等功能需要，具体落实到空间上来。根据六朝建康（今南京）、隋大兴/唐长安（今西安）的研究，可以将“规画”概括为仰观俯察、相土尝水、辨方正位、计里画方、置陈布势、因势利导六个方面。其中，仰观俯察、相土尝水侧重对大地的观察和认识，包括自然要素、相互关系及其形成的自然整体；辨方正位、计里画方、置陈布势侧重对大地的因借和利用，包括工程性（技术性）的与艺术性的追求，努力形成新的整体；因势利导则根据环境和条件的变化，城市空间结构形态不断演进（武廷海，2009、2011）。下文即通过“规画”这一更广阔的时间—空间—人间视野中，探索秦始皇陵的形制特征及其形成过程，主要研究内容有三：其一，秦始皇陵营建的过程与工序，研究工程的规划设计及其组织者；其二，秦始皇陵的“规画”过程，复原秦始皇陵规画的方法与技术；其三，基于规画视角对秦始皇陵的基本认识。

2 秦始皇陵的营建

根据《史记·秦始皇本纪》等文献记载，秦始皇陵营建年代为春秋战国末期至秦帝国二世末期（前 246～前 208 年）。在此过程中，与秦始皇陵规划设计及营建相关人员，主要有陵墓主人秦始皇及主其事者吕不韦与李斯等。

2.1 秦始皇与帝陵建设

秦始皇陵是秦始皇的归葬之所，自即秦王位开始，秦始皇经历了亲政、称帝、寻仙、死亡等人生过程，因此秦始皇元年、九年、二十六年、三十一年、三十七年成为秦始皇一生中五个标志性年代，并且与秦国政局发展兴衰（包括秦始皇陵营建）息息相关。

2.1.1 初即位，委国事大臣

秦始皇元年（前 246 年），嬴政 13 岁，即秦王位。《史记·秦始皇本纪》称："王年少，初即位，委国事大臣。"也就是说，在即位之初，包括秦始皇陵规划建设在内的一些国家大事，都委任给吕不韦等国家重臣。

2.1.2 加冕亲政

秦始皇即秦王位后第九年（前 238 年），加冕亲政，粉碎了嫪毐、吕不韦两个盘根错节的权势集团，崭露锋芒。从此，直到秦始皇第二十六年（前 221 年）的 17 年间，是秦始皇施展雄才大略、完成统一大业的辉煌时期。考虑到秦始皇亲政后，正值秦国加紧东吞六国的战争时期，一方面他主观上没有心思寻思帝陵的事，另一方面客观上也不可能抽调大量的人力物力去修建陵墓。《史记·王翦列传》记载，秦始皇欲攻取荆，王翦要求给 60 万人，秦始皇尚不愿意，因为对当时秦国而言 60 万人已经是"空秦国甲士"。对此司马迁叙述生动，一波三折，精彩至极，从中亦可以看出秦始皇粗疏、多疑而务实的性格特征。原文如下：

> 始皇问李信："吾欲攻取荆，于将军度用几何人而足？"李信曰："不过用二十万人 。"始皇问王翦，王翦曰："非六十万人不可。"始皇曰："王将军老矣，何怯也！李将军果势壮勇，其言是也。"遂使李信及蒙恬将二十万南伐荆。王翦言不用，因谢病，归老于频阳。李信攻平与，蒙恬攻寝，大破荆军。信又攻鄢、郢，破之，于是引兵而西，与蒙恬会城父。荆人因随之，三日三夜不顿舍，大破李信军，入两壁，杀七都尉，秦军走。
>
> 始皇闻之，大怒，自驰如频阳，见谢王翦曰："寡人以不用将军计，李信果辱秦军。今闻荆兵日进而西，将军虽病，独忍弃寡人乎！"王翦谢曰："老臣罢病悖乱，唯大王更择贤将。"始皇谢曰："已矣，将军勿复言！"王翦曰："大王必不得已用臣，非六十万人不可。"始皇曰："为听将军计耳。"于是王翦将兵六十万人，始皇自送至灞上。王翦行，请美田宅园

池甚觽。始皇曰："将军行矣，何忧贫乎？"王翦曰："为大王将，有功终不得封侯，故及大王之向臣，臣亦及时以请园池为子孙业耳 。"始皇大笑。王翦既至关，使使还请善田者五辈。

或曰："将军之乞贷，亦已甚矣。"王翦曰："不然。夫秦王怚而不信人。今空秦国甲士而专委于我，我不多请田宅为子孙业以自坚，顾令秦王坐而疑我邪？"

因此，秦始皇大修陵墓应该是统一六国之后的事。

2.1.3 并天下

秦始皇二十六年（前221年），统一天下，挟统一之功的权威，创建了中央集权的国家机器。在政治制度上，创立皇帝集权制度，"天下之事无大小皆决于上"；在全国范围内，废除地方分封，推行郡县制度。鉴于秦始皇并天下后立即进行大规模的改制易俗，通常认为，他也会对秦始皇陵的规划设计与营建进行大规模的修改。究竟关于秦始皇陵的规划设计是否发生变化，文献没有记载。本文推测，一方面，正如后文将要论述并揭示的，秦始皇陵是一项工程量大、涉及面广、设计完备的国家工程，在并天下之前已经完成了选址、规划与设计、制度安排及部分工程启动工作，因此客观上难以进行大规模的改动；另一方面，秦始皇真正要改动的，可能并非局部的修修改改，而是如何将帝陵与帝都提到帝国建设的高度，帝陵与帝都协同建设。

秦始皇统一天下以后，在天下尺度上，通过出巡立石，营造碣石行宫、驰道与直道、长城等重大或巨型景观，来宣示皇权制度下君主直接拥有天下。相应地，在都城建设上，也要通过特殊的空间形式来营造"天下"中心，借以展现其帝王的威仪。尽管早在战国中期的秦孝公时代，对咸阳作为国都的构建就已经开始，如秦孝公十二年"作为咸阳，筑冀阙，秦徙都之"；在战国晚期的秦惠文王、昭襄王时代，咸阳都城的规模已由渭水北岸伸延至南岸，除渭水北岸的咸阳宫城外，诸如兴乐宫（约汉长乐宫地带）、甘泉宫、章台宫（约汉未央宫地带）、诸庙、上林苑等建筑都已经开始构建，但是，这并不表明秦始皇会遵循前代秦国国君的意志去建构以咸阳为代表的都城。事实上，自统一六国以后，秦始皇即对都城内外空间的布局进行了新的构想，这主要表现在两个方面：一方面，在渭河南岸构建朝宫，并与渭北的咸阳宫连为一体。《史记·秦始皇本纪》记载：

（三十五年）始皇以为咸阳人多，先王之宫廷小，吾闻周文王都丰，武王都镐，丰镐之间，帝王之都也。乃营作朝宫渭南上林苑中，先作前殿阿房，东西五百步，南北五十丈，上可以坐万人，下可以建五丈旗。周驰为阁道，自殿下直抵南山。表南山之巅以为阙。为复道，自阿房渡渭，属之咸阳，以象天极阁道绝汉抵营室也。阿房宫未成；成，欲更择令名名之。作宫阿房，故天下谓之阿房宫。

这段文字说明，秦始皇三十五年，帝国的都城建设从渭北的咸阳宫南跨渭水，欲于渭水南岸营建朝宫。新的朝宫必须具有帝王之气，单从前殿的规模来看，既大且高，已经与自然的南山融为一体（亦称终南山，秦岭的支脉）；并且，渭南的朝宫与渭北的咸阳宫，通过复道连为一体，气势恢宏，犹如天极阁道绝汉抵营室。

另一方面，注重帝都建设与帝陵之间相互关联，协同建设。众所周知，秦始皇陵位于渭水南岸，北俯渭水，在帝陵与渭水之间有一条自都城通向关东的驰道，这也是后来咸阳通往秦始皇陵的重要通道。除此而外，在秦帝陵修建过程中，还专门修筑了一条自极庙通往骊山的道路。《史记·秦始皇本纪》记载：

二十七年……焉作信宫渭南。已，更命信宫为极庙，象天极。自极庙道通骊山。

这个信宫作于秦始皇二十七年，比作阿房宫前殿要早，但是信宫同样位于渭南。更为重要的是，信宫[3]建成后，秦始皇便命令更改信宫之名为“极庙”，象征“天极”。这个“天极”，就是前文所说的秦始皇三十五年后“自阿房渡渭，属之咸阳，以象天极阁道绝汉抵营室”的“天极”。原来，这个渭南朝宫[4]虽然大兴土木于秦始皇三十五年，但是其初步行动早在秦始皇二十七年就开始了，其总体谋划显然更早。之所以要营建渭南朝宫，渭北的咸阳人多宫小固然是客观的原因，但是在秦始皇二十六年并天下、称帝后，希望通过象天法地，营建一个名副其实的帝王之都，已经显得十分迫切，这应当是秦始皇作造渭南朝宫的主观因素，也是更重要的因素。《史记·秦始皇本纪》记载秦始皇以为咸阳人多，先王之宫廷小，并且他听说周文王都丰，武王都镐，丰镐之间，是帝王之都，此事记述于秦始皇三十五年，但是至迟在秦始皇并天下、称帝前后就应该发生了。

秦始皇二十七年，营作信宫，并更名极庙，象征天极，此外还“自极庙道通骊山”，这条联系极庙与骊山（秦始皇陵）的道路除了一般的交通意义（即联系骊山与极庙）外，显然还具有十分重要的“象天”的意义，秦始皇陵事实上被当作新兴的秦帝国巨型的象天法地工程的一部分来考虑了。

2.1.4 巡幸天下以延寿命

秦始皇二十八年（前219年）开始，巡行天下。这个过程，同时也是他寻求长生不老的过程，所谓“朕巡天下，祷祠名山诸神以延寿命”[5]。秦始皇三十一年（前216年），改腊月为“嘉平”，这是他求仙欲长生的重要标志，也是人生之路从大有为向昏聩暴戾转轨的标志。秦始皇三十四年（前213年），治离宫别馆，周箇天下。秦始皇醉心于寻仙以求长生不老，以为来日方长，因此似乎并不热衷于帝陵建设。

秦始皇三十五年（前212年），秦始皇寻仙不得，长生不老化为泡影，感到气愤、失望，一方面“将犯禁者四百六十余人，皆阬之咸阳”，另一方面则加紧开展陵墓建设。可惜，对于秦始皇三十六年陵墓建设的情况，文献并无记载。

2.1.5 驾崩

秦始皇三十七年（前210年）七月，秦始皇驾崩于沙丘平台，巡幸天下之行也戛然而止，行从直道至咸阳，发丧。太子胡亥袭位，为二世皇帝。九月，葬始皇于骊山。

2.2 秦始皇陵营建时序

以《史记·秦始皇本纪》等文献记载为基础，可以推知秦始皇陵营建的时序及基本内容。

2.2.1 穿治郦山

在秦始皇三十七年部分，《史记·秦始皇本纪》简单追述帝陵营建的过程：

> 始皇初即位，穿治郦山。及并天下，天下徒送诣七十余万人，穿三泉，下铜而致椁，宫观百官奇器珍怪徙臧满之。

注意，所谓“初即位”，是与“及并天下”相对而言的，指即位之初的年代，而不是即位之年（同样，前引文“初即位，委国事大臣”也是指即位之初的年代，而不是仅仅指即位那一年）。秦王政从即位到并天下（前246～前221年），经过了1/4个世纪的时间，在此过程中帝陵工程可能并没有大规模的建设。所谓“穿治”，从字面意义看，是与工程营建场地处理相关的地质勘探、水土治理等基础性工作。“穿治郦山”，主要是指选址、规划设计以及制度安排与部分工程启动建设。

2.2.2 置丽邑，因徙三万家丽邑

秦始皇十六年（前231年），“秦置丽邑”[6]。关于丽邑的性质和作用，文献无征，但是无非因陵设邑，其基本功能主要是为了满足秦始皇陵修建及以后供奉的需要。一方面，要服务于陵园的修建工程，作为秦陵工程管理机构的署所；另一方面，要为从咸阳出发护送灵柩到陵区者提供驻跸之地，为事后奉侍陵园者提供居住地。《后汉书·东平宪王苍传》云：“园邑之兴，始自疆秦。”实际上，陵邑的设置创始于秦始皇，此前的秦王陵墓并未有单独置陵邑者。秦始皇十六年“置丽邑”标志着秦始皇陵工程已经开始进入“建设”阶段，因此秦始皇陵的选址、布局等规划设计工作应当完成于秦始皇十六年之前。

秦始皇三十五年（前212年），“因徙三万家丽邑”。同时，“隐宫徒刑者七十余万人，乃分作阿房宫，或作丽山。”[7]很显然，自秦始皇二十八年（前219年）开始的巡幸天下以延寿命失败后，秦始皇三十五年又开始加紧帝陵工程建设，相应地进一步充实并加强丽邑（图5）。

图5 考古发现带有“丽邑”字样的陶片

资料来源：王玉清（1987）。

又，《汉书·贾山传》记载营建秦始皇陵“吏徒数十万人，旷日十年”[8]。所谓“旷日十年”，如果真的按十年计，截至秦二世二年（前208年）冬“骊山事大毕”，那么就应当起于秦始皇二十九年（前

218年)，也就是说，秦始皇陵大规模建设期应当出现在秦始皇二十九年之后。

2.2.3 归葬郦山

秦始皇三十七年九月，“葬始皇郦山”，标志着秦始皇陵进入使用阶段。这一时期主要人为活动内容为祭祀、撤出丽山徒、埋入诸公子近臣等。《史记·秦始皇本纪》记载：“二世下诏，增始皇寝庙牺牲及山川百祀之礼。令郡臣议尊始皇庙。”

秦二世元年，骊山工程大势已定，不过仍然留有很多“徒”[9]在此做一些扫尾工作。及至来年冬天，这些骊山徒被赦武装成兵，迎击陈涉所遣周章军。《史记·秦始皇本纪》记载：

> (秦二世皇帝) 二年冬，陈涉所遣周章等将西至戏，兵数十万。二世大惊，与髃臣谋曰：“奈何?”少府章邯曰：“盗已至，觿强，今发近县不及矣。郦山徒多，请赦之，授兵以击之。”二世乃大赦天下，使章邯将，击破周章军而走，遂杀章曹阳。

综上所述，形成秦始皇及其帝陵建设大事记，如图6所示。

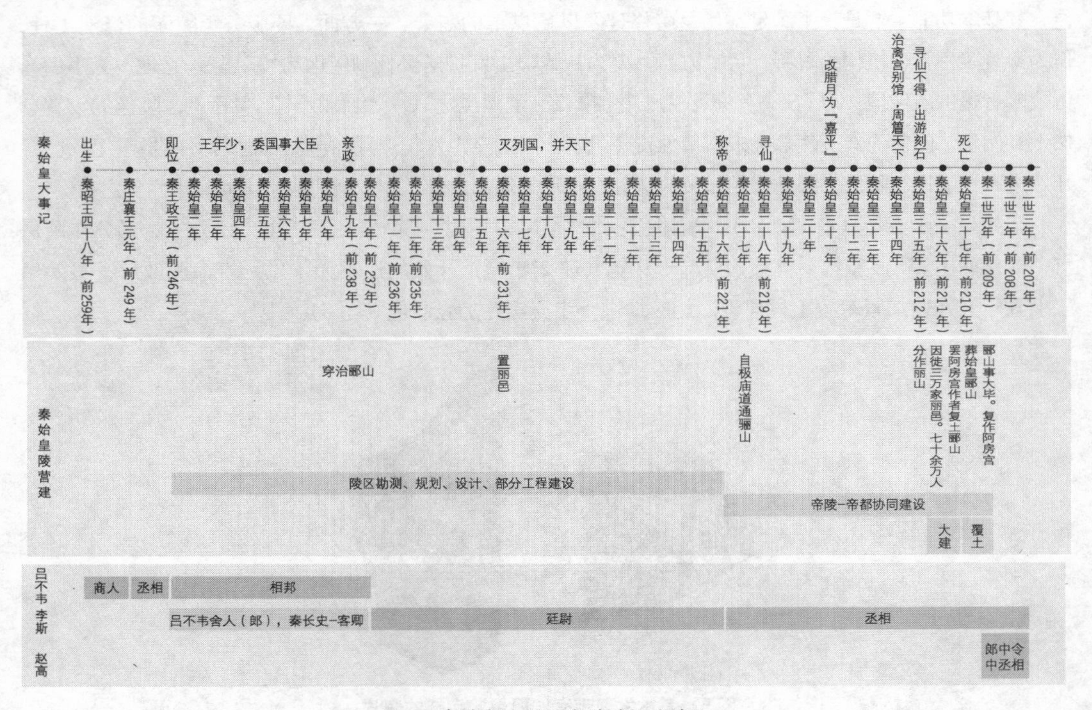

图6 秦始皇生平及帝陵建设大事记

2.3 吕不韦与李斯的贡献

秦始皇陵工程规模大、工期长，技术复杂，质量要求高，并且承修者及协同工种众多，需要事先统一规划并组织实施，及时掌控以协调工程进展。本文认为，吕不韦主持完成秦始皇陵选址与布局等规划设计工作并开展初步建设，李斯按照章程继续完成具体的秦始皇陵的营建工作。

历史地看，主持祭祀、修建陵墓原本是宰相分内的事。如《周礼·天官》记载位极人臣的“天官冢宰”时就有“乃立天官冢宰，使率其属而掌邦治，以佐王均邦国”。而其下属就有“冢人，掌公墓之地，辩其兆域而为之图”；“墓大夫，掌凡邦墓之地域为之图”[10]。《周礼》所云冢宰的地位就相当于位极人臣的相邦。秦代亦设有丞相之职，掌丞天子助理万机，马非百（1982）在《秦集史·丞相表》中总结秦代丞相的作用：“信任专，任期长，权力又大，故丞相如能得人，大抵皆能罄其所能，以为国家服务，而各有所树立。此实秦代政治之最大特色……”总体看来，吕不韦与李斯长期担任秦相职位，主持修陵大事不仅沿袭周礼之规定，而且体现秦代政治之特色。

2.3.1 吕不韦主持选址与初期建设

吕不韦本是阳翟（今河南禹州）大商人，因“贩贱卖贵”而“家累千金”。秦始皇及其父身世传奇，且都靠吕不韦而继承王位。吕不韦看到天下大势将一并于秦，秦自商鞅变法重农抑商，统一后的秦国没有商人的地位，他在邯郸做买卖遇到被“质”在赵的秦国王孙子楚，子楚是太子安国君所生，却非嫡出，其母又不得宠，因此赵人待他很冷漠。吕不韦凭借商人的嗅觉，以为“奇货可居”，通过运作、投机的手段，成功地辅佐子楚登上秦王宝座，即秦庄襄王。于是，吕不韦亦弃商从政，担任秦相。西汉刘向在《战国策·秦策五》记述“濮阳人吕不韦贾于邯郸”之事，文中记录了吕不韦行动之前与其父的一段对话，可见吕不韦超前的战略眼光和决断能力：

> 濮阳人吕不韦贾于邯郸，见秦质子异人，归而谓其父曰：“耕田之利几倍？”曰：“十倍。”“珠玉之赢几倍？”曰：“百倍。”“立国家之主赢几倍？”曰：“无数。”曰：“今力田疾作，不得暖衣余食；今建国立君，泽可以遗世。愿往事之。”[11]

庄襄王元年，以吕不韦为丞相，封为文信侯，食河南洛阳十万户。三年后庄襄王卒，其子嬴政即王位，才13岁，更尊前朝元勋吕不韦为相国[12]，号称“仲父”。秦始皇十年十月，免相国吕不韦，文信侯就国河南。秦庄襄王元年至秦始皇十年，吕不韦担任秦相，前后共计12年时间。

秦始皇即位之初，秦国内忧外患不断，自然灾害频发。秦始皇元年晋阳反叛，三年秦国大饥，四年秦国大蝗，六年五国攻秦，八年黄河泛滥、弟成蛟叛乱，接连不断的混乱局面，吕不韦从容应付，秦始皇自然也从中学习治国理民之术。

秦始皇初即位，“委国事于大臣”，皇陵选址于骊山及初期建设当由相国吕不韦负责。吕不韦以独到的眼光发现并辅佐庄襄王，培养秦始皇的雄才大略并预见到大一统帝国的到来，因此，吕不韦对秦始皇陵的选址与规划设计亦当具有空前的规模与气势。

究竟吕不韦如何进行秦始皇陵选址与规划设计，文献未见记载。值得注意的是，吕不韦为相时有门客三千，他曾使门客各著所闻，“兼儒墨，合名法”，于秦始皇八年（前239年）左右汇集形成《吕氏春秋》（又称《吕览》）。《吕氏春秋》提出了一整套政治主张，其基础是“法天地”，认为只有顺应天地自然的本性，才能达到清平盛世；吕不韦编纂《吕氏春秋》的目的是向秦王政施教。这些在《吕氏春秋·序意》中说得十分明白：

良人请问十二纪。文信侯曰：尝得学黄帝之所以诲颛顼矣，“爰有大圜在上，大矩在下，汝能法之，为民父母”。盖闻古之清世，是法天地。

吕不韦借用黄帝教诲颛顼之语，希望秦王效法天地。在《吕氏春秋》中，我们还可以发现一些关于墓葬的论述。例如，《吕氏春秋》卷十“孟冬纪”之“孟冬”记载，要按照贵贱的等级来确定丘垄规模、高度及厚薄等：

饬丧纪，辨衣裳，审棺椁之厚薄，营丘垄之小大高卑薄厚之度，贵贱之等级。

意思是说，整饬丧事的规格，分别随葬的衣服，审察棺椁的厚薄，营造坟墓的大小、高低、厚薄，都要按照贵贱的等级；《吕氏春秋》卷十“孟冬纪”之“安死”记载，先秦时期对陵墓主体“丘垄”的营建有“若都邑”的传统：

世之为丘垄也，其高大若山，其树之若林，其设阙庭、为宫室、造宾阼也，若都邑。

也就是说，世人建造坟墓，高大如山，坟墓上种树，茂密如林，墓地规划布设有阙和庭院，建造有宫室和宗庙，像都邑一样[13]。尽管这里只是就“为丘垄”这一局部工程建设而言，我们还是可以推想，秦始皇陵的选址与建设可能借鉴了十分浩阔的都邑规画思想与方法，按照贵贱等级来处理陵墓的选址、布局及环境营造。

2.3.2 李斯主持工程实施

李斯是楚国上蔡（今河南上蔡）人，早年曾经从荀卿学习帝王之术，学成后看到楚王不足事，六国皆弱，无可为建功者，而秦王欲吞天下，称帝而治，遂西入秦。到达秦国，恰逢庄襄王卒，李斯乃求为秦相吕不韦之舍人。李斯才华出众，吕不韦很器重他，任以为郎，并把他推荐给秦王政以发挥更大的作用。因此，李斯有机会说秦王，建议秦王灭诸侯，成帝业，一统天下，并遣谋士持金玉游说诸侯，离间六国君臣：

今诸侯服秦，譬若郡县。夫以秦之强，大王之贤，由灶上骚除，足以灭诸侯，成帝业，为天下一统，此万世之一时也。今怠而不急就，诸侯复强，相聚约从，虽有黄帝之贤，不能并也。

秦王赏识李斯，拜为长史、客卿。秦始皇十年（前237年）下令驱逐六国客，李斯时为客卿，亦在被逐之列。李斯向秦王上《谏逐客书》，秦王乃取消逐客令，李斯官复原职，后升为廷尉[14]。这一年很重要，十月（年初第一个月）秦王罢吕不韦相位，李斯则成为朝中重臣。

文献记载秦国丞相，秦始皇十年至二十一年，左丞相为昌平君；秦始皇二十一年至三十四年，右丞相隗状，左丞相王绾；秦始皇三十四年至三十七年，右丞相冯去疾，左丞相李斯。二世元年至二年，右丞相冯去疾，左丞相李斯。至于王绾何时去职，李斯何时接任，已不可考。马非百（1982）

《秦集史·丞相表》云：

《李斯传》："斯官至廷尉，二十余年，竟并天下，尊主为皇帝，以斯为丞相。"谓斯为丞相，系始于二十六年始皇为皇帝时。然《秦始皇本纪》二十六年明载"廷尉李斯议曰"及"始皇曰廷尉议是"云云。二十八年琅邪刻石曰"卿李斯"。则截至二十八年止，李斯仍未得为丞相矣。

不过，秦始皇二十六年，一统天下，廷尉李斯与丞相王绾、御史大夫冯劫一同参议帝号及有关的礼仪制度，从中可见李斯位置之非同一般。秦二世二年（前208年）七月，李斯被赵高诬以谋反罪，腰斩于咸阳市，此前李斯有《狱中上书》云：

臣为丞相，治民三十余年矣。逮秦地之陕隘，先王之时，秦地不过千里，兵数十万，臣尽薄材，谨奉法令，阴行谋臣，资之金玉，使游说诸侯，阴修甲兵，饰政教，官斗士，尊功臣，盛其爵禄，故终以胁韩弱魏，破燕、赵，夷齐、楚，卒兼六国，虏其王，立秦为天子，罪一矣；地非不广，又北逐胡貉，南定百越，以见秦之强，罪二矣；尊大臣，盛其爵位，以固其亲，罪三矣；立社稷，修宗庙，以明主之贤，罪四矣；更刻画，平斗斛度量文章，布之天下，以树秦之名，罪五矣；治驰道，兴游观，以见主之得意，罪六矣；缓刑罚，薄赋敛，以遂主得众之心，万民戴主，死而不忘，罪七矣。若斯之为臣者，罪足以死固久矣。上幸尽其能力，乃得至今，愿陛下察之！⑮

文中李斯自称"丞相"，前后治民"三十余年"，也就是说，至少从秦始皇九年（前238年）开始，李斯就开始参与国家治理工作，这一年刚好秦王加冕亲政，也是罢免吕不韦相位的前一年。李斯在秦国的空间扩张、制度建设、法制建设以及重要的土木工程建设等方面出谋划策，功不可没，李斯自己评价，"立社稷，修宗庙，以明主之贤"，"治驰道，兴游观，以见主之得意"，尽管他没有提到帝陵建设，但是无疑这也是他关于帝国、帝都整体构架的一个组成部分。

太子胡亥袭位，为二世皇帝，以赵高为郎中令。这个"郎中令"，《汉书·百官公卿表》记载："秦官，掌宫殿掖门户"。秦二世元年（前209年）七月陈胜、吴广起义后，秦朝统治集团内部矛盾加剧，二世信任郎中令赵高，以丞相李斯属郎中令，赵高案治李斯。二世二年七月，李斯被赵高诬陷致死，二世拜赵高为中丞相，事无大小辄决于高。但是，就秦始皇陵而言，早在秦二世元年四月，已经"郦山事大毕"。因此，赵高在秦始皇陵建设中的作用是很小的。

总体看来，有两个突出的方面可能深刻影响李斯对于秦帝陵的理解：一是李斯对吕不韦的深刻认识。吕不韦具有战略眼光，预见到六国的统一及秦始皇的丰功伟绩，李斯则长期为吕不韦舍人，他正是因为得到吕不韦的器重才得以面说秦王并得到重用，秦始皇十年李斯因上《谏逐客书》而官复原职并升至廷尉，同年吕不韦被罢免相权，实际上是李斯替代了吕不韦的角色，因此李斯对吕不韦及其主持规划设计的秦始皇陵应当理解深刻并贯彻实施。二是李斯对帝国制度的深刻认识。《史记·秦始皇本纪》记载秦丞相王绾、御史大夫冯劫、廷尉李斯揣摩到秦王想要做天下霸主的雄心，夸奖他德兼三皇，功过五帝，建议他采用“泰皇”为帝号，不料秦王雄心远远不止于此，决定采用上古“帝”位号，曰“皇帝”：

> 昔者五帝地方千里，其外侯服、夷服、诸侯或朝或否，天子不能制。今陛下兴义兵，诛残贼，平定天下，海内为郡县，法令由一统，自上古以来未尝有，五帝所不及。臣等谨与博士议曰：“古有天皇，有地皇，有泰皇，泰皇最贵 。臣等昧死上尊号 ，王为‘泰皇’。命为‘制 ’，令为‘诏 ’，天子自称曰‘朕’。”王曰：“去‘泰 ’，著‘皇 ’，采上古‘帝’位号 ，号曰‘皇帝’。他如议 。”

“帝”是当时天上最高统帅的称号，不是一般统治者敢擅用的。秦昭王十九年（前288年）称西帝、齐湣王称东帝，但他们仅仅延续了短短的两个月，就又回去称王了。西嶋定生（1983）推断，秦王采用“皇帝”的称号，意味着他自认为是具有神格的上帝，是人间的上帝。

如果说吕不韦以商人的眼光，认为奇货可居而弃商从政，那么，李斯则是十足的政客，他继吕不韦后辅佐始皇，卒成帝业，深得重用，因此他能理解帝陵、帝都、帝国所具有的特殊的政治文化含义，对于秦帝陵规划设计，李斯不仅没有改动，而且忠实地按照章程精心实施。文献记载李斯与秦始皇陵相关的工作，主要有以下三项。

一是在秦始皇称帝前十年，即秦始皇十六年（前231年），“置丽邑”。前文已经指出，这是帝陵营建启动工程的一个标志，显然是在李斯主持下开展的。

二是在秦始皇二十六年（前221年）并天下称帝后，李斯将丽山建设从“王陵”上升到“帝陵”的高度。如果说咸阳作为帝都，在其建设过程中需要通过在其外围“写放”六国宫室，集六国都城之大成，以成为天下的缩影，那么秦始皇陵建设中在陵墓外围置放铜车马与大量兵马俑军阵及车帐等，同样也具有“写放”的意义，这些空间环境建设中的“写放”与秦帝国推行的车同轨、书同文等制度建设具有同类的性质，如出一辙；如果说以前秦始皇陵的建设只是陵区自身的建设，那么此后则明显体现出帝陵与帝都的关联，如秦始皇二十七年“自极庙道通骊山”，帝陵与帝都实现空间上的关联，又如在秦“徒”的使用上，“隐官徒刑者七十余万人，乃分作阿房宫，或作丽山”，两个工程的实施也是相互关联。

三是凿以章程。元代马端临撰《文献通考》卷一百二十四“山陵”引《汉旧仪》云：

> 使丞相李斯将天下刑人徒隶七十二万人作陵，凿以章程。三十七岁，锢水泉绝之，塞以文石，致以丹漆，深极不可入。奏之曰：“丞相臣斯昧死言：臣所将隶徒七十二万人治骊山者，已深已极，凿之不入，烧之不然，叩之空空，如下天状。”制曰：“凿之不入，烧之不然，其旁行三百丈乃止。”

这说明李斯确实是负责秦始皇陵营建，按照章程，认真工程，对于营建过程中的一些关键决策，仍然要奏请秦始皇本人裁定。至于章程的具体细节，请见下文。

2.3.3 凿以章程

秦始皇陵的营建是按照事先规划好的章程来施工的，其中包括规划设计的蓝图，施工人员不能随意更改。1974～1978 年，河北省平山县三汲公社战国时期中山国一号墓出土了一块用金银镶错的“兆域图”铜版，长 94cm、宽 48cm、厚约 1cm。版面有用金银镶错的一幅“兆域”，也就是葬域平面示意图，图上标明宫垣及坟茔所在地点，建筑各部分名称、大小、位置和中山王的诏书，提出“兆法”的概念，即墓区的形制与定式。中山王陵兆域图铜版上所刻的诏令铭文说：

> 王命贝用为兆法，阔狭小大之制，有事者官图之。进退违法者死无赦，不行王命者殃连子孙。其一从，其一藏府。

诏书的大意是：中山王命令贝用，在修建葬域中，要按图规定的尺度标准去做，如果发生问题要依法处置。违法者死罪不赦，不执行王命者罪连子孙。该铜版一件从葬，一件藏在王府[16]。由此可见，王陵的修建是项非常严肃的大事，不可能由于临时的变动而随意改变墓的形制。另外，王府也藏有“兆域图”（图 7）。

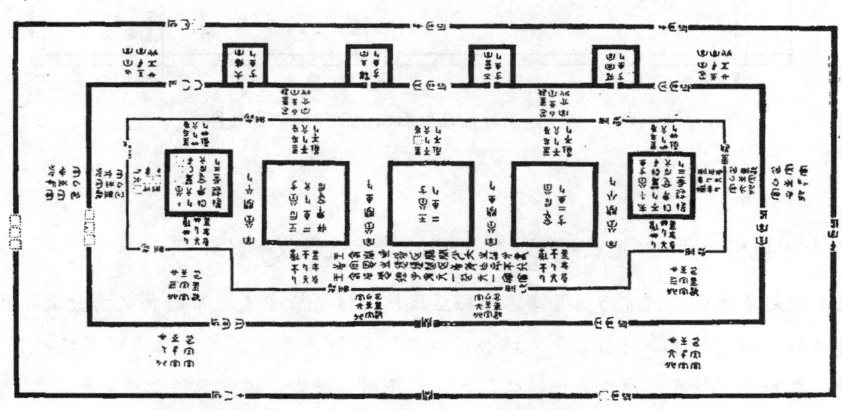

图 7　中山王陵兆域图铜版铭文摹本

资料来源：河北省文物管理处（1979）。

先秦时陵墓已有图，如《周礼 · 春官》记载：“冢人，掌公墓之地，辨其兆域而为之图”，“兆域图”给我们提供了十分难得的实物资料。傅熹年（1980）认为“兆域图”实际上是一个没有能完全实现的陵园总平面规划图，并根据图上所注尺寸，加上墙体厚度，按比例重新绘制（图 8），这对我们下文探讨秦始皇陵园的结构形态具有重要的参考价值。

秦始皇陵工程规模巨大，内容繁杂，推测事前必有类似的规划设计与建设施工图。司马迁在《史记 · 秦始皇本纪》中对秦始皇陵建设记述周详，具有鲜明的空间感：

> 始皇初即位，穿治郦山，及并天下，天下徒送诣七十余万人，穿三泉，下铜而致椁，宫观百官奇器珍怪徙臧满之。……以水银为百川江河大海，机相灌输，上具天文，下具地理。

……大事毕，已臧，闭中羡，下外羡门，尽闭工匠臧者，无复出者。树草木以象山。

司马迁的记述应该以秦王室图籍档案为依据，这正是“左图右史”的传统。后世著史如《汉书·地理志》，曾经两次征引《秦地图》。

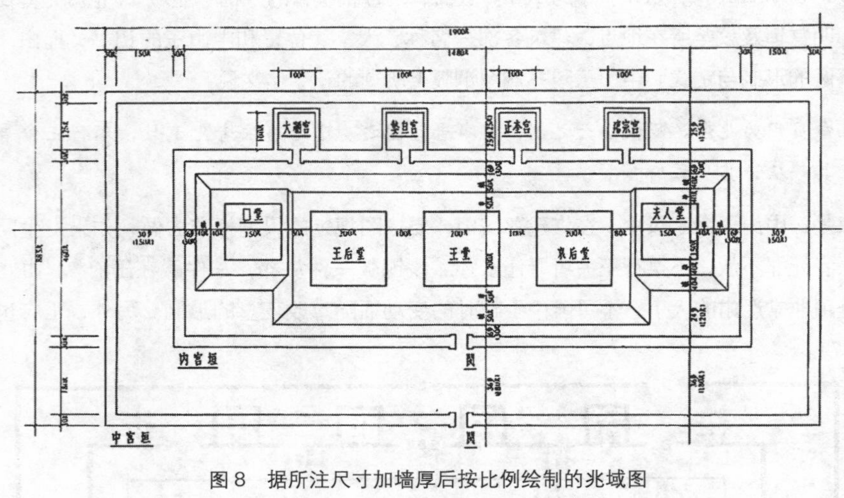

图8　据所注尺寸加墙厚后按比例绘制的兆域图

资料来源：傅熹年（1980）。

又，《史记·萧相国世家》记载刘邦进入咸阳时，萧何先入收秦室图籍：

及高祖起为沛公，何常为丞督事。沛公至咸阳，诸将皆争走金帛财物之府分之，何独先入收秦丞相、御史、律令图书藏之。沛公为汉王，以何为丞相。项王与诸侯屠烧咸阳而去。汉王所以具知天下阸塞，户口多少，强弱之处，民所疾苦者，以何具得秦图书也。

类似的记载，还见之于《汉书·萧何传》：

及高祖起为沛公，何尝为丞督事。沛公至咸阳，诸将皆争走金、帛、财物之府，分之，何独先入收秦丞相、御史、律令图书藏之。沛公具知天下厄塞、户口多少、强弱处、民所疾苦者，以何得秦图书也。

《史记》与《汉书》都记载，“诸将皆争走金帛财物之府分之，何独先入收秦丞相、御史、律令图书藏之”，无一字不同，可知当时秦代的图籍当存于咸阳丞相、御史、律令等处。至于萧何所收藏秦之图籍，古文献亦有所及，藏于长安未央宫殿北的石渠阁。《三辅黄图》卷六“阁”记载：“石渠阁，萧何造，其下砻石为渠，以道水，若今御沟，因为阁名。所藏入关所得秦之图籍。至成帝，又于此藏秘书焉。”称之为石渠阁，是因为在阁周围以磨制石块筑成渠，渠中导入水围绕阁四周，对于防火防盗十分有利。

秦始皇陵依照“章程”营建，而制定“章程”的直接依据，则是规画。下文就秦始皇陵的规画作进一步的探讨。

3 秦始皇陵的规画

借鉴古代都邑规画方法与技术，我们可以进一步探索秦始皇陵规画的过程及关键环节。

3.1 仰观俯察，选址于骊山之阿

规画事务始自选址。对城市选址来说，首先必须考虑的是用水的便利与防洪的安全，《管子·乘马》将先民的经验概括为“凡立国都，非于大山之下，必于广川之上。高毋近旱而水用足，下毋近水而沟防省”；其次要考虑御敌，兵家择地讲究背依高地有屏障，前面开阔有出口，《孙子兵法·军争》总结为“故用兵之法，高陵勿向，背丘勿逆”。这些利于人居的用地显然要通过仰观俯察才能识别。仰观俯察是中国先民生存智慧的概括，也是规画的基础，即通过选择合适地点进行“测望”，整体把握自然地理形势和空间格局，努力做到了然于胸，了如指掌，以满足防洪、用水、御敌等基本需求。

关于秦始皇陵选址，张卫星、付建（2013）从临近祖陵、墓葬位次礼仪及与现实地理环境关系等方面，对秦始皇陵选址问题进行分析。本文则从仰观俯察的方法入手，对秦始皇陵选址进行初步分析。

先看秦始皇陵的位置。《汉书·楚元王传》记载秦始皇帝葬于“骊山之阿”（图9）。骊山东西绵延25km、南北约7km，平均海拔1 000m，最高处1 302m。对于“骊山之阿”，颜师古注：“阿，谓山曲也”；王逸《楚辞注》认为：“阿，曲隅也”，也就是说，秦始皇陵位于骊山围成的一个山曲中。今根据卫星影像图鸟瞰，秦始皇陵位于骊山北麓，正好处于骊山北缘的一弯弧线环抱之中，骊山北坡东西径直跨度约13km，陵园择取了黄土台塬隆起且居中的位置。

图9 骊山之阿与秦始皇陵园位置

这个骊山之“阿”，很容易令人想起秦都咸阳渭河南岸的“阿房宫”来。不妨再看一下前文所引《史记·秦始皇本纪》关于“作宫阿房”的记载（2.1.3“并天下”部分），秦始皇三十五年，欲于渭南上林苑中作新的朝宫，先作前殿阿房，这是新朝宫最为重要的宫室，因建于“阿房”，故名为“阿房宫”，工程规模非常宏大，直至秦末也未完工。司马迁特别指出“阿房宫”不是这座朝宫的正式名称，只是“作宫阿房”而产生的临时称谓。所谓“作宫阿房”或“作前殿阿房”，是指在“阿房”这个地方作宫或前殿。

何谓“阿房”?《尔雅》曰：“大阜曰陵，大陵曰阿。”《说文》亦曰：“阿，大陵也。”《释名·释山》又曰：“土山曰阜。”“陵，隆也，体高隆重也。”由此可见，“阿”字的古代含义是大陵，也就是高大的山（图10）。又，《释名·释宫室》曰：“房，旁也，室也，室之两旁也。”因此，可以说“阿房”最直观的或者说最初的含义当与高大的山（南山）有关系，也就是在“阿”之“旁”。新的朝宫位于“阿房”，实际上就是位于“阿”之“旁”，正如《文选·西京赋》李善注引《三辅故事》曰：“在山之阿，故曰阿旁也”。而唐人颜师古注《汉书·贾山传》曰：“以其去咸阳近，且号阿旁”，认为称“阿房”是因为与咸阳宫有关系，显然有误。至于“阿城”，可能是后来对阿房宫的称谓，而不是相反，认为阿房宫因为阿城而得名。如《汉书·东方朔传》记载，汉武帝把“阿城以南”的土地扩入上林苑。颜师古注曰：“阿城，本秦阿房宫也，以其墙壁崇广，故俗为阿城。”由金文和篆体“阿”字的构造看，其右半部字形应该具有形象的特征。

图10　古文字“阿”的写法

如果联系到司马迁《史记·秦始皇本纪》中记载阿房宫的语境，可以进一步发现，称“阿房”为“南山之阿”可能更为确切。秦始皇三十五年，帝国的都城建设从渭北的咸阳宫南跨渭水，建新的朝宫于南山之北，从都城的尺度看，这里正是“南山之阿”（相应地，咸阳宫则处于“北坂之南”）。尽管阿房宫前殿遗址只是秦代渭南朝宫的一部分，但是从中我们仍然可以感受到“阿房”的地理形势和气势。与处于泾渭之交的局促的咸阳宫（人多，宫廷小）不同，处于“南山之阿”的新宫——阿房宫——在空间上显得非常开阔（丰镐之间，帝王之都）。

新的朝宫建于秦始皇三十五年，所建朝宫具有帝王之气，单从前殿的规模来看，就“东西五百步，南北五十丈，上可以坐万人，下可以建五丈旗”；前殿“周驰为阁道”，“自殿下直抵南山”，还

"表南山之巅以为阙"（将南山之巅作为意象中的宫门），与自然的南融为一体了。更有甚者，还取法天象，"为复道，自阿房渡渭，属之咸阳，以象天极阁道绝汉抵营室也"，渭南的朝宫与渭北的咸阳宫，通过复道连为一体，不仅"法地"，而且"象天"。正如《周易·系辞上》所谓"仰以观于天文，俯以察于地理"，《周易·系辞下》所谓"仰则观象于天，俯则观法于地，观鸟兽之文与地之宜"。

尽管骊山之阿与南山之阿存在地理尺度上的差别，但是骊山之阿的秦始皇地宫或陵园，与南山之阿的阿房宫或前殿，相映成趣。通过仰观俯察，两者都选址于山环与水抱之处，有异曲同工之妙（图 11）。

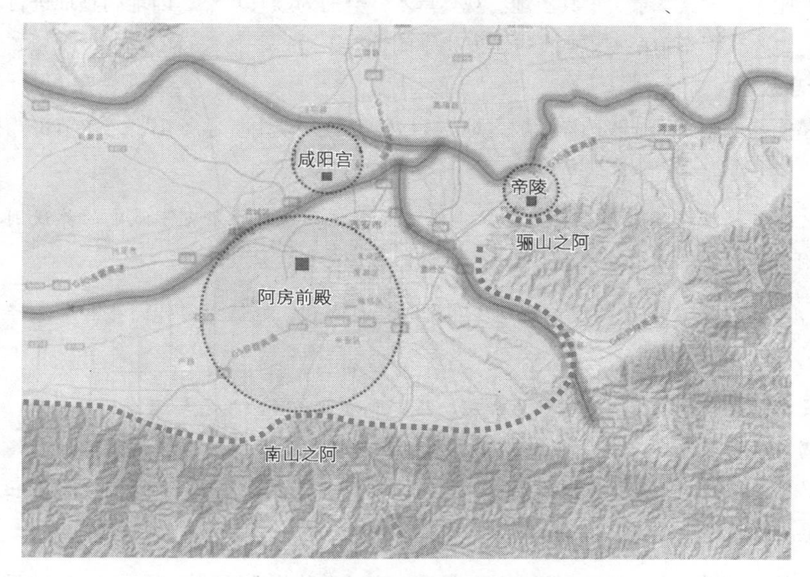

图 11 南山之阿与骊山之阿

前文已经指出，秦始皇二十六年并天下、称帝后，帝都与帝陵建设都是秦帝国建设的核心内容，两者进入协同建设期。从选址来看，帝都与帝陵都是通过仰观俯察，选择山环水抱之处，并且在空间上作为整体考虑，象天法地（有待进一步探讨，对秦始皇来说，生人与死人生活的空间是相通的），联系密切。

3.2 相土尝水，筑五岭穿三泉

如果说仰观俯察是远观，相土尝水则是近察。远观看势，把握较大尺度的地理特征，初步确定都邑选址；近察则看形，身临其境地考察地形地表、河川流向以及日照风向等自然地理条件，进行"用地评价"。文献记载公刘迁豳、周公营雒邑、文公卜楚丘等，都进行过此类实地勘察。《诗经·大雅·公刘》记录先周首领公刘率氏族成员择居时"相其阴阳，观其流泉"，即观察用地的向阳与背阴、水体的分布与形态，这是十分要害的。西汉文帝（前 179～前 157 年）时，晁错针对边防空虚的形势，上疏建议边地建城以募民徙塞下，他追述先民相土尝水的传统，并进一步总结、发展，比较全面地论述都邑规画营建问题：

臣闻古之徙远方以实广虚也，相其阴阳之和，尝其水泉之味，审其土地之宜，观其草木之饶，然后营邑立城，制里割宅，通田作之道，正阡陌之界，先为筑室，家有一堂二内，门户之闭，置器物焉，民至有所居，作有所用，此民所以轻去故乡而劝之新邑也。

通过相其阴阳、尝其水泉、审其土地、观其草木，努力为顺其自然、因地制宜地进行功能区布局奠定基础，这也为认识秦始皇陵规画提供了发生学的依据。

3.2.1 行营高敞地

对于陵墓的基址，人们一般选择高敞之地。《吕氏春秋》卷十“孟冬纪”之“节丧”提倡“凡葬必于高陵之上”：

古之人有藏于广野深山而安者矣，非珠玉国宝之谓也，葬不可不藏也。葬浅则狐狸扣之，深则及于水泉。故凡葬必于高陵之上，以避狐狸之患、水泉之湿。

《史记·淮阴侯列传》记载西汉初司马迁在淮阴亲耳听说，韩信之母死后在葬地选择上采取“行营高敞地”的做法：

太史公曰：吾如淮阴，淮阴人为余言，韩信虽为布衣时，其志与龢异。其母死，贫无以葬，然乃行营高敞地，令其旁可置万家。余视其母塚，良然。假令韩信学道谦让，不伐己功，不矜其能，则庶几哉，于汉家勋可以比周、召、太公之徒，后世血食矣。不务出此，而天下已集，乃谋畔逆，夷灭宗族，不亦宜乎！

秦国诸王陵的选址，也多选址山林高地。但是，秦始皇陵的选址明显不同。从地貌看，秦始皇陵所处的骊山北麓为山前洪积扇裙地貌和黄土台塬地貌，其地势东南高、西北低，呈阶梯状倾斜展开。陵区南侧正对着骊山北麓的大小谷口十余个，调查和考古钻探表明，陵区内分布着若干条南北向或东南至西北向的（古）河道，陵区就分布在被河道分割的六道土塬上。陵园即位于由西向东的第三道土塬上，此塬地势最高、最宽、最长，鱼脊状，南高北低，中间高两侧低，呈南北向的狭长形。每逢暴雨，山洪顺各谷谷口倾泻北注。从地质条件看，秦始皇陵所在地区地下水位较高，地层结构复杂。因此，总体看来陵区本身的自然环境条件似乎并非建造陵园的最佳位置。

《吕氏春秋》卷十“孟冬纪”之“安死”提出，先王安葬必须做到“合”与“同”：

何谓合？何谓同？葬于山林则合乎山林，葬于阪隰则同乎阪隰。

所谓阪者，高地也；隰者，潮湿之洼地也。秦始皇陵所处正属于阪隰之地，需要与山坡或低湿之地环境相同。这样，秦陵的营建一方面要求防止水泉之湿与狐狸之患，另一方面要合乎山林，同乎阪隰，这就离不开采取地表的排水和地下的阻水工程等措施。结合秦始皇陵考古成果，我们认为这些排水与阻水工程主要有修筑五岭防洪堤与下锢三泉等。

3.2.2 下锢三泉

前文已引《史记·秦始皇本纪》记载，秦始皇并天下后，“穿三泉，下铜而致椁”，对于“三泉”，颜师古《史记正义》云：“三重之泉，言至水也。”很明显，所谓“穿三泉”是说与地下水工程处理有关的事。问题是究竟如何来处理地下水，以防影响棺椁呢？

让我们再来回顾一下《文献通考》引《汉旧仪》的记载：“三十七岁，锢水泉绝之，塞以文石，致以丹漆，深极不可入。”文中提到处理水泉的方法称为“锢”，具体做法就是“塞以文石，致以丹漆”。无独有偶，汉文帝曾经有类似想法，为了使棺椁密实，以防被撬开，他希望用京师北山所产的石头做棺椁，将苎麻棉絮斫碎，加以漆，塞在棺椁之间，所用材料就是石头、漆和苎麻棉絮，详细情况据《水经注·渭水》记载如下：

> 昔文帝居霸陵，……顾谓群臣曰：以北山石为椁，用纻絮斫陈漆其间，岂可动哉？释之曰：使其中有可欲，虽锢南山，犹有隙；使无可欲，虽无石椁，又何戚焉？文帝曰：善！拜廷尉。

不难发现，李斯等人通过“塞以文石，致以丹漆”这种方法，努力实现“锢水泉绝之”，以至于工程可以“深极不可入”，“锢”水泉的目的在于使之无隙，亦如同西汉张释之所说的“锢”南山也[17]。

总之，秦始皇陵棺椁周围的地下水处理是用“锢”的办法来处理的，具体地说就是“塞以文石，致以丹漆”，这种处理办法保证开挖到“深极不可入”的程度。明白了这一点，我们再来看看《史记·秦始皇本纪》云“穿三泉，下铜而致椁”。长期以来，人们对这一句耳熟能详，如果认识到“穿三泉”后接着要进行“锢水泉”的处理工作，就可以发现，所谓“下铜而致椁”中的“铜”字很可能是“锢”字之误。只有经过了“锢”这道工序，才能“致椁”，而不是说要做“铜椁”（汉文帝所期望的椁就是用北山之石而制造的“石椁”）[18]。对此，前人亦多次指出，只是没有引起注意和重视，如《史记集解》徐广曰：“一作‘锢’。锢，铸塞。”《类编长安志》卷八“山陵冢墓”在“铜”字下亦注曰：“一作锢，铸塞也。”[19]有鉴于此，《汉书·楚元王传》载刘向关于秦始皇陵的论述可能比较符合实际：

> 秦始皇帝葬于骊山之阿，下锢三泉，上崇山坟，其高五十余丈，周回五里有余。石椁为游馆，人膏为灯烛，水银为江海，黄金为凫雁。珍宝之臧，机械之变，棺椁之丽，宫馆之盛，不可胜原。

文中明显指出，“三泉”是通过“锢”这种办法处理的，棺椁的材质是“石椁”[20]。可惜，《汉书·贾山传》曰：

> 死葬乎骊山，吏徒数十万人，旷日十年，下彻三泉，合采金石，冶铜锢其内，漆涂其外，被以珠玉，饰以翡翠，中成观游，上成山林。

一方面改“下锢三泉”为“下彻三泉”，另一方面认为用“铜”来“锢”，就差之甚远了。不过文中所说“下彻三泉，中成观游，上成山林”，对于我们认识秦始皇陵墓与陵区规划设计是很有意义的，下文将专门加以说明（详见3.6节）。

关于文献中所记载的秦始皇陵“下锢三泉”的实际情况，目前尚不得而知。难得的是，2000年秦始皇陵考古队在陵园考古勘探时，在秦始皇陵封土下发现了秦代深层地下阻排水系统（陕西省考古研究所、秦始皇兵马俑博物馆，2002；图12），尽管并非与棺椁直接相关的地下水处理，但是可以提供有益的参考：

已发现的陵园地下深层阻排水系统由东、西两段组成，东段阻水设施，位于陵园封土东、南、西三侧，由平面略呈“U”形的阻水渠组成，阻水渠原应都位于封土之下；西段为排水设施，由位于陵墓封土西侧的明井暗渠组成。

东段阻水渠的走向为，由封土东侧开始向南延续至封土东南角后西折，至封土西南角后折而向北，与西段的明井暗渠排水系统相通，封土三面的阻水渠宽度、深度各有不同，其下层约10～17m均以质地细密的青膏泥夯填，上层则以填土夯筑，经钻探当为深层人工沟渠。

西侧阻水渠位于现封土下，南北长186m，上口宽24m、深23.5m，与西段的明井暗渠排水系统相通。

西段排水系统目前已发现的明井暗渠遗迹平面呈“Z”字形，始于陵墓封土西边的东西轴线处，其东端压于封土下，由现封土西侧向西延续108m，穿过内城西门后沿内城垣西侧向北220m，折而向西197m，至外城城垣后向北延续。

勘探资料表明，地下阻排水系统确属人为工程无疑，其作用当是在地宫修筑过程中阻挡、疏导地下水，使其不能进人地宫范围内，从而保持地宫的干燥，这项工程可能就是文献中所记载的“穿三泉”。这组地下阻排水系统的走向是随陵园自然地势布设的，布局合理，排水流畅。从排水渠的走向、排水效果、阻水成效等几方面的结果来看，当年设计者和施工者，对陵区地质状况的了解已达到相当的程度，并具备相当程度的测量技术。选用青膏泥这种质地细密、隔水性强的材料作为东段阻水渠下层的封堵材料，起到了明显的阻隔地下水作用，西段的明井暗渠则以附近含大量的粗砂砾石的地表土回填，在其上层发现的陪葬坑、城门夯基以及地面建筑遗址均保存较好，据此初步分析，该系统为秦始皇陵地宫及地宫周围地下水的排水设施，其形成时间当在地面建筑及陪葬坑构筑之前，至其排水功能完成后，即以青膏泥和填土进行人工封堵和回填。

考古发现当时选用青膏泥这种质地细密、隔水性强的材料作为东段阻水渠下层的封堵材料，虽然不是文石、丹漆，但是也达到了固塞的效果，应当是“下锢三泉”工程的一个外围组成部分。

3.2.3 五岭防洪堤与“霸王沟”

众所周知，秦始皇陵的工程主体部分处于骊山北麓，来自骊山的常年溪水和季节性洪水北出骊山对秦始皇陵的侵袭危害甚大，特别是封土正对望峰，望峰两侧沟谷在山前汇集而形成几道冲沟，所谓

“霸王沟”可能是发端于望峰东侧者之一，洪水可能直接威胁封土与内城的安全。为此，在秦始皇陵规划设计中，专门在山前修建阻水工程，以致北流山水被障，改向东西流，如《太平御览》卷五百五十九引潘岳《关中记》曰：“骊山泉本北流者，皆陂障使西流”；《类编长安志》引《关中记》曰：“骊山水泉本北流，北流者被障使东西流。”[20]《史记正义》引《关中记》：“始皇陵在骊山。泉本北流，障使东西流。”《水经注・渭水》的记载更为详细：

> 水出丽山东北，本导源北流，后秦始皇葬于山北，水过而曲行，东注北转。始皇造陵取土，其地汙深，水积成池，谓之鱼池。池在秦皇陵东北五里，周围四里，池水西北流，迳始皇冢北。

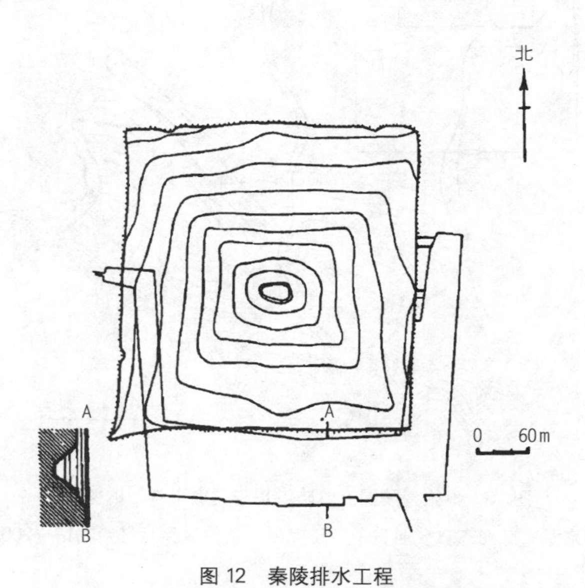

图 12 秦陵排水工程

资料来源：陕西省考古研究所、秦始皇兵马俑博物馆（2002）。

考古工作者勘察发现，在秦始皇陵区东南存在五岭防洪堤遗址（图 13），其规模西起大水沟，从陈家窑村东南向东北延伸，过杨家村和李家村的东南直到杜家村东南，东端止于杜家村东南，全长约 1 700m（陕西省考古研究所、秦始皇兵马俑博物馆，2002）[22]。山前洪水大部分应该流向暗桥孙东北的暗沟，少部分注入鱼池。考古勘察认为，依靠这条防洪堤，大水沟及以东相毗邻的几条山谷向北的流水拦截改道，使陵区地下潜水的主要来源大水沟的水流由原来向西北方向，经外城西南的董家沟，赵背户向北西流的折而转向东北流，至山任村西再折转北流，绕陵园而过，会鱼池水流入渭河，有效地阻止了骊山北麓洪水对陵园的侵袭，并大大减少了陵区地下潜水的补给量。而防洪大堤失去作用后，秦始皇陵园受到严重的山前洪积活动的影响，水自外城东侧进入陵园，冲刷破坏了陵园外城的东南角，并进入陵园东部，沿东内外城间向北倾泻而下，对陵园东部区域遗迹造成了很大的破坏。在陵园的中北部区域，可能还被来自东侧的洪水冲刷，也有一部分的区段迹象显示园墙内侧曾被洪水冲刷浸泡。内外两部分的洪水共同作用使外城东墙的大部分区段受到不同程度的破坏，而外城东北角区域破坏最为严重，大量的洪水将东北角冲刷殆尽（秦始皇陵博物院，2012）。

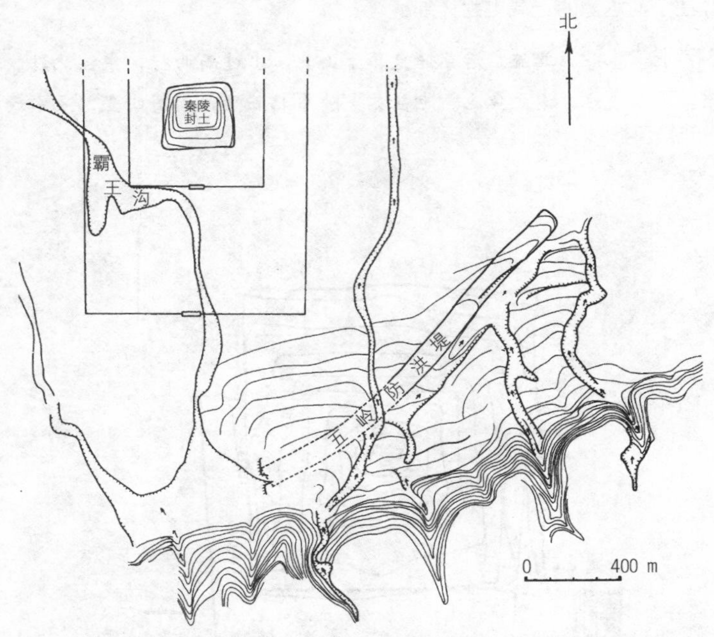

图 13　秦始皇陵园五岭防洪堤与“霸王沟”的关系

资料来源：底图来自陕西省考古研究所、秦始皇兵马俑博物馆（2002）。

传说“霸王沟”是当年西楚霸王项羽入关后盗挖秦陵所留，2000 年考古报告认为：“霸王沟”的形成当与西楚霸王项羽及其部下无关。当横亘在大水沟前的五岭防洪大堤被水冲毁后，原来东西向的流水改变了方向，从外城南门处涌入陵园内，向北顺地势走向至内城南门脚下，因内城南墙的阻挡，遂沿内城南墙的外侧向西流至外城西墙内侧后北折，因受到内外城西门之间的夯土建筑阻挡，将外城西墙冲垮奔泻出陵园，由此形成了今天地面上所见到的“霸王沟”。我们注意到，陵园正对望峰且位于自望峰山麓往下延伸的鱼脊高出，大水沟位于望峰的东西两侧，水流方向原本应是从东西两侧分流，而不可能从高处汇流直下。由五岭防洪大堤的位置可知，对秦帝陵陵园造成影响的水患应来自望峰东侧的大水沟，而望峰西侧水沟的洪水对陵园没有致命威胁。目前考古资料中对“霸王沟”的认识，也仅仅限于其流经陵园的局部，更尚不足以认定其年代晚于秦代。通过种种迹象关联，我们认为不排除“霸王沟”的形成年代早于秦代，并被修建陵园所利用而成为陵园的重要组成部分。其一，

1960年代的航片显示，“霸王沟”自陵园外城西门南出城后，至少继续往西北方向延伸至接近外城北墙的东西延长线一带；其二，陵墓阻排水系统排水流向为往西，深邃的排水暗沟在外城西城门以北、食官遗址南一带穿过西城墙往西延伸，不排除通往“霸王沟”；其三，迄今在内城西墙中部地段和外城北部地段都发现有多组五方形陶制水管叠砌而成的主排水口，排水方向皆为往西，也不排除与“霸王沟”有关联；其四，当前五岭防洪大堤的豁口流水，自陵园东侧与上焦村墓地和祭祀区间地带的沟壑由南往北下泄，“霸王沟”水道自陵园外城南门东侧进入陵园，很大程度上说明内城南门以南，“霸王沟”的走向是自东南往西北方向，故不排除其与现五岭防洪大堤豁口之间有因果关系的可能，也即当前五岭防洪大堤的豁口原本或许是“霸王沟”上游的控水设施遗存。

假若上述假说无误，那么从规划设计的角度看，“霸王沟”一方面可以作为内城的南界及引水造景的主要工程设施，另一方面可以作为陵园自然排水工程的一部分。

3.3 辨方正位，望峰而筑陵

定址于骊山北麓后，对这一地区的规划控制便成为建陵的关键，其中最为重要的就是确定秦始皇陵总体布局的方向，这涉及秦陵规画中如何进行“辨方正位”。

3.3.1 辨方正位的传统

一般说来，与天地相关的方位对古代都邑规画至关重要。商朝遗文《尚书·盘庚》记载商王盘庚迁殷之事，提到“盘庚既迁，奠厥攸居，乃正厥位”，所谓“乃正厥位”，意即安定居处，由懂测量的人辨正宗庙宫室的地理方位。《诗经·国风·鄘》叙述卫文公从漕邑迁到楚丘重建国家、卜筑宫室的情形：“定之方中，作于楚宫。揆之以日，作于楚室。”所谓“定之方中”，是指小雪时，定正昏中，视定准极，以辨地之南北；所谓“揆之以日”，是指度日出日入之景，以正东西。《尚书·召诰》讲周公营雒邑，有相宅、卜宅、攻位等程序，其中“攻位”可能就属于确定方位与基线。《周礼》将古代都城规画中这种确定方位的方法归纳为“辨方正位”。《周礼·考工记》云：“惟王建国，辨方正位，体国经野，设官分职，以为民极”，其中“辨方正位”就是运用天文大地测量方法来确定“天极”，“天极”是“天命”的象征，相应地，设官分职确定的是“民极”，辨方正位远比设官分职还重要，乃体国经野之大务。《周礼·地官·大司徒》还具体记述了运用土圭测日影之法，辨明四正方位，然后依照礼制建设邦国，使城市整体布局井然有序：

> 以土圭之法测土深。正日景，以求地中。……日至之景，尺有五寸，谓之地中，天地之所合也，四时之所交也，风雨之所会也，阴阳之所和也。然则百物阜安，乃建王国焉，制其畿方千里而封树之。

辨方正位之结果反映在都邑结构形态上，最常见的就是确定作为空间布局基准的中轴线。自然环境与地理形势丰富多彩、变化多端，且有一定的内在规律（即“地理”）。空间规画时如能有意识地对城市特殊的自然环境与山水形态加以选择，发扬其特点，常常能够增强轴线的空间与艺术效果。这种方法在西周时期已见端倪，《诗经·小雅·斯干》描述宫室之形胜与环境“秩秩斯干，幽幽南山”，即面山而临水；我们认为，在秦始皇陵规画中这种方法已基本形成，自觉运用，这突出体现筑陵过程中利用“望峰”进行辨方正位，确定了鲜明的布局中轴线。

3.3.2 “望峰”与“准望”

《类编长安志》[23]卷八曾转引《两京道里记》中记载：

> 俗呼当陵南岭尖峰作望峰，言筑陵望此为准。

文中“望峰”及“筑陵望此为准”，不由得使我们想起中国古代“制图六体”中的“准望”来。西晋时期，裴秀（223～271年）在《禹贡地域图序》中总结提出我国传统制图学中的基本方法“制图六体”，即绘制地图时应遵守六项准则：分率、准望、道里、高下、方邪、迂直，唐初官修类书《艺文类聚》所收最为详备，也属最早，兹逐录如下：

> 今制图之体有六焉。一曰分率，所以辨广轮之度也；二曰准望，所以正彼此之体也；三曰道里，所以定所由之数也；四曰高下，五曰方邪，六曰迂直，此三者，各因地而制形，所以校夷险之异也。
>
> 有图像而无分率，则无以审远近之差；有分率而无准望，虽得之于一隅，必失之于他方；有准望而无道里，则施于山海绝隔之地，不能以相通；有道里而无高下、方邪、迂直之校，则径路之数必与远近之实相违，失准望之正矣。
>
> 故以此六者参而考之，然后远近之实，定于分率；彼此之实，定于准望；径路之实，定于道里；度数之实，定于高下、方邪、迂直之算。
>
> 故虽有峻山巨海之隔，绝域殊方之迥，登降诡曲之回，皆可得举而定者，准望之法既正，则曲直远近，无所隐其形也。

裴秀认为，前人绘制的地图因“不考正准望”，导致这些地图虽然某些部分画得准确但其他部分必定会出现差错；“准望”可以“正彼此之体”，也就是摆正各项地理要素的相对位置关系，因此“准望之法既正，则曲直远近无所隐其形也。”显然，所谓“准望”，不是单纯用以表示“方位”的概念，还应包含有距离要素在内。

《周髀算经》载周公问用矩之道于商高，商高答曰：“平矩以正绳，偃矩以望高，覆矩以测深，卧矩以知远。”所谓“正绳”即确定水准，而“望高”、“测深”、“知远”则都必须在水准的基础上进行。表示“水准”的“准”字与“望”字组合为“准望”，即可表述地理测量之义，这在西晋以前已经较为常见，如《三国志》卷二六《魏书·牵招传》记载，三国时牵招为曹魏雁门太守，郡治广武，井水咸苦，“招准望地势，因山陵之宜，凿原开渠，注水城内，民赖其益”[24]。“准望”具有地理测量的含义，可以表示用测量的方法，求得各项地理要素在同一水平面上的相对位置，这是绘制地图的一项重要准则。

鉴于西晋时期已经明确提出将“准望”作为一条制图准则，此前因为地理测量时所使用，因此我们可以认为，《两京道里记》所载关于筑陵以望峰为准的传说是可信的。王学理（1994）曾经提示，望峰位于秦始皇陵正南的刘家沟与风王沟之间，望峰与陵墓南北对应形成秦始皇陵园的中轴线（图 14）。陵园外城的南北门与内城南门皆位于该轴线之上，望峰与外城的西南角、东南角地点构成等边三角形。张卫星和付建（2013）通过地面观察与空间技术分析，基本确定望峰就是正对陵墓封土的郑家庄山峰。通过地面实地观察，此地点恰好位于骊山北麓分水岭一线的北侧，此处自北向南有四座山峰，而该地点即位于自北向南的第三座山峰上，海拔 1 059m。

从秦始皇陵的不同位置观察，望峰与周围的山峰对比特征明显。从秦始皇陵园的封土及以南区域观察，距离最近且能望见的最高峰就是望峰（图 15、图 16）。从陵园内城东西隔墙中部建筑基址南望，观察者视点进一步抬高，因抵近封土视线呈现仰视状态，封土占据全部视野，形象突出，望峰的尖峰与封土的顶端恰好重合。视点进一步北移，直到陵园的北侧鱼池一带，才能目视分辨出在该山峰后侧的分水线上有一座高于此山的高峰，但是其位置稍稍偏西了（张卫星、付建，2013）。

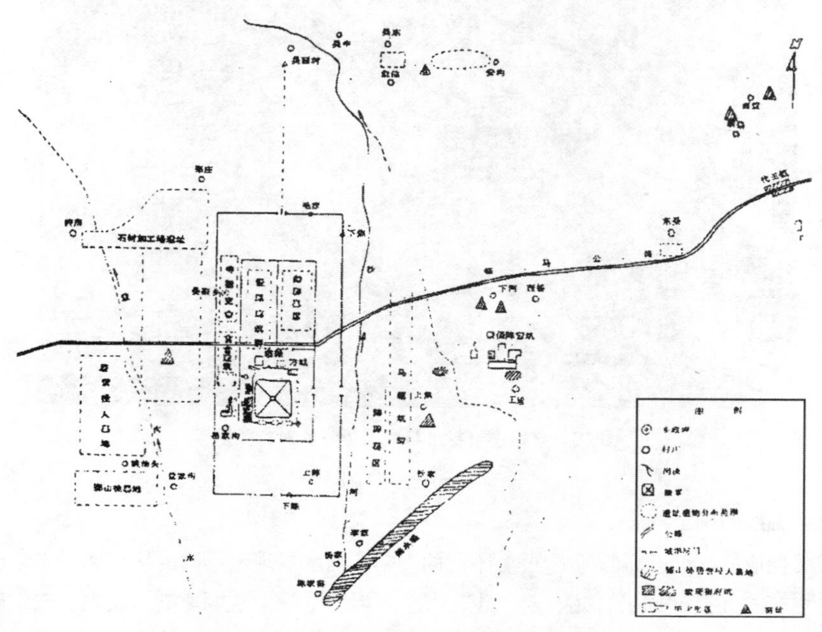

图 14　秦始皇陵与陵区主要遗址分布

资料来源：王学理（1994）。

从鱼池遗址处南望封土与骊山，可以清晰地观察到望峰的形态由三座高低错落的尖峰构成，最高峰两侧的尖峰大致对称，位置相对凸前，高度略低。两侧尖峰之间的山谷及背后的最高峰正对封土，位于同一直线上，封土与望峰具有明显的对位关系。

图 15　望峰的形态

图 16　秦始皇陵封土与骊山望峰的对应关系

3.3.3　南北中轴线的确定

“横看成岭侧成峰，远近高低各不同”，不同的朝向，山水展现出不同的格局和情态。在后世风水学说中有“立向”之说，“向者，龙、穴、砂、水之大都会也”[⑮]，说明立向是使龙、穴、砂、水四方面综合成全局的要素，总揽全局，极为关键。在秦始皇陵规划布局中，望峰既定，就可以确定统领秦始皇陵全局的南北中轴线了。

前述从望峰引向封土的直线，实际上就是秦始皇陵总体布局中轴线（图 17）。外城垣和内城垣南、北两端共四座门址与封土的顶端，以及南端骊山的前山的最高峰——望峰，南北相对在一条直线上。目前已经确认秦始皇陵园东西向墙垣上的门址，均设置于这条轴线上，特别是新近在北内外城间发现的数处门阙建筑基址也以此为轴线，两两一组，对称分布；以及宽阔的大道遗存等，进一步证实了陵墓尺度上南北向轴线的存在（秦始皇陵博物院，2011～2013）。

这条轴线出外城北门，也正好与一条通往鱼池遗址西侧的南北向道路遗存相重合。2007 年，秦始皇兵马俑考古队在对秦陵及其周边地区进行的考古调查中，在秦陵外城北门以北的吴西村发现了一条南北向夯土带，这条夯土带现残长 1 000m 左右，最宽处 100m 左右，南起吴西村中部，北至吴西村以北的渭河一级台地与二级台地的分界处。从分界处往北不远就是位于渭河一级台地上的秦时为修建秦陵而专门设置的新丰丽邑遗址所在地。目前在这条夯土带上没有发现砖、瓦之类的建筑构件，同时，鉴于夯土带正位于秦始皇陵园南门和北门连线的延长线上，考古工作者认为，这条夯土带实际上应该是秦时丽邑通往秦始皇陵园的最重要的一条建设用路，修陵人员以及建陵所需的物资，如石材、木材等都应该是从这儿运往秦陵的。而当时要从秦都咸阳到达秦陵，也必须经过这条道路（秦始皇兵马俑博物馆考古队，2008）。这条道路往北，可以连接从汉代的长安通往函谷关的道路（今西安至潼关的公路一线）[26]。汉代时期，如果有人从长安前往秦陵参观、考察，必须要顺着这条通往函谷关的大路至新丰丽邑，然后由丽邑上该大坝，并首先到达秦陵外城北门。

图 17　秦始皇陵的中轴线

3.3.4　封土高度的测望

望峰是秦始皇陵规划设计中的一个控制点，在帝陵营建过程中以望峰为准可以确定空间的位置关系，但并不是说，只是利用“望峰”这个单一的控制点来度量距离并确定方向。裴秀在“制图六体”中论述“准望”时明确指出，无“高下”、“方邪”和“迂直”之校则会“失准望之正”，并且“准望之法既正，则曲直远近无所隐其形也”，也就是说“准望”与高低和曲线有关。实际上，在“准望”的基础上，通过在不同的观测点进行“测望”，可以得出不同观测点的地面标高，也就是得出规划场地的“地形图”来。

早在先秦时期，如《周髀算经》所载，中国已经有了一般形式的勾股定理，并用之于测量高远大小。到魏晋时期，则建立了一套系统完整的从不同测点测高望远的重差理论，刘徽在《九章算术注·序》中云：

> 度高者重表，测深者累矩，孤离者三望，离而又旁求者四望。触类而长之，则虽幽遐诡伏，靡所不入。

也就是说，测望某目标的高用两根表，测望某目标的深用重叠的矩，对孤立的目标要用三次测望，对孤立的而又要求其他数值的目标要四次测望。无论地形如何“幽遐诡伏”，都可以设计出何处设表，作出测量的具体方案来，可见似乎刘徽已经总结出一般的规律。推测自秦王嬴政即位以后，通过测望的方法获得建设地区的详细地形图，已经不是什么困难之事，毕竟这是秦始皇开展大规模快速的宫苑建设的最基本的技术保障和前提[27]。

就秦始皇陵来说，如果知道了封土的高度以及观测点的地形标高，反过来就可以进一步复原当时测望的具体情形。关于秦始皇陵封土的高度，根据文献分析，可以认为是“五十丈”。《汉书·楚元王传》载刘向曰：“上崇山坟，其高五十余丈，周回五里有余”；《史记·秦始皇本纪·集解》引《皇览》：“坟高五十余丈，周回五里余”；《三辅故事》曰：“始皇葬郦山，起陵高五十丈”。如果以秦代一尺合今 24cm（具体推论请见下文 3.4 一节）推算，秦始皇陵“高五十丈”就合今 120m。目前，秦陵封土最高点的海拔高度是 531.6m，那么，低于其 120m 的地点就应该在海拔 411.6m 处。考虑到长期以来封土有一定程度的剥落，因此实际观测点标高应该比 411.6m 的等高线稍高，具体高出多少，应该与长期以来封土剥落的高度相等[28]。

袁仲一（2002b）指出，“始皇陵地区的地理形势是南高北低，中间高东西两侧低，呈窄长条形，这决定了陵高的测点必然要在陵的北边。”在今天秦始皇陵园正北方的渭河二级台地一带，许多地点都能够看到秦陵的全貌。而在今吴西村南一带观察，观察者水平视域和垂直视域范围恰好涵盖骊山东、西两侧前伸的山脚和山体高度，可以以自然视角感受到山体的整体形态，秦陵显得更加壮观和巍峨，这个观测点的现代地表海拔高度约 415m，与前述 411.6m 仅相差 3.4m（图 18）。我们推测，这个地点可能就是测望封土并得出坟高“五十丈”的位置。考虑到吴西村现代地表与秦地表相差无几，可以忽略不计，而从今吴西村所观测到的封土高度比文献记载的“高五十丈”低了 3.4m。进一步考虑有文献记载封土“高五十余丈”，也就是说比“高五十丈”略高，因此今封土剥落的高度当不少于4m。

图18 从观测点（吴西村南）观测到的封土高度

资料来源：张卫星拍摄。

沿着秦始皇陵中轴线自渭河南上，随着海拔不断提高，秦始皇陵及其背后的骊山也展现出不同的景观效果，形成变化序列（图19）。“千尺为势，百尺为形”，秦始皇陵的总体形势，正如孙伟刚、曹龙（2012）结合后期的祭祀活动所指出的：

就陵园整体来说，陵园南为高耸的骊山山脉，北侧为蜿蜒曲折的渭河，自咸阳而来的送陵队伍及后期祭祀活动开展时，沿陵北的东西向驰道而来，沿新丰原拾阶而上，陵墓封土居于地势高昂处，封土以北为鳞次栉比的陵寝建筑，顺陵园外城北门进入陵园，再由内城北墙西侧门或新发现的南北向通道进入陵寝，而后进入靠近封土的正殿开展内容繁缛的祭祀活动。可以说秦始皇陵园这种坐南面北的布局是结合陵区地形，并综合交通形势等因素而形成的巧妙设计。

秦始皇陵园设置为南北向长方形、将陵墓放置于陵园南半部并形成坐南面北结构是秦公帝王陵寝制度发展的顶峰，是综合秦公帝王陵寝制度的创新之举。

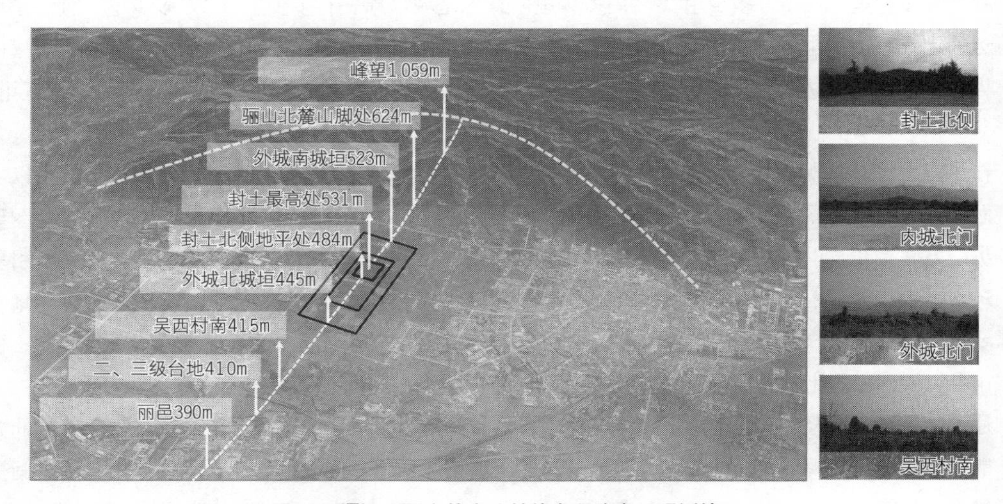

图19 渭河至骊山的南北轴线高程分布及观测效果

3.4 计里画方，以矩定宫邑

计里画方原本是中国古代按比例尺绘制地图的一种方法，即在地图上按一定的比例关系制成方格坐标网，以控制图上各地物要素方位和距离，保证图形的准确性。这里借用计里画方来表示秦始皇陵规画中，对已经选择作为工程建设的地区，运用方形网格并以“里”为基本长度模数（或者以“方里”为基本面积模数）进行划分和控制。

3.4.1 “画方”与“计里”

中国古代城市基本形态是“方”，有“方型根基”（郑孝燮，1985）。在农业时代，城守在民，民守在田，“城—民—田”是一个相互关联的整体，在进行农田规划时，往往平行或垂直于山体等高线或河流走向，作方形网格，划分地块。城市作为统治乡村的据点，在规画城市时仍然保留城乡整体画方的传统，其空间结构与形态都烙有深刻的农田形制印痕，具有深厚的文化底蕴。从工程技术角度看，这种画方则十分有利于“矩”的使用，便于与方形控制线取得协调和统一，《周礼全经释原》之“周礼通令续论”称：

> 自公刘相阴阳观流泉，而卫文公作楚丘，望景观卜而地理之术始启。古人作邑作宫，以矩而定，诚有趋吉避凶之法，不敢苟也。自郭氏《葬经》一出，而地理之学始繁。

即运用“矩”，很容易作出方正的城邑。

“画方”的基本面积单位是“方一里”（简称“方里”）。“里”是基本的地理长度单位，一个地方山水、田地的长度或者一个地区的幅员，每每以多少“里”计。都邑立于自然间，占取一定的范围，并与自然呈现一定的区位关系，因此用“里”来衡量都邑的规模和位置也顺理成章。中国古代都邑规模常称“周多少里”或“方多少里”，“周多少里”意思是城墙周长有多少里，“方多少里”意思是城墙每边的边长有多少里，如《孟子·公孙丑下》称早期的城郭规模是“三里之城，七里之郭”，《尚书·大传》称“九里之城，三里之宫”，《考工记》规定城池规模有“方九里”、“方七里”、“方五里”等形制。

在中国古代都邑规画中，计里画方具有重要意义。一方面，以“方里”为基本面积模数，可以实现规画与地理的结合。通过计里画方这个技术的桥梁，将山水的形势特征转换为城市空间的构图要素。另一方面，在“里”的基础上进一步细分或“区划”，可以实现规画与营建的结合。前文所引晁错的疏文显示，经过相土尝水，“然后营邑立城，制里割宅”，这里“制里”、“割宅”就是根据用地功能需要和微地形特点，以“丈”、“步”和“夫”[㉓]等“分模数”对建筑群、重点建筑的形进行控制，协调城市各主要部分的比例关系，以保持城市轮廓的完美性（傅熹年，2001）。

通过计里画方，努力实现都城规画与地理形势、工程营建的结合，这是简单易行且行之有效的方法，能够快速地开展规划、土地划分、建筑设计与建造工作，这个传统也为今天重构秦始皇陵空间提供了线索和可能。

3.4.2 秦始皇陵形态特征

“计里”与“画方”工作通过运用规矩作为基本工具，进行空间形态的度量与控制，努力实现两者的统一。规与矩本是古代数学中的基本工具，刘徽说“亦犹规矩度量可得而共”，规矩代表空间形态，度量代表数量关系，世代相传的数学方法是客观上空间形式和数量关系的统一。值得注意的是，刘徽与裴秀是同时代的人，裴秀提出了“制图六体”，裴秀在魏末被封为济川侯，封地在山东省高苑县济川墟[39]，正距离刘徽的家乡淄乡（今山东省邹平县）不远。刘徽与裴秀之间是否有交往，不得而知，但是两者分别从制图与数学的角度，寻求数与形的结合，对我们研究秦始皇陵的形态特征是很有启发的。中国古代数学与制图中都追求空间形态与数量关系的统一，并且在魏晋时期已经实现理论化，借此可以反观战国与秦时期秦始皇陵的规划建设问题，下文便从这个角度对秦始皇陵区的形态进行初步分析。

秦始皇陵园的城垣由内外两重构成，两座城垣都呈南北向的矩形，相互套合（图 20）。经钻探测量，内城南北长 1 355m，东西宽 580m，周长 3 870m；内城的中部有条隔墙，将内城分成南、北两部分，南半部南北长 670m，北半部南北长 685m。内城垣内总面积 78.59 万 m^2。1999 年 9 月，陕西省考古研究所与秦始皇兵马俑博物馆联合考古队采用全球卫星定位系统（GPS）勘测，陵园外城的北城垣长 971.112m，南城垣长 976.186m，西城垣长 2 188.378m，东城垣长 2 185.914m，外城周长 6 321.590m,外城垣以内总面积为 212.948 26 万 m^2。外城的四边并不互相平行，各对称边的尺寸略有差异（陕西省考古研究所、秦始皇兵马俑博物馆，2000）。根据这些测量数据可以发现：

（1）陵园内城宽长比值为 0.434 5，接近 4∶9（误差 2.23%）。

（2）陵园外城东、西两墙相差仅 2.464m，均长 2 187.146m；南、北两墙相差仅 5.563m，均长 973.894m。陵园外城宽长比值为 0.445 3，也接近 4∶9（误差 2.33%）。

（3）总体看来，内城与外城基本上是相似矩形。

（4）内外城南北长度比值为 0.610，东西宽度比值为 0.596，接近 3∶5（误差 0.67%与 1.67%）；内外城垣面积比 0.369，开方为 0.607，也接近 3∶5（误差为 1.17%）。

因此，我们可以进一步推测：在秦始皇陵园设计方案中，内城与外城是相似矩形，内城与外城的长、宽比都为 4∶9，内城与外城的长度比为 3∶5。整组建筑轮廓方正，有明确的中轴线，地宫位于中轴线南部居中布置，地宫外复土最高，其余部分东西对称布置，中心突出，主次分明，整个建筑群布局已经达到了很高的水平。

在此基础上，下文对秦始皇陵营建的尺度作一探讨。

3.4.3 秦里制与尺制推算

在空间规划设计过程中，不同尺度的空间范围，选用的基本长度单位是不一样的。《考工记·匠人营国》记载：“室中度以几，堂上度以筵，宫中度以寻，野度以步，涂度以轨。”王陵或帝陵的选址与布局，显然以“步”来度量显得较为合适。在河北平山《兆域图》中，各建筑的主要部分都注了尺寸，兼用尺和步两种单位。

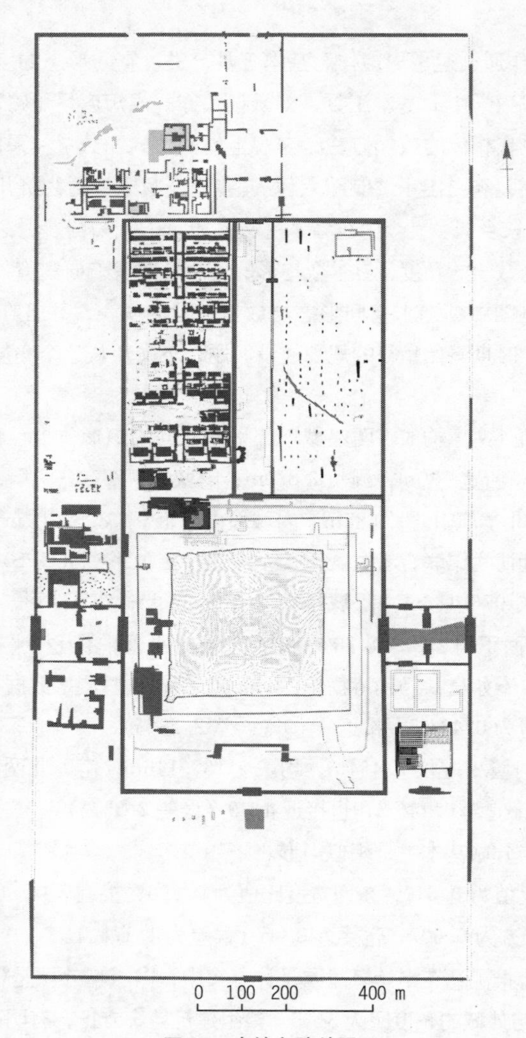

图20 秦始皇陵总平面

资料来源：秦始皇帝陵博物院2014院刊。

一般认为，战国一尺合23.1cm，秦国一尺也约合23.1～23.2cm[⑨]。但是，对于土木工程建设营造来说，“营造尺”不一定和一般民间的通用尺度相同。以前述河北平山兆域图为例，王陵营建于公元前310年左右（孙仲明，1990），傅熹年（1980）根据图面数据推出兆域图上1步=5尺，一尺合今22cm。秦始皇陵园规划设计工作始于秦王政元年（前246年），但是度量尺制究竟如何，由于历史久远，目前尚无确切的结论。

1986年，在甘肃天水放马滩的战国秦墓中发掘出一件用长条方木制成的木尺，长90.5cm、宽

3.2cm、厚 2cm（图 21）。一端呈圆形，另一端为柄，柄端削成圆角。正反两面有相同的刻度，共 26 条刻度线，间距 2.4cm，每 5 度为一组，用“×”标示，刻度部分长 60cm，为当时二尺半，每尺合今近 24cm。考古学家认为，从形状看当是民间木工用尺；秦墓年代为秦始皇八年（甘肃省文物考古研究所、天水市北道区文化馆，1989）。此尺的单位量值与“商鞅量尺”长 23.2cm 相比，长出今 0.8cm。从这支木尺的形制来看，不似木工用尺。该尺全长 90.5cm，一端又有长柄，线纹刻度不精（只刻寸，不刻分），估计它主要用于尺寸较大、对精度要求不是很高的测量，可能是用来测量地形等之用（丘光明，1992）。

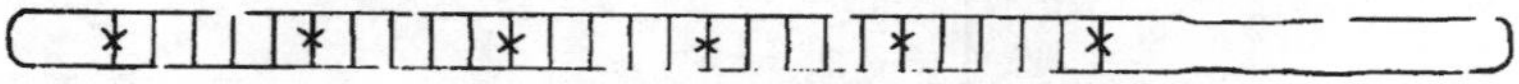

木尺（M1:24）（1/6）

图 21　甘肃天水放马滩战国秦墓出土的木尺

资料来源：甘肃省文物考古研究所、天水市北道区文化馆（1989）。

出土这杆木尺的秦墓年代为秦始皇八年（前 238 年），这一年正值秦始皇陵选址布局乃至初步建设时，因此这个木尺对于我们认识秦始皇陵规划设计的尺度至关重要。木尺标识刻度的部分，每 5 度为一组，为当时二尺半，这在古代正好是一“跬”的长度。《小尔雅》：“跬，一举足也。倍跬，谓之步。”所谓“跬”，是指迈出一足的距离，“步”则是指迈出两足的距离。《考工记》谓“野度以步”，说明“步”是古代相当重要的野外度量单位，而“步”又源于“跬”。秦墓出土的这杆木尺长短适宜，便于携带，手柄部分方便测量操作，显然主要用于野外度量长度之用。

根据秦墓出土木尺的标识，每尺合今近 24cm，考虑到年代久远，出土的木尺可能已经发生一定程度的变形。本文进一步结合前述秦始皇陵空间结构与形制特征，从规划设计角度形数相合考虑，推测秦始皇陵规划设计中所采用的秦尺似以 24cm 合一尺为宜，1 步＝5 尺，合 120cm；1 里＝300 步，合 360m。秦始皇陵具体的规划尺度控制情况如下。

（1）秦始皇陵区外城垣，平均长度 2 187.146m，合 9 113.1 尺；平均宽度 973.894m，合 4 057.9 尺。推测规划时外垣南北长按 9 000 尺控制（误差 1.26%），东西宽按 4 000 尺控制（误差 1.44%）。也就是说，规划外城周长按 26 000 尺控制，即 2 600 丈，合 17.33 里，事实上建成后周长 6 321.590m，合 17.56 里（误差 1.33%）。

（2）秦始皇陵区内城垣，内城南北长 1 355m，合 5 645.8 尺；东西宽 580m，合 2 416.7 尺。推测规划时内垣南北长按 5 400 尺控制（误差 4.55%），东西宽按 2 400 尺控制（误差 0.70%）。也就是说，规划内城周长按 15 600 尺控制，即 1 560 丈，合 10.40 里，事实上建成后周长 3 870m，合 10.75 里（误差 3.36%）。

（3）秦始皇陵区封土，南北长 515m，合 2 145.8 尺；东西宽 485m，合 2 020.8 尺。推测规划时封土南北长按 2 150 尺控制（误差 0.20%），东西宽按 2 000 尺控制（误差 1.04%）。也就是说，规划封土周长按 8 300 尺控制，即 830 丈，合 5.53 里，事实上建成后封土周长 2 000m，合 5.56 里（误差0.50%）。

（4）据此，可以绘制控制秦始皇陵园规划设计的经纬网格，每格100尺见方，即方10丈（即50步），合今24m。总体上，秦始皇陵区外城纵向自南端外墙起，至北端外墙为止，共计90格，横向自东端外墙起，至西端外墙为止，共计40格；内城纵向自南端外墙起，至北端外墙为止，共计54格，横向自东端外墙起，至西端外墙为止，共计24格（图22）。

图22 秦始皇陵园规画模数（每格方10丈）

这样，本文基于考古所得秦始皇陵的形态特征，从规划设计角度推定一个与已知的战国尺和秦尺长不同的尺度关系，这对我们进一步认识有关秦始皇陵的文献记载，具有重要意义。例如，前文已引《汉书·楚元王传》所载“上崇山坟，其高五十余丈，周回五里有余”，封土建成后周长合5.56里，即“周回五里有余”。又，《类编长安志》卷八曾转引《两京道里记》中记载“陵高一千二百四十尺，内院周五里，外院周十一里”[⑳]。所谓“内院周五里，外院周十一里”，“内院”可能是指“封土”，封土建成后周长合5.56里，即“内院周五里”；外院可能是指“内城”，内城建成后周长合10.75里，亦即“外院周十一里”。《类编长安志》卷八转引《关中记》记载“秦始皇陵在骊山之北，高数十丈，周六里”。这里“周六里”也与封土建成后的5.56里相差无多，反映了五里有余的真实情况。

3.4.4 计里画方与模数设计

通过计里画方，本文推测获得秦始皇陵园规划的格网图，这类格网控制形式曾大量出现于国家图书馆馆藏的清代样式雷建筑设计图纸和文献中，被称为“平格”。在中国古代建筑组群布局中常用

“平格”网传统：

> 在选址和酌拟设计方案时，要进行“抄平子”即地形测量，用白灰从穴中即基址中心向四面画出经纬方格网，方格尺度视建筑规模而定；然后，测量格网各交点的标高，穴中标高成为出平，高于穴中的为上平，低于穴中的称下平；最终形成定量描述地形的图样则成“平格”。由此可推敲建筑平面布局或按相应高程图“平子样”作竖向设计。
>
> 由于经纬格网采用确定的模数，平格可以简化为格子本，甚至仅仅记录相关高程数据，为数据保存和应用提供了极大方便。[33]

这种通过计里画方获得的平格，可以作为设计过程中的辅助手段，主要承担丈量尺寸、规划河道轮廓、控制景区外部空间等重要作用（王其亨、张凤梧，2009）。对于重点建筑群，定量控制其规模关系，以及为更加具体的建筑与建筑群设计中的模数控制提供基础。“平格”作为精确量化的地形描述手段，密切结合建筑规划设计，秉承计里画方传统，凸显了中国古代哲匠卓越的智慧和深厚的文化底蕴。

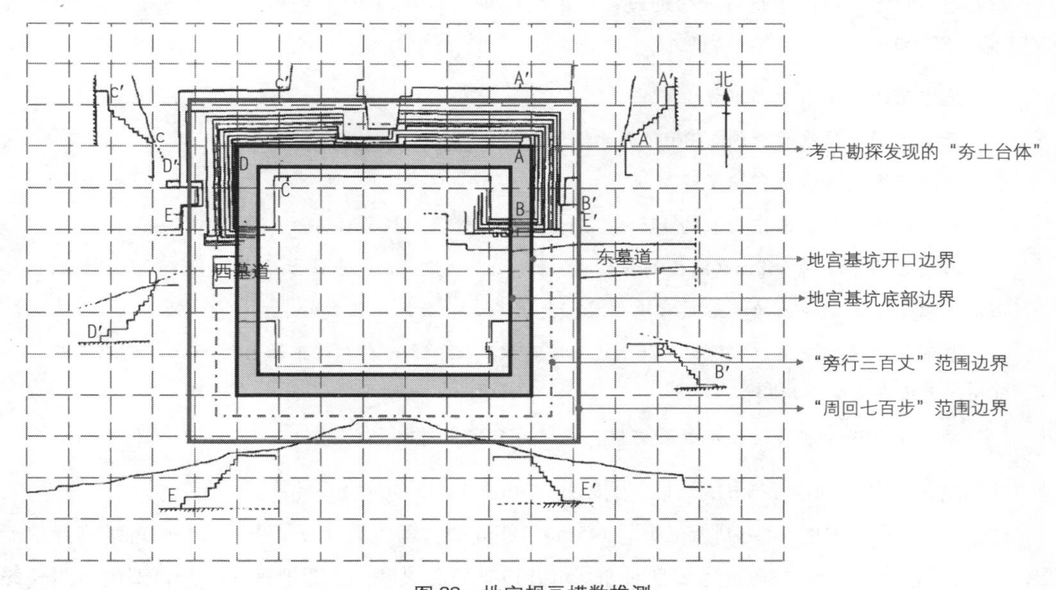

图23 地宫规画模数推测

资料来源：底图来自段清波（2011）。

3.4.5 “旁行三百丈”

《文献通考》所引《汉旧仪》记载制曰：“其旁行三百丈乃止”，实际上，这里“其”字，即指前文所说的那个“已深已极，凿之不入，烧之不然，叩之空空，如下天状”的地方。在“其旁”而“行”“三百丈”，显然，是绕“其”四周而行，实际上是“周三百丈”；“乃止”是指一旦周长达到周三百丈“即可停止”。因此，所谓“旁行三百丈”是指地宫基坑开口平面的广度，而与所谓的地宫位置“旁移”的长度无关。

地宫是整个帝陵工程最为核心的部分，李斯的奏本上于秦始皇三十七年，说明此时帝陵工程已经进入关键环节，也正需要秦始皇本人来下决定。未料，当年秦始皇亦于东巡驾崩。正是由于地宫这个核心部分与关键环节的成功实施，才保证了次年秦始皇下葬得以实现。由于工程量非常巨大，如果在秦始皇三十七年重新选址，再对地宫进行移动，施工的时间上也得不到保障，其后果是不堪设想的。李斯所奏意在向秦始皇说明，花了这么大的精力，终至“已深已极”之处，具体地说，“凿之不入”，“烧之不然”，并且“叩之空空，如下天状”，堪称是帝王死后的“天堂”。秦始皇认为，既然“凿之不入，烧之不然”，那么，在其旁行三百丈即可。

按照本文对秦尺的推断，“旁行三百丈”的规模，即相当于“周回二里”或“周回六百步”，合今720m。古时尽管不同朝代的尺制有所差异，但是差距有限，基本上是一个宫殿建筑群的规模，例如东吴太初宫规模即为“周三百丈”。

秦始皇帝陵区“考古遥感”项目通过物探勘测出地宫建筑位置、埋深、大小、形状的初步状况（刘土毅，2005）：

地宫位于封土堆中部下方。

开挖范围主体东西长约170m，南北宽约145m。

开挖范围主体和墓室均呈矩形状。

封土堆中细夯土墙东西长约145m，南北宽约（外沿）125m，高约30m。

石质宫墙顶深约469m（海拔高程），高约14m，宽约8m；东西长145m，南北宽125m。石质宫墙之上的细夯土墙与石质宫墙位置、范围基本一致，高约30m。

墓室位于地宫中央，顶深约475m（海拔高程），高15m左右；东西长约80m，南北宽约50m，主体尚未完全坍塌。

两千年来阻排水渠的阻水效果仍然存在，墓室尚未进水。

值得注意的是其中145m×125m的宫墙范围以及170m×145m的地宫开挖范围（图24）。

值得注意的是，从图24可判断，所谓145m×125m的宫墙范围以及170m×145m的地宫开挖范围，二者实则分别代表的是地宫底部平面和基坑开口平面的尺度，也即地宫基坑开口部位东西长约170m，底部平面长约145m；地宫基坑开口部位南北宽约145m，底部平面宽125m。按照1尺＝24cm计，那么地宫基坑开口规模为170m×145m＝708.3尺×604.2尺，推测设计时可能为700尺×600尺（70丈×60丈），周回260丈；地宫底部平面规模为145m×125m＝604.2尺×520.8尺，推测设计时可能为600尺×500尺（60丈×50丈），周回220丈。如此，基坑开口平面与底部周回尺度相比相差40丈，每边长度相差10丈。也就是说基坑底部的四至相对于开口部位均回缩了5丈。非常巧合的是，地宫开口平面周回260丈的尺度与文献记载的“旁行三百丈”差距也为40丈，一定程度上也可以理解为四至每边相差 10 丈，也就是说，“旁行三百丈”的范围边界在物探推定的地宫开口平面外围相距 5 丈的位置。因此，推定“旁行三百丈”的形态是为东西 80 丈＝192m，南北 70 丈＝168m，周回计 720m。可以看出，物探推定的基坑开口平面的规模与底部平面的每边多出 10 丈，同时又与按“旁行三百丈”核算下来的数据每边也少了 10 丈，据此我们或许可以推测，所谓“旁行三百丈”，从空间设计的角度看，可能是基坑外围的控制线。由图 23 模数与秦始皇陵地宫基坑及地面建筑遗存等相互关系推断，这个控制线或许与地面封土中的“夯土台体”（即被粗夯土覆盖的夯土台体）平面规模也有关系（相关问题拟另文论述）。

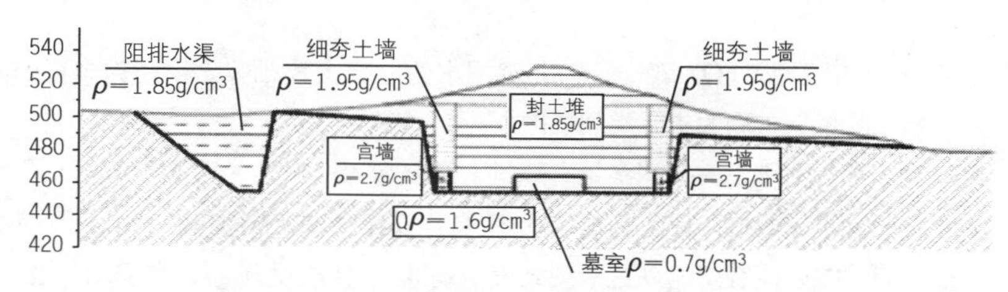

图 24 阻排水渠、石质宫墙、细夯土墙的位置关系

资料来源：刘士毅（2005）。

元代《类编长安志》引《三辅故事》曰：“始皇陵周七百步”[34]；清代《秦会要》引《三辅故事》曰：“始皇葬郦山，起陵高五十丈，下锢三泉，周回七百步。”这个 700 步，合 350 丈，说的是地面封土中的堂坛尺度，显然比“旁行三百丈”又扩大了一圈。尽管“夯土台体”的规模略有扩大，但是形态一致，这也证明了本文对“旁行三百丈”的推测，即指扩内广度的控制线，而与所谓的地宫位置“旁移”的长度无关。

3.5 置陈布势，形成帝陵总体布局

规画中的“计里画方”不是机械的“循规蹈矩”，而是结合地理形势与功能需要进行的“存乎一心”的“运用之妙”，空间布局蕴含着气势与意境，这就涉及规画中的“置陈布势”问题。

“置陈布势”本是中国绘画中一条重要的构图法则[35]，这里借以说明空间规画中需要精心考虑不同功能区或重点建筑与建筑群在空间中的适当位置，进行空间构图与总体设计，努力形成一个完善的整体。就秦始皇陵来说，由于其突出的礼制象征与安全保障需要，在空间布局方面，就像用兵与下棋，实带有一种战略的色彩，这主要包括两方面的内容：一方面，作为秦始皇陵核心的地宫及内城位置的选择，要突出重点；另一方面，确定秦始皇陵的空间范围与布局结构，统筹协调其他功能区与核心区的关系以及不同功能区之间的关系，形成相辅相成、相得益彰的空间整体。在前述仰观俯察、相土尝水、辨方正位、计里画方等研究基础上，推测秦始皇陵规画中置陈布势的工作主要包括确定规划布局的中心控制点、确定内城与丽邑位置、内外城布局与功能布局、建立三重陵园制度四个方

面，分述如下。

3.5.1 确定规划布局的中心控制点

经过仰观俯察、相土尝水，秦始皇陵选址于骊山之阿，并以望峰为准，定下空间布局的南北中轴线。自渭水（通往关东大道）沿中轴线南上，跨入二级阶地，随着海拔高度的变化，骊山北麓表现出步移景换的空间形态。

行至吴西村南夯土建筑基址（O）南望，骊山北麓的整体轮廓清晰显现。从观测点到骊山东西两段的水平视线夹角刚好 120°，是人眼所及的最大可视域。在秦始皇陵规划布局中，这是一个十分特殊的点，此其一。

其二，这个点南至骊山山脚（Q）距离，与北至渭水的距离大致相等。以此为半径作圆所圈定的范围，正是可供秦始皇陵规划布局的实际空间范围。

其三，这个点也正是前文所说的观测秦始皇陵封土高度为“五十丈”的点。

因此，本文认为，位于吴西村南建筑基址上的点（O）是自然的望峰（P）外，一个人为的规划设计基准点，是规划布局的中心控制点。以这个规划设计基准点（O）为圆心，弧 DAE 为骊山之阿的山脚线，所确定的大圆范围，东至戏水，西至五里河，北至渭河，这正是秦始皇陵的景观控制区域(图 25)。

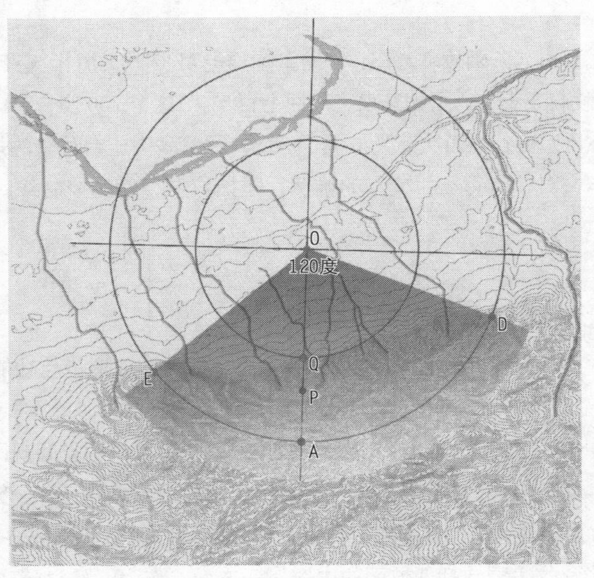

图 25 秦始皇陵区规画的控制点

3.5.2 确定内城与丽邑位置

在可供秦始皇陵规划布局的实际空间范围内，以中心控制点（O）为分界，南北中轴线可以分为南段（OQ）和北段（OR）两部分。相应地，沿着中轴线的规划范围可以分为两个圆形地区：北部之圆，即陵邑布局范围，圆心（M）正与丽邑相近；南部之圆，即陵区布局范围，圆心（N）正是内外城的中心点所在。

以南、北两园为主体，整个陵区可以分为南、北两大功能区。南为陵园区，位于山前洪积平原，以丽山为中心展开；北为陵邑区，位于渭河二、三级阶地，以丽邑为中心展开（图 26)。西汉高祖七年（前 200 年)，在秦丽邑基础上置“新丰”[8]。

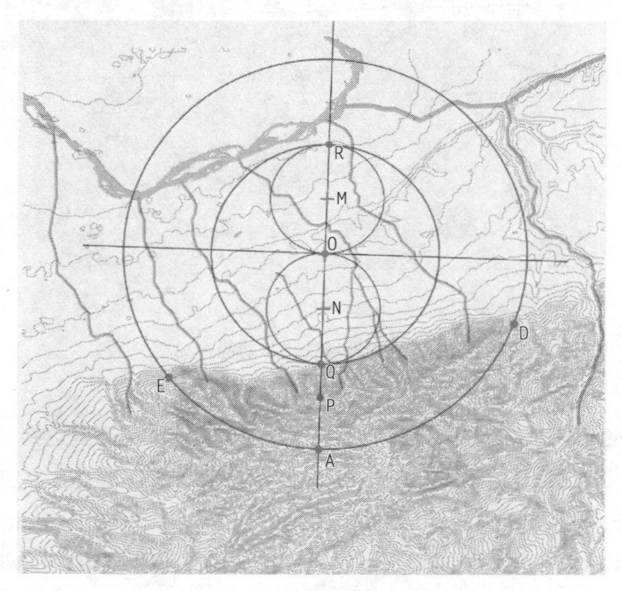

图 26　陵邑与陵区的关系

在山前平原与渭河阶地之间地区，分布有高级别宫殿建筑组群（鱼池、吴中、吴西)。

3.5.3 内外城结构与功能布局

前文已经指出，在秦始皇陵园设计方案中，内城与外城是相似矩形，内城与外城的宽长比都为 4：9,内城与外城的长度比为 3：5，地宫位于中轴线南部居中布置，其余东西对称布置。为何形成这样的形制特征，当另文论之。这里要指出的是，由于“霸王沟”的自然存在，规划设计必须保证“霸王沟”不能穿越内城，因此“霸王沟”实际上为内城南界和西界设置了天然的界线。在“霸王沟”的影响下确定了内城与外城（图 27)。

众所周知，内城是秦始皇陵区的中心，但是，内城规划设计时并没有采用中山王陵《兆域图》所展示的选择兆域之中心区布置主体陵墓的做法，而是采用了“前朝后寝”的做法，将内城分为南、北两部分，选择南半部分的中心区域布置帝陵的核心地宫，复土建设后作为“后寝”；相应地，在北半部分，东西对称布置形成南北轴线，作为“前朝”。从内城设计来看，主要轴线应当是南北向，而不是东西向。

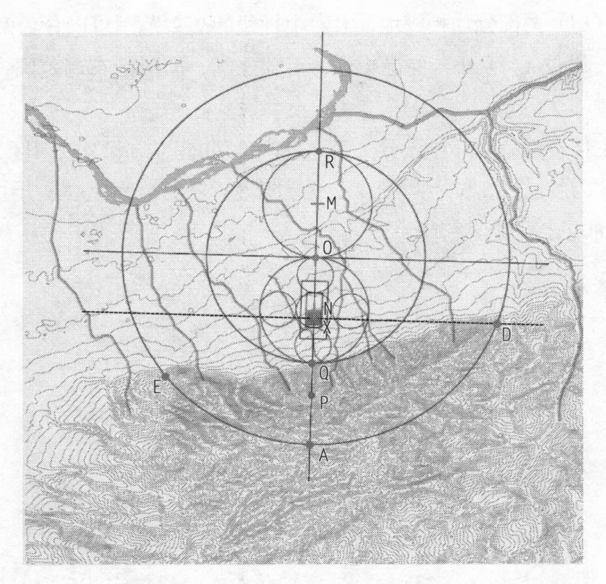

图 27 内外城结构与功能布局

封土及其下的墓室是陵园的核心，将陵墓置于陵园内城偏南部，高度达到“五十丈”，且占据内城南部 2/3 面积的规模，这是先秦陵园中所未见的，显示了秦始皇陵一陵独大、唯我独尊的气势。封土北侧为鳞次栉比的建筑群，内城北部东侧小城内为中小型陪葬墓区。封土外围为两重城垣，陪葬坑、建筑遗址、陪葬墓区等如众星拱月般环绕在墓室周围；众多规模不等、形制各异、埋藏内容不同的陪葬坑构成了秦始皇陵的外藏系统，并且因每座陪葬坑所处的位置不同分为不同的层次，每个层次的陪葬坑以其与封土的远近分别具有不同的含义。从外城垣北侧向南，地势渐次高徒，南部的骊山与陵园封土浑然一体、气势雄伟。

在内外城地区，由于东西向墙垣的分隔，中轴线自南而北分成了四段，长度比例为 2∶3∶3∶2。根据前文推测外城南北长 6 里，即 1 800 步，因此这四段中轴线的长度分别为 360 步、540 步、540 步、360 步。

内外城地区是秦始皇陵的主要组成部分，也是规划设计的重点所在，除了平面的功能布局外，还需要进行三维的空间环境的推敲，规划设计中对地宫的位置（穴位）及高度、形态等，结合轴线（山向）、底景、对景等四至景观，进行权衡。从建成效果看，从陵园外城北门门址南望，视线因自然地形的高差而呈现仰视状态，随着观察者与封土的距离逐渐缩短，封土与望峰的距离在视觉上显得更为接近，望峰与封土的对位关系显得更为清晰；从陵园内城北门门址南望，观察者视点抬高，视线呈现平视状态，封土在较为平坦的周围地形映衬下形象突出，成为视觉的焦点，随着观察者与封土的距离进一步缩短，封土与望峰的距离在视觉上更为接近，望峰与封土的高度比例，在此视点观察接近

2∶1,望峰的宽度与封土的宽度几乎相等。并且，如果从封土东望，正好对着“骊山北阿”的东端，且距离骊山两端的长度基本相等（6 623m），骊山北麓东西两端，犹如后世风水学说中的左右护砂之峰。推测秦始皇陵规划设计时，正是由于望峰确定的中轴线位置、“霸王沟”的形态以及与“骊山北阿”两端的空间关系，共同锁定了地宫与封土的位置，即处于对准望峰的轴线与对准骊山北麓东端的轴线交会之处，犹如后世风水学说中的“天心十道”。

3.5.4 建立三重陵园制度

目前学者普遍认为，秦始皇陵区采用双重陵垣布局，并将秦始皇陵分为“内城”、“外城”或“内陵园”、“外陵园”。然而，反观战国时中山国《兆域图》，图上注明了两道围墙，分别为“内宫垣”和“中宫垣”，很明显规划中尚有更大范围的“外宫垣”，尽管未在图中标示。考古学者曾在中山王陵一、二号墓以东约 1.5km 处，发现一块大型砾石碑刻，碑文表明为守陵官员所立，杨鸿勋（1980）据此推测此即外宫垣范围，范围接近方圆 3km。这很容易引起我们的思考，秦始皇陵是否也存在内、中、外三重陵园制度？

本文推测，秦始皇陵也存在内、中、外三重陵园制度。所谓“内”，是指内城之内的范围（其南端为地宫与封土）；“中”是指今内、外城之间的范围；“外”指外城之外的范围。对于“内”与“中”，即通常所谓的内城与外城，已经毋庸置疑，需要进一步探讨的是究竟外城之外这个“外”圈层及其边界何在？

回顾前文确定内城与丽邑位置时，在内外城的外围，有一个半径为 1 975m 的圆周。按照前文推测的秦代尺制（1 尺＝24cm，1 里＝360m），则圆的半径 5.486 里，圆周 34.45 里，这不由得使我们想起郦道元《水经注·渭水》（王国维，1984）中对秦始皇陵的记载（图 28）：

> 渭水又东合沙沟水，水即符愚之水也。南出符石，迳新丰县故城北，东与鱼池水会。水出丽山东北，本导源北流，后秦始皇葬于山北，水过而曲行，东注北转。始皇造陵取土，其地汙深，水积成池，谓之鱼池。池在秦皇陵东北五里，周围四里，池水西北流，迳始皇冢北。秦始皇大兴厚葬，营建冢圹于丽戎之山，一名蓝田，其阴多金，其阳多玉，始皇贪其美名，因而葬焉。斩山凿石，下涸[37]三泉，以铜为椁，旁行周回三十余里。上画天文星宿之象，下以水银为四渎、百川、五岳、九州，具地理之势。宫观百官，奇器珍宝，充满其中。令匠作机弩，有所穿近，辄射之。以人鱼膏为灯烛，取其不灭者久之。后宫无子者，皆使殉葬甚众。坟高五丈，周回五里余，作者七十万人，积年方成。而周章百万之师，已至其下，乃使章邯领作者以御难，弗能禁。项羽入关，发之以三十万人，三十日运物不能穷。关东盗贼，销椁取铜，牧人寻羊烧之，火延九十日，不能灭。北对鸿门十里，池水又西北流，水之西南有温泉，世以疗疾。

长期以来，学术界对这个“周回三十余里”的说法不知何意，本文认为这实际上就是指“外城”之外的圈层。这个范围基本上涵盖了五岭防洪堤、兵马俑等与秦始皇帝陵相关的重要历史文化遗存。

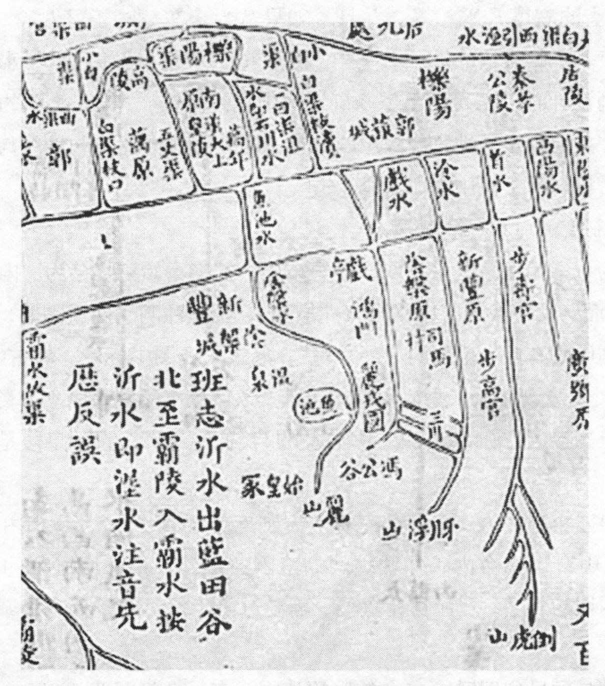

图 28 《水经注·渭水》中记载的秦始皇陵
资料来源：杨守敬（2009）。

至于圈定这个“周回三十余里”的边界（亦即类似《兆域图》中的“外宫垣”），也可以根据《水经注·渭水》的描述而推定。这段文本可能有遗漏和串文[⑧]，但并不影响我们对“周回三十余里”的范围及其边界的认识：北界为鱼池，东界鱼池水，呈环抱之势，西界亦水。重新审视五岭防洪堤与鱼池水的形态特征，除了前述“相土尝水”部分所说的阻水功能外，它们可能承担着作为“外宫垣”的边界功能，体现着明显的规划设计构思。

秦始皇帝陵三重陵园制度，可能是继承了秦公大墓多是由从外到里的外、中、内三重“兆”护围，以沟隍为界的传统。王学理（2000）论述秦始皇陵园形制时指出：

> 春秋时代的雍都墓地包括着 13 座秦公陵园，其外部由长达十多公里的大型沟隍（又称“堑隍”、“兆沟”）围住整个墓地。而每座陵园外又围以方正的中型沟隍，其中的一些“中”字形墓还绕以小型的沟隍。因此，秦公大墓多是由从外到里的外、中、内三重“兆”护围的。战国末期的秦芷阳陵区有四座陵园，同样也是各自以宽 10m、深 6m 的沟隍包围着。那么，秦始皇陵园由重垣组成“三城”的建制，正是对其先祖“重兆”的继承，并且把地下之“兆”变成了地上之“城”。

上述论述是颇有见地的。不过，本文认为，秦始皇陵园是三重陵园结构，但并非“三城”结构[⑧]。

袁仲一（2004）在《秦兵马俑》中对秦始皇陵的形态特征有如下描绘：

> 秦始皇陵南靠骊山、北临渭水，山林葱郁，层峦叠嶂，好似盛开的莲花，秦始皇陵位于莲瓣的中心，像似莲蕊。

尽管“秦始皇陵位于莲瓣的中心”是一个形象的说法，但是，结合前文的规划设计分析，拿来描绘本文所谓三重陵园制度控制下的秦始皇陵空间布局结构，倒是十分贴切的。

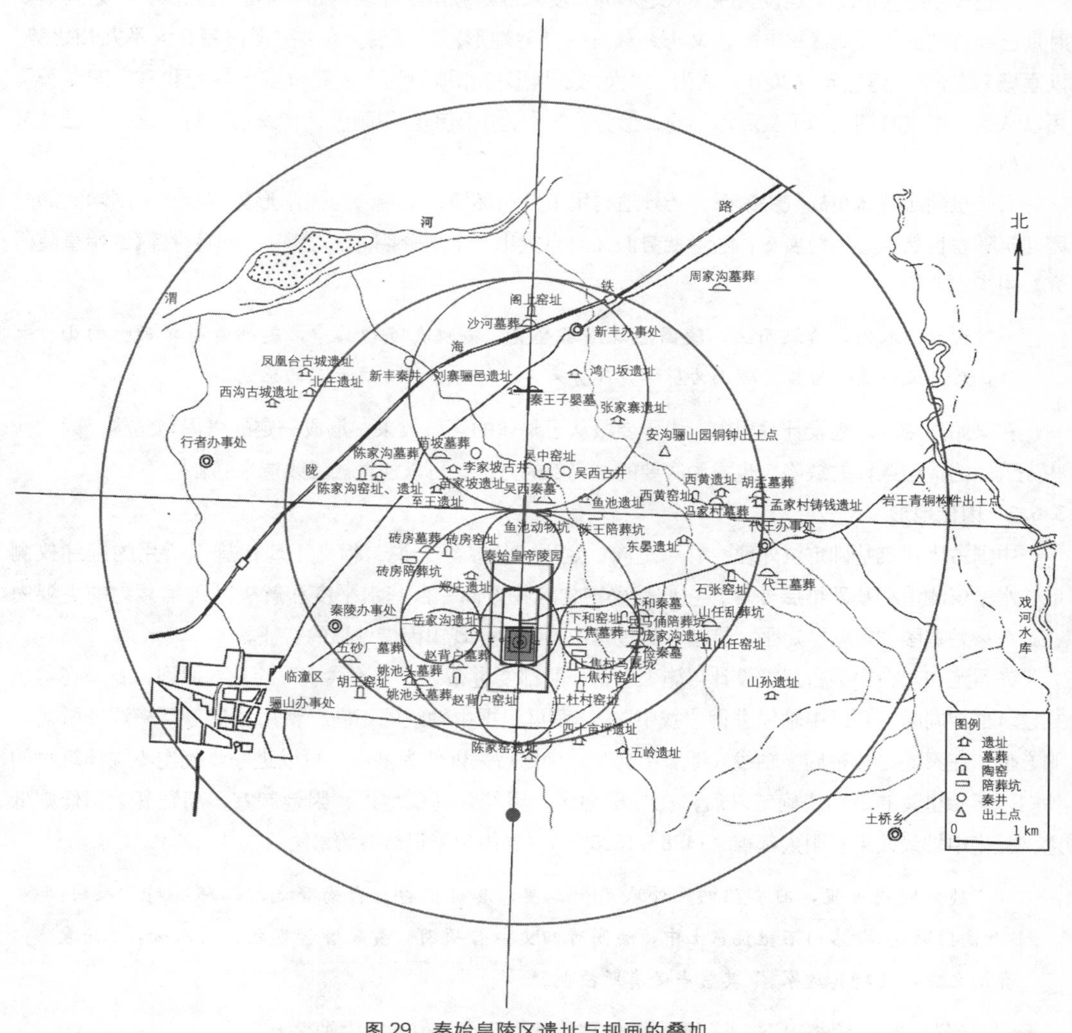

图 29 秦始皇陵区遗址与规画的叠加

资料来源：底图来自段清波（2011）。

3.6 因地制宜，营之以为园

秦始皇陵规画不仅注重形势可观，还要考虑营建便利。在秦始皇陵的空间布局初步形成后，在地基放线（将图纸上基础设计的平面形式和尺寸，移放到所确定的地基位置上）过程中，必须因地制宜地进行处理。

3.6.1 举势立宅

经过长期的人居环境建设实践，从地形的角度来确定城市及建筑群布局形态的做法，至迟到西汉时期已经总结成文，如《汉书·艺文志》载有《宫宅地形》二十卷，称："形法者，大举九州之势，以立城郭室舍"，傅熹年（2001）认为，"大约是从形势和地势的角度评价城市规划和宫室的专著"。可以认为，秦汉时期，基于实际地形的"形势论"作为中国都邑规画设计传统重要特征之一，已经基本成型。

秦始皇陵园整体布局气势磅礴，巧妙地利用了自然环境，把陵园与山水形势结合，不同功能的陵园建筑随着自然地形地貌展布，随形就势而又重点突出、主次分明。王学理（1994）在《秦始皇陵研究》中指出：

> 由北门入内，拾级而上，陵园建筑层层叠叠，掩映在万绿丛中，簇拥着高耸巍峙的山陵，后部又以连峰峻挺的骊山为屏障，气势来奔，给人一种直达天庭的感觉。

在秦始皇陵区规划设计过程中，由于要服从于整体的环境效果，形成一定的格局与结构，因此一些先天性的地理条件的缺陷，也成为次要的、局部的方面，可以通过人工改造来弥补。

3.6.2 因借地形

中国古代建筑基础定位处理，有"定向、定平、筑基"之说，相当于现代施工所用的经纬仪测量、水平仪测量和基础垫层处理，它们是确定构筑物方向、台基水平度和解决基础承载力的主要内容。在秦始皇陵"定向、定平、筑基"的过程中，充分体现出因借地形的特征。

先看定向。在中国古建筑设计与施工中，一般都要遵循"万变不离中"的基本原则，就是在建筑或建筑群定向时，要以中轴线进行"找中"，然后再根据中轴线的指向，使用测量工具来选择所需要的方位。在秦始皇陵布局中轴线（即"山向"）确定后，以此为基准，可以进一步确定不同建筑物的朝向。秦始皇陵的中轴线确定以后，在局部地区，则结合高低地形，因地制宜，高则高之，低则低之，强化中轴线效果。明人都穆（1458～1525年）《骊山记》记载秦始皇陵：

> 陵内城周五里，旧有门四。外城周十二里，其址俱存。自南登之，二邱并峙。人曰："此南门阙也。"右门石枢犹露土中，陵高可四丈。昔项羽、黄巢皆尝发之。老人云："始皇葬山之中，此特其虚冢。"其言当必有所授也。

所云"二邱"，当指内城南门基址门道两侧的建筑遗存，正好位于南中轴之上。

定平，又称"平水"，用来确定建筑物的水平标高。在现代建筑施工中，采用水平仪测量，在古代则采用简易的定平工具，即水平板、木真尺，确定基础标高的基准线。然后，以此基准线为依据，根据现场地面情况，定出承台基础的标高。陵园南北坡降剧烈，现自东南至西北海拔高差约78m，东西向则甚或在5m以内，所有城垣均随坡就势进行建构，部分地带采用工程措施取平，例如对内城南墙东段考古发掘显示，修建时就对地表进行了铺垫处理。在基础的定向、定平工作后，按各个建筑物的基础设计图，进行基础放线、挖基础土方、铺筑基础垫层等工作。

3.6.3 “中成观游”

《史记·秦始皇本纪》记载了向地下的“穿三泉”工程与向地上的“树草木以象山”工程。《汉书·楚元王传》也记载“下锢三泉，上崇山坟”，其中“下锢三泉”是指往地下的工程，“上崇山坟”是指往地上的工程。《汉书·贾山传》进一步总结为“下彻三泉，中成观游，上成山林”，显然增加了“中成观游”的内容。

目前，学界对文献记载的“中成观游”的具体内容，不知所指。如果我们联系到前述《史记·秦始皇本纪》与《汉书·楚元王传》的相关记载，就不难发现“下彻三泉”即“下锢三泉”、“穿三泉”，是指往地下的工程，即地宫工程；“上成山林”即“上崇山坟”、“树草木以象山”，是指往地上的工程，目的是象“山”，营建神仙之居，天宫也；而所谓“中成观游”，显然是与地下工程、地上工程相对而言，乃指地面的工程，其功能是为了“观游”。通过地下、地面、地上三个方面的工程建设，实际上形成了上、中、下三个世界，亦即天、地、人三界，这在战国后期的帛画中有很好的体现。

秦始皇陵充分利用骊山之阿的地形地貌特征，以鱼池水为边界，构建了以内外城为主体的陵园区。鱼池遗址也可能象征着一处秦代皇家苑囿，它也是少府所属的一个机构的象征，目的就是服务皇帝死后的日常行为和生活（张卫星、陈治国，2010）。因此，总体看来，“丽山”工程实际上是“丽山园”的建设。后世陵墓建设中亦有“营之以为园”的说法，如《后汉书·冯衍传》记载：

> 先将军葬渭陵，哀帝之崩也，营之以为园。于是以新丰之东，鸿门之上，寿安之中，地埶高敞，四通广大，南望郦山，北属泾渭，东瞰河华，龙门之阳，三晋之路，西顾酆鄗，周秦之丘，宫观之墟，通视千里，览见旧都，遂定茔焉。退而幽居。盖忠臣过故墟而歔欷，孝子入旧室而哀叹。

这段文字用来描述秦始皇陵一带的自然和人文景观，也未尝不可。

4 初步结论与讨论

4.1 秦始皇陵“若都邑”与都邑规画传统

秦始皇陵是世界著名的历史文化遗产，具有不同于一般历史事件或文化器物的特殊性，即它是在特定的地理环境基础上实实在在地规划建设起来的，具有鲜明的“空间性”。仅仅依靠传统的“二重证据法”，尚不能有效解决秦始皇陵空间结构与形态问题。本文重视“大地”在秦始皇陵规划设计与营建中的基础作用，将“大地”作为第三重证据，与历史文献记载、田野考古资料相结合，努力揭示古人如何基于山川形胜，将秦始皇陵与自然山水进行整体考虑和谋篇布局。

先前关于秦始皇陵的研究中已经注意到的“若都邑”特征，本文进一步借鉴中国古代都邑规画中的“规画”理论与方法，对秦始皇陵区范围的空间规划与设计进行初步探讨，厘清秦始皇陵空间结构与形态形成的内在逻辑，揭示秦始皇陵在选址、布局中结合自然、讲究形势、“山—水—陵”整体塑造等基本特征，系统阐释并复原秦始皇陵的空间结构形态、尺度特征及其形成过程。

研究发现，对秦始皇陵来说，所谓“若都邑”可能是指秦陵规划设计与营建符合“都邑规画”的一般规律，当然也包括秦都咸阳。尽管《吕氏春秋》卷十“孟冬纪”之“安死”提出先秦时期对陵墓主体“丘垄”的营建具有“若都邑”的传统，也并非针对秦始皇陵而言的，但是，这并不否定秦始皇陵由于特殊的帝陵属性，因此在其具体建筑内容、空间布局结构和空间特色方面，可能与秦帝国的都城具有类似的特征。

4.2 规画视角中秦始皇陵空间形成的机制与过程

一般说来，秦始皇陵作为历史文化遗存，可以从物质与技术、礼仪系统结构以及思想观念等不同层面加以认识。对于秦始皇陵这一特殊空间的研究，需要分析空间形式本身，但是这远远不够，还要在此基础上分析造成空间形式的社会过程。秦始皇陵的空间形式不是空洞的框架或者制度的机械反映，而是社会过程的展现。因此，在秦始皇陵研究过程中，不能将空间形式视为无生命的东西，而是应该被看作包含社会过程的事物，同样，社会过程也是空间性的。

本文从社会过程决定空间形式这个根本原则出发，通过对空间形成的动力机制与过程分析，判断空间的性质与形式。具体地说，就是通过探讨秦始皇、吕不韦、李斯等人的行为活动与思想观念，努力在“天—地—人”关联的思想体系下，考察秦始皇陵的规划设计与营建：一方面是“山川定位”，将秦始皇陵纳入山水体系这一比较恒定的参考系中，探究区域范围秦始皇陵轴线的定位，复原秦始皇陵空间规划、设计与营建的过程；另一方面是“形数结合”，尝试建立考察秦始皇陵的尺度体系，认为尺度揭示了秦始皇陵与自然环境之间的形态、数量关系及其内在的统一。这样，将秦始皇陵的研究与认识提到思想观念层次，探讨秦始皇陵的选址、建制、规划、空间布局、象征理念等内容，实际上是将秦始皇陵这一特殊空间回复到作为人的思想观念的产物这一实质，揭示秦始皇陵作为空间形态的本来面目。

本文认为，秦始皇陵的空间形式是由地理环境基础及规画过程决定的，即在一定的地理环境基础上，通过仰观俯察、相土尝水、辨方正位、计里画方、置陈布势等过程，形成了规画的空间格局与形态（可称之为“规画图式”），这是造成秦始皇陵空间形式这个果的空间的因，也是直接原因。

4.3 从“规画”到“规划”

通过“规画”研究，我们努力“究古人之意”，对秦始皇陵的空间形态也形成一些新的认识，甚或认识上的一些新突破，这为我们进一步开展秦始皇陵规划工作提供了基础，并提出了新的要求：第一，立足于整个陵园面向整个秦始皇陵大遗址进行系统工作，实现多尺度的关联；第二，以整体观来系统思考、整体把握；第三，统筹考虑遗存的内容形式、时间空间以及思想理念等诸层次的问题，探索遗址公园、大遗址保护下的“考古资源阐释—历史文化价值发掘—展示规划”的模式。

遗址公园、大遗址保护下的“考古资源阐释—历史文化价值发掘—展示规划”的模式，要求秦始皇陵规划应遵循“着眼秦帝陵整体布局、恢复和再现部分主体空间功能、尊重遗址本体原貌、注重本体安全性”等规划原则。着眼秦帝陵整体布局要求依据对最新考古成果的综合研究，厘清内城垣、外城垣、门址、路网及相关空间内遗迹间逻辑关系，形成展示的主体构架；恢复和再现部分主体空间功能要求，以对不同空间尺度的诠释和体验作为展示主旨，包括部分再现陵园路网格局，重点展示封土及周边道路、内城垣、门址系统、骨干路网等，也即赋予不同地段的城垣、城门和道路以及构筑物等以规划含义，为展示提供合理的解释；尊重遗址本体原貌要求，按照本来的空间属性，严格区分地面和地下遗存，并在展示中以不同的手法表现。原则上在地面对原属地下的遗存进行弱化处理；弱化新建设施和道路等对遗址景观和本体的影响；注重本体安全性要求，以遗址本体安全性及其景观风貌协调度作为展示的前提条件。

总之，本文将“大地”作为第三重证据，与“纸上之材料”、“地下之新材料”相结合，在千百年后重新体验吕不韦等如何仰观俯察、相土尝水、辨方正位、计里画方、置陈布势，初步窥探秦始皇陵规画的奥秘。从某种程度上说，这是对秦始皇陵空间的重构，通过利用现代空间技术，复原当时的生活环境、空间结构与形态，进而结合时势，对历史遗痕和考古发现等众多要素与线索进行整合与再结构。通过对历史文献和考古资料的空间性解读，空间线索不断浮现和交织，终于形成突变，对秦始皇陵空间结构形态也获致一个较为完整的认识。当然，本文属于研究方法的探索，很多内容是基于上述逻辑的推测，其真实情况还有待进一步的考古、有关文献资料及其他方法的验证，恳请方家批评指正！

致谢

本文受国家自然科学基金项目《基于“规画”理论的秦都咸阳规划设计方法与技术研究》(51378279)、高等学校博士学科点专项科研基金项目《中国古都规划象天法地思想及技术方法研究》资助。基本观点曾于中国城市规划学会城市规划历史与理论学术委员会2014年年会上演讲（2014年5月10日，泉州）。感谢张卫星、徐斌、王刃余、郭璐、张能、郭湧、刘冠男等对本文的贡献！

注释

① 这里使用的所谓的“内藏系统”概念仅仅是指分布于内城南部之内、地宫之外的诸多陪葬坑（墓）系统，与春秋战国至汉代的诸侯王等贵族墓葬的棺椁空间概念内涵不一。

② 特指位于内外城之间的诸多陪葬坑。

③ 关于秦始皇信宫的地望迄今未有确证，有学者认为建于章台宫即汉长安城的未央宫内，也有学者认为约略在汉

长安城西北部的东市一带，还有学者认为应在今西安市草滩镇东南闫家寺村一带等。

④ 笔者认为从位置关系上看，阿房宫、章台宫和兴乐宫自西往东排列于龙首原西端一线，其中章台宫曾是重要的朝宫，而太后则居于兴乐宫，此二宫兴建和使用时间远早于阿房宫。阿房宫兴建的选址，很大程度上或许有受制于地域空间的限制因素。

⑤《史记·李斯列传》。

⑥ 在不同版本的古籍或文献中，"丽邑"又称"郦邑"，"骊山"又称"丽山"、"郦山"。尽管学界尚有部分异议，但通常情况下当前学界认为"丽"、"骊"和"郦"三者所指称大概为一。"丽邑"是位于秦始皇陵北部的古城遗址，是秦始皇陵的奉陵邑，是秦始皇陵区的重要组成部分，"骊山"、"丽山"或"郦山"从称谓上一致，但是结合上下文语境，不同的语境中所指概念和内涵不一样，有的地方单纯指自然属性的骊山山体；有的地方是区位概念，指这块区域或地域；还有的地方单指秦始皇陵，如"丽山"或"骊山园"等。

⑦ 根据马非百（1982），"官"原作"宫"，误。以云梦秦简释文校改为"官"。

⑧《汉书·贾山传》。

⑨ 徒，在秦汉时代有明确的意义，多半是指从事土木建筑工程或在工场做手工劳动的工人。骊山徒，是当时对修秦始皇陵大军的专门称呼。

⑩《周礼·春官》。

⑪ 意思是说，濮阳商人吕不韦到邯郸去做买卖，见到秦国入赵为质的公子异人，回家便问父亲："农耕获利几何?"其父亲回答说："十倍吧。"他又问："珠宝买卖赢利几倍?"答道："一百倍吧。"他又问："如果拥立一位君主呢?"他父亲说："这可无法计量了。"吕不韦说："如今即便我艰苦工作，仍然不能衣食无忧，而拥君立国则可泽被后世。我决定去做这笔买卖。"

⑫《史记》避刘邦讳，相邦悉改为相国。

⑬ 值得注意的是，《吕氏春秋》中的上述关于陵墓气派的记述，是作为被批评和被改造的对象，是反面案例。然而秦始皇帝陵布局和规模又恰恰与这个反面案例有诸多相符之处。其中的奥妙耐人寻味！如若大胆猜测，是否秦始皇帝陵的规划出现过设计变更，所建成的帝陵恰恰是初始设计的反面，即由吕不韦所崇尚的节俭，退回到了传统的奢华，所保留的仅仅是吕不韦完成的选址，而由李斯按照霸业理想为秦始皇重新设计了陵园蓝图。这或许也是秦始皇罢黜吕不韦而启用李斯的原因之一。由于材料缺乏，本文采用秦始皇陵由吕不韦设计、由李斯主持完成建造的假说。

⑭ 廷尉是秦置九卿之一，掌刑狱，是主管司法的最高官吏。《集解》汉书百官表曰："廷尉，秦官。"应劭曰："听狱必质诸朝廷，与觿共之，兵狱同制，故称尉。"

⑮ 同⑤。

⑯ 河北省文物管理处："河北省平山县战国时期中山国墓葬发掘简报"，《文物》，1979年第1期。

⑰ 汉文帝问群臣：用京师北山所产的石头做棺椁，将苎麻棉絮斫碎，加以漆，塞在棺椁之间，能撬开吗？张释之回答道：若墓中有人们贪求之财物，即便封严整座南山，也仍有缝隙；若无使人贪求之财物，即便没有棺椁，又何愁之有？

⑱ 从古汉语习惯看，如果指做"铜椁"的话，似乎称"下铜以致椁"更合适，而不是"下铜而致椁"。

⑲（元）骆天骧：《宋元方志丛刊·类编长安志》，中华书局，2006年。

⑳ 关于秦始皇陵石材来源，晋人张华《博物志》记载："取于渭北诸山"。

㉑ 同⑲。

㉒ 又，当地传说，防洪堤有五里多长，所以当地人都叫它"五岭"。所谓秦始皇"南修五岭，北筑长城"中的"五岭"，据说指的就是这条土岭。见：临潼县文化馆（1985）。

㉓ 同⑲。

㉔（西晋）陈寿：《三国志》，中华书局，1982 年。

㉕（清）王庸弼、李非校译：《地理五诀》，中州古籍出版社，1999 年。

㉖ 据《水经注·渭水》记载："昔文帝居霸陵，北临厕，指新丰路示慎夫人曰：此走邯郸道也。"意思是说，当年汉文帝出行，在霸陵休息时，站在北面临近霸水的地方，指着通往新丰的道路，告诉慎夫人说：这条路可通邯郸。

㉗ 裴秀在《禹贡地域图》的序文中指斥其所见"汉氏舆地及括地诸杂图"，"各不设分率，又不考正准望"，言过其实。"分率"可能不够精密，"准望"可能失之粗疏，但不等于没有。完全没有"分率"和"准望"，就不可能绘制出地图。

㉘《类编长安志》卷八曾转引《两京道里记》中记载"陵高一千二百四十尺"，即 124 丈，这与其他文献记载的"五十丈"明显有别，且差别较大，不知何故，暂置不论。

㉙ 与"里"相关的有长度单位"丈"、"步"和面积单位"夫"、"井"。一里为 150 丈，一丈为两 步。古代田地分配以一夫受田的面积，"夫"为基本计算单位，一"夫"为方一百步，合一百亩，实即面积模数；又规定九"夫"为井，"井"方一里。《周礼·考工记》规定王城规模："匠人营国，方九里，……市朝一夫。"

㉚（唐）房玄龄等：《晋书》，中华书局，2012 年。

㉛ 秦孝公十八年（前 344 年），商鞅监造了一升铜量："商鞅铜方升"，左侧刻"大良造鞅，爰积十六尊（寸）五分尊（寸）壹为升"。意思就是说，铜方升为大良造商鞅监造颁发，容积 16⅕ 立方寸为 1 升。现今经过精密测量，内口长 12.477 7cm，宽 6.974 2cm，深 2.323cm，重 960g。计算容积为 202.15cm³，并折合计算出商鞅量尺一尺长合 23.19cm。"商鞅铜方升"作为度量衡标准器，颁发到各地，为秦国推行统一的度量衡制度打下了基础。上海博物馆藏有一个始皇方升，铭文为"廿六年，皇帝尽并兼天下诸侯，黔首大安，立号为皇帝。乃诏丞相状、绾法度量。则不一歉疑者，皆明壹之"。可知秦始皇二十六年称帝时，命令丞相隗状、王绾（早于李斯，晚于吕不韦）所作的标准量。始皇方升的尺寸为 6.9×12.4×2.33cm，尺寸与商鞅方升相近，应该是采用的同样的量制，由此可以判断秦帝国 1 尺≈23.3cm。见：马承源（1972）、紫溪（1964）。又，从法律文书中可以找到秦朝法定的长度尺、寸十进制单位。《竹简·法律问答》记："甲盗牛，盗牛时高六尺，繫一岁，复丈，高六尺七寸，问甲何论？完城旦。"通过对秦权、秦量实测计算得到：秦朝每尺长度量值合 23.1cm。见：于俊嶙（2011）。

㉜ 同⑲。

㉝ 国家图书馆、故宫博物院、中国第一历史档案馆、中国文物研究所、清华大学、天津大学主办：华夏建筑意匠的传世绝响——清代样式雷建筑图档展，国家图书馆，2004 年 8 月 12～31 日。

㉞ 同⑲。

㉟ 东晋顾恺之提出"置陈布势"的观点，提倡对自然山水了然于胸后，进行主观的取舍和加工，通过画面各部分位置的谋划安排，达到得势的目的。南齐谢赫进一步提出了"经营位置"之说，唐代张彦远认为这是"画之总

要”，即贯穿绘画全过程的总体要领。

㊱《汉书·地理志上》记载：“新丰，骊山在南，古骊戎国。秦曰骊邑。高祖七年置。”应劭注曰：“太上皇思东归，于是高祖改筑城寺街里以象丰，徙丰民以实之，故号新丰。”见：《汉书》，1543～1544年。

㊲“涸”字可能有误，当为“锢”字。详见本文3.2节。

㊳“旁行周回三十余里”一句不通，“旁行”与“周回”重复，很明显，在“旁行”后有遗漏，观前后文，实际上是参照《史记·秦始皇本纪》的记述，今亦可以参照《史记·秦始皇本纪》，在“旁行”后补全“三百丈，乃至。”此其一。其二，“周回三十余里”夹杂在“旁行”与下文讲的地宫内部的细节（所谓“上具天文、下具地理”）之间，显然是串文了，应该放到“作者七十万人”之前，叙述秦始皇陵工程的空间范围之广与用工人数之巨、修建时间之长。“周回三十余里”，也与后文的“三十万人”、“三十日”等相呼应。

㊴王学理认为，秦始皇陵园是具两道垣墙的三城制，即内外两道垣墙构成“回”字形重城，再在内城的东北角另隔出一个小城。重城各辟四门，小城仅南北两门，计十门。陵冢即位于重城南半部东、西、南六门对直的交叉点上。重城原来是内低外高，设有角楼。见：王学理（2000）。最近考古发现了位于外城北墙中部的北门以及联系内外城北城门的道路，因此王学理所谓内城东北角的“小城”，只是内外城垣之间的一个组成部分。

参考文献

[1] 爱德丽·托平：“不可思议的考古发现——秦始皇陵”，《国家地理》（美），1978年第4期。

[2]（东汉）班固撰，（唐）颜师古注：《汉书》，中华书局，1962年。

[3] 曹玮、张卫星：《秦始皇帝陵考古的历史、现状与研究思路——基于文献与考古材料的讨论》，三秦出版社，2011年。

[4]（西晋）陈寿：《三国志》，中华书局，1982年。

[5] 程学华：“秦始皇帝陵考察报告”，载陕西省考古学会编：《庆祝武伯纶先生九十华诞论文集》，三秦出版社，1991年。

[6] 党士学：“‘阿房’余论”，载秦始皇兵马俑博物馆《论丛》编委会编：《秦文化论丛（第六辑）》，西北大学出版社，1998年。

[7] 段清波：“秦始皇帝陵的物探考古调查——‘863’计划秦始皇陵物探考古进展情况的报告”，《西北大学学报（哲学社会科学版）》，2005年第1期。

[8] 段清波：《秦始皇帝陵园考古研究》，北京大学出版社，2011年。

[9]（唐）房玄龄等撰：《晋书》，中华书局，1974年。

[10] 傅熹年：“战国中山王墓出土的《兆域图》及其所反映出的陵园规制”，《考古学报》，1980年第1期。

[11] 傅熹年：《中国古代城市规划、建筑群布局及建筑设计方法研究》，中国建筑工业出版社，2001年。

[12] 甘肃省文物考古研究所、天水市北道区文化馆：“甘肃天水放马滩战国秦汉墓群的发掘”，《文物》，1989年第2期。

[13] 河北省文物管理处：“河北省平山县战国时期中山国墓葬发掘简报”，《文物》，1979年第1期。

[14] 何清谷：“关中秦宫位置考察”，载秦始皇兵马俑博物馆《论丛》编委会编：《秦文化论丛（第二辑）》，西北大学出版社，1993年。

[15] 临潼县文化馆编:《骊山风物传说》，陕西旅游出版社，1985 年。
[16] 刘荣庆:“秦置‘丽邑’考辨”，《文博》，1990 年第 5 期。
[17] 刘庆柱:“论秦咸阳城布局形制及其相关问题”，《文博》，1990 年第 5 期。
[18] 刘士毅主编:《秦始皇陵地宫地球物理探测成果与技术》，地质出版社，2005 年。
[19] 刘炜:“秦始皇陵布局浅谈”，《文博》，1985 年第 2 期。
[20] 刘占成:“秦始皇帝陵区的考古发现与研究”，载西北大学考古学系:《西部考古（第一辑）》，三秦出版社，2006 年。
[21] 陆玖译注:《吕氏春秋》，中华书局，2011 年。
[22]（元）骆天骧:《宋元方志丛刊・类编长安志》，中华书局，2006 年。
[23] 马承源:“商鞅方升和战国量制”，《文物》，1972 年第 6 期。
[24] 马非百:《秦集史》，中华书局，1982 年。
[25] 孟剑明:“试述秦始皇陵排水工程”，载秦始皇兵马俑博物馆《论丛》编委会编:《秦文化论丛（第二辑）》，西北大学出版社，1993 年。
[26] 聂新民:“秦始皇信宫考”，《秦陵秦俑研究动态》，1991 年第 2 期。
[27] 秦客:《始皇陵形制蠡测》，陕西人民教育出版社，1996 年。
[28] 秦始皇帝陵博物院编:《秦始皇帝陵博物院（2011 年总壹辑）》，三秦出版社，2011 年。
[29] 秦始皇帝陵博物院编:《秦始皇帝陵园考古报告（2009～2010）》，科学出版社，2012 年。
[30] 秦始皇帝陵博物院编:《秦始皇帝陵园内城北部道路遗存勘探简报》，2011～2013 年。
[31] 秦始皇兵马俑博物馆《论丛》编委会编:《秦文化论丛（第五辑）》，西北大学出版社，1997 年。
[32] 秦始皇兵马俑博物馆《论丛》编委会编:《秦文化论丛（第十二辑）》，三秦出版社，2005 年。
[33] 秦始皇兵马俑博物馆考古队:“秦始皇陵园北侧夯土遗迹调查简报”，《秦陵秦俑研究动态》，2008 年第 2 期。
[34] 丘光明编著:《中国历代度量衡考》，科学出版社，1992 年。
[35] 陕西省考古研究所、秦始皇兵马俑博物馆:《秦始皇帝陵园考古报告（1999）》，科学出版社，2000 年。
[36] 陕西省考古研究所、秦始皇兵马俑博物馆:“秦始皇陵园 2000 年度勘探简报”，《考古与文物》，2002 年第 2 期。
[37] 陕西省考古研究所、秦始皇兵马俑博物馆:《秦始皇帝陵园考古报告（2000）》，文物出版社，2006 年。
[38] 陕西省考古研究所、秦始皇兵马俑博物馆:《秦始皇帝陵园考古报告（2001～2003）》，文物出版社，2007 年。
[39] 尚志儒:“秦始皇陵园布局结构渊源浅谈”，《文博》，1987 年第 1 期。
[40] 石兴邦:“秦代都城和陵墓的建制及其相关的历史意义——秦文化考古成果谈论之一”，载秦始皇兵马俑博物馆《论丛》编委会编:《秦文化论丛（第一辑）》，西北大学出版社，1993 年。
[41] 史党社:“秦始皇陵文献、文物丛考（之一）”，载秦始皇帝陵博物院编:《秦始皇帝陵博物院（2011 年总壹辑）》，三秦出版社，2011 年。
[42]（西汉）司马迁撰:《史记》，中华书局，1982 年。
[43] 孙嘉春:“秦始皇陵墓向与布局结构问题研究”，《文博》，1994 年第 6 期。

[44]（清）孙楷著，杨善群校补：《秦会要》，上海古籍出版社，2004年。
[45] 孙伟刚、曹龙："再议秦始皇帝陵墓方向与陵园方向——墓向与陵向二元结构并存的秦始皇帝陵园"，《考古与文物》，2012年第4期。
[46] 孙仲明："战国中山王墓兆域图及其表示方法的研究"，载曹婉如等：《中国古代地图集（战国—元）》，文物出版社，1990年。
[47] 王国维校，袁英光、刘寅生整理标点：《水经注校》，上海人民出版社，1984年。
[48] 王其亨、张凤梧："一幅样式雷圆明园全图的年代推断"，《中国园林》，2009年第6期。
[49] 王学理：《秦始皇陵研究》，上海人民出版社，1994年。
[50] 王学理："秦汉相承帝王同制——略论秦汉皇帝和汉诸侯王陵园制度的继承与演变"，《考古与文物》，2000年第6期。
[51]（清）王庸弼著，李非校译：《地理五诀》，中州古籍出版社，1999年。
[52] 王玉清、雒忠如："秦始皇陵调查简报"，《考古》，1962年第8期。
[53] 王玉清："秦始皇陵西侧'丽山飤官'建筑遗址清理简报"，《文博》，1987年第6期。
[54] 王志友、朱思红："'其旁行三百丈'新解"，《考古与文物》，2013年第6期。
[55] 武廷海：《六朝建康规画》，清华大学出版社，2011年。
[56] 武廷海："从形势论看宇文恺对隋大兴城的'规画'"，《城市规划》，2009年第12期。
[57]（日）西嶋定生："皇帝支配の成立"，《中国古代国家与东亚世界》，东京大学出版会，1983年。
[58] 杨鸿勋："战国中山王陵及兆域图研究"，《考古学报》，1980年第1期。
[59] 杨宽："秦始皇陵园布局结构的探讨"，《文博》，1984年第3期。
[60]（清）杨守敬等编绘：《水经注图》（外二种），中华书局，2009年。
[61] 于俊嵘："秦朝的度量衡法制"，《中国计量》，2011年第4期。
[62] 俞伟超："秦始皇统一度量衡和文字的历史功绩"，《文物》，1973年第12期。
[63] 袁仲一："对《秦始皇陵墓向与布局结构问题研究》的一点商讨的意见"，载秦始皇兵马俑博物馆《论丛》编委会编：《秦文化论丛（第三辑）》，西北大学出版社，1994年。
[64] 袁仲一："关于秦始皇陵原始文献解读的若干浅见"，载黄留珠、魏全瑞主编：《周秦汉唐文化研究（第一辑）》，三秦出版社，2002a年。
[65] 袁仲一：《秦始皇陵考古发现与研究》，陕西人民出版社，2002b年。
[66] 袁仲一：《秦兵马俑》，生活·读书·新知三联书店，2004年。
[67] 臧知非："吕不韦、《吕氏春秋》与秦朝政治"，载秦始皇兵马俑博物馆《论丛》编委会编：《秦文化论丛（第六辑）》，西北大学出版社，1998年。
[68] 张卫星、陈治国："秦始皇陵鱼池遗址的考察与再认识"，《文博》，2010年第4期。
[69] 张卫星、付建："秦始皇陵的选址、规划与范围"，《文博》，2013年第5期。
[70] 张占民："秦始皇陵园渊源试探"，《文博》，1990年第5期。
[71] 张仲立："神仙文化对始皇陵丧葬影响试探——兼谈始皇陵丧葬中出现的新制"，载秦始皇兵马俑博物馆《论丛》编委会编：《秦文化论丛（第十二辑）》，三秦出版社，2005年。

[72] 赵化成："秦始皇陵园布局结构的再认识"，《远望集——陕西省考古研究所华诞四十周年纪念文集》，陕西人民美术出版社，1998 年。
[73] 赵化成："从商周'集中公墓制'到秦汉'独立陵园制'的演化轨迹"，《文物》，2006 年第 7 期。
[74] 郑孝燮："中国中小古城布局的历史风格"，《建筑学报》，1985 年第 5 期。
[75] 中国社会科学院考古研究所、清华大学建筑设计研究院、秦始皇兵马俑博物馆：《秦始皇陵国家考古遗址公园规划》，2014 年。
[76] 朱思红："秦始皇陵园范围新探索"，《考古与文物》，2006 年第 3 期。
[77] 朱学文："秦始皇陵园设计规划问题之研究"，《文博》，2009 年第 5 期。
[78] 紫溪："古代量器小考"，《文物》，1964 年第 7 期。

评《城市社会学》(第2版)

刘玉亭

Review of *Urban Sociology* (2nd Edition)

LIU Yuting
(School of Architecture, South China University of Technology, Guangzhou 510641, China)

《城市社会学》(第2版)

顾朝林、刘佳燕等编著，2013年
北京：清华大学出版社
446页，58.00元
ISBN：978-7-302-33759-1

作者简介
刘玉亭，华南理工大学建筑学院。

《城市社会学》是由我国著名城市研究学者顾朝林主编、由清华大学出版社2013年出版的一本教材。该书第一版于2001年在东南大学出版社出版，积累了顾朝林早期有关城市社会学领域研究的主要成果。11年间，在学术界、教育界和城市社会研究领域产生了积极的影响。11年来中国城市发生了翻天覆地的变化，11年来中国城市社会学研究也取得了丰硕的学术成果。正如主编在前言中提到的，“从现在起到21世纪中叶，在中国实施社会主义现代化的征程中，城市是先锋，是中心，是推动社会经济发展的强大动力，城市社会问题也将比过去任何时候都要尖锐、复杂和严重得多”，关注城市社会的科学研究将越来越成为重要而迫切的课题。正是在这样的时代背景下，新版的《城市社会学》应运而生。

该书是一本集大成的学术作品。全书内容丰满，逻辑清晰。起始于城市社会学发展过程的概述，清晰而又精练地阐述了城市社会结构、城市社会问题以及城市社会学的主要流派；在此基础上切入若干核心专题的解读，包括城市社会分层与流动、城市社会极化与空间隔离、城市贫困与贫民窟、城市社会融合以及城市社会转型与空间重构；不止于此，著作更加入了城市社会空间分析方法、城市社会学调查研究方法，并辅于调查分析与报告实例，增加了可读性和可参考性；有关城市规划中的社会规划研究以及社区发展与社区规划的内容，更凸显编者在城市规划与建设中践行社会学理论和方法的强烈意愿。

纵览全书，有以下几个方面的特色：

(1) 问题导向。科学研究的本质是对某些现象或问题及其成因机制的细致探寻。本书重视问题导向的编写形式，通过深入剖析城市社会的传统和现实问题，诸如城市化问题、城市就业问题、城市贫困问题、城市住房问题等，引发读者对城市建设和发展过程中城市社会领域关键问题的深思，深刻理解问题产生的背景、原因和机制，并试图寻求问题解决的可能措施。

(2) 关键词引领。在如此庞杂的城市社会学研究领域中，如何通过一本著作既全面而又简练地呈现其核心内容，是一个很难而又必须要解决的课题。读完全书，若干关键词历历在目，社会结构、社会分层、社会极化、城市贫困、社会融合、社会转型、社会空间、社区规划，通过这些关键词的统领，内在形成前后关联的清晰的逻辑结构，读者印象深刻，且主题明晰。

(3) 专题化解读。所谓专题化解读，指的是本书对城市社会学领域一些核心议题的深度研究。本书的编写团队成员囊括了国内许多著名高校相关领域的专家学者，包括清华大学、南京大学、中山大学、中国人民大学、华南理工大学、重庆大学、山东大学等，他们长期从事相关领域教学和研究，多数是其负责的专题领域的知名学者，比如城市社会空间研究、城市贫困问题研究、社区发展与规划研究等，书中涉及的相关内容是其多年在相关专题领域的研究积累，内容深入浅出。

(4) 空间性凸显。城市社会的空间性是本书所呈现的核心内容。城市社会学研究既涉及对城市社会结构、社会制度等的解析，同样关注社会问题的空间性。以地理学者和规划学者为主组成的编写组，表现出鲜明的空间情结。社会决定空间，空间诠释社会，城市社会空间是“社会与空间辩证统一”的产物，其核心领域是“空间形式 (spatial form) 和作为其内在机制的社会过程 (social process) 之间的相互关系”。列斐伏尔开创性地提出了社会、历史和空间三种分析方法并重的“三重辩证法”，指出空间性不应该仅仅被视为历史和社会过程的产物和附属，而应该把历史和社会视为内在空间性的。空间性纬度的引入必将注入新的思考和解释模式，有助于我们思考社会、历史和空间的共时性及其复杂性与相互依赖性。

(5) 本土化总结。该书重视对城市社会学经典理论和流派的引介，更重视对中国城市社会问题、社会空间的及时分析和解读。编者们专长的学术领域长期扎根于中国城市规划和发展的实践，其研究成果更是对中国本土化特征的实时而深入的总结。中国城市的“社会空间”生产，“房奴”、“蜗居”、“蚁族”；中国新城市贫困的空间性，城中村；中国城市的社会分层，“屌丝”的形成及其社会学研究意义；如此等等。通过阅读该书，读者不仅可以接触更多接地气的知识，更能获取深入的专业化的解读。

总的来说，这是一本知识体系完整、逻辑结构清晰、可读性强的著作。但它也仅仅是一部教材，这决定了其在尽可能追求完整呈现相关学科领域知识的同时，无法做到对所有问题的深入分析。同时，本书在表现方面，因缺少图片、图表的概括性表达，在一定程度上降低了对更广泛读者群体的吸引力。当然这也是任何一部教材所面临的共性问题。尽管如此，本书仍然是高校及其他科研机构相关学科领域（如城乡规划学、地理学、社会学、管理学、经济学、环境学科等）不可多得的教材和教研参考书，也可供城市管理部门决策参考，值得一读。

《城市与区域规划研究》征稿简则

本刊栏目设置

本刊设有7个固定栏目：

1. 主编导读。介绍本期主题、编辑思路、文章要点、下期主题安排。

2. 特约专稿。发表由知名学者撰写的城市与区域规划理论论文，每期1～2篇，字数不限。

3. 学术文章。城市与区域规划理论、方法、案例分析等研究成果。每期6篇左右，字数不限。

4. 国际快线（前沿）。国外城市与区域规划最新成果、研究前沿综述。每期1～2篇，字数约20 000字。

5. 经典集萃。介绍有长期影响、实用价值的古今中外经典城市与区域规划论著。每期1～2篇，字数不限，可连载。

6. 研究生论坛。国内重点院校研究生研究成果、前沿综述。每期3篇左右，每篇字数6 000～8 000字。

7. 书评专栏。国内外城市与区域规划著作书评。每期3～6篇，字数不限。

设有2个不固定栏目：

8. 人物专访。根据当前事件进行国内外著名城市与区域专家介绍。每期1篇，字数不限，全面介绍，列主要论著目录。

9. 学术随笔。城市与区域规划领域知名学者、大家的随笔。

用稿制度

本刊收到稿件后，将对每份稿件登记、编号及组织专家匿名评审，刊登与否由编委会最后审定。如无特殊情况，本刊将会在6个月内告知录用结果。在此之前，请勿一稿多投。来稿文责自负，凡向本刊投稿者，即视为同意本刊以纸质图书版本以及包括但不限于光盘版、网络版等数字出版形式出版。稿件发表后，本刊会向作者支付一次性稿酬并赠样书2册。

投稿要求

本刊投稿以中文为主（海外学者可用英文投稿），但必须是未发表的稿件。英文稿件如果录用，本刊可以负责翻译，由作者审查定稿。投稿请将电子文件 **E-mail** 至：**urp@tsinghua. edu. cn**。

1. 文章应符合科学论文格式。主体包括：①科学问题；②国内外研究综述；③研究理论框架；④数据与资料采集；⑤分析与研究；⑥科学发现或发明；⑦结论与讨论。
2. 稿件的第一页应提供以下信息：①文章标题、作者姓名、单位及通信地址和电子邮件；②英文标题、作者姓名的英文和作者单位的英文名称。稿件的第二页应提供以下信息：①文章标题；②200字以内的中文摘要；③3～5个中文关键词；④英文标题；⑤100个单词以内的英文摘要；⑥3～5个英文关键词。
3. 文章正文中的标题、插图、表格、符号、脚注等，必须分别连续编号。一级标题用"1"、"2"、"3"……编号；二级标题用"1.1"、"1.2"、"1.3"……编号；三级标题用"1.1.1"、"1.1.2"、"1.1.3"……编号。
4. 插图要求：300dpi，16cm×23cm，黑白位图或EPS矢量图，由于刊物为黑白印制，最好是黑白线条图。图表一律通栏排，表格需为三线表（图：标题在下；表：标题在上）。
5. 所有参考文献必须在文章末尾，按作者姓名的汉语拼音音序或英文名姓氏的字母顺序排列，并在正文相应位置标出（翻译作品或文集、访谈演讲类以及带说明性文字的参考文献请放脚注）。体例如下：

[1] Amin，A. and Thrift，N. J. 1994. *Holding down the Globle*. Oxford University Press.

[2] Brown，L. A. et al. 1994. Urban System Evolution in Frontier Setting. *Geographical Review*，Vol. 84，No. 3.

[3] 陈光庭："城市国际化问题研究的若干问题之我见"，《北京规划建设》，1993年第5期。

正文中参考文献的引用格式采用如"彼得（2001）认为……"、"正如彼得所言：'……'（Peter，2001）"、"彼得（Peter，2001）认为……"、"彼得（2001a）认为……。彼得（2001b）提出……"。

[4]（德）汉斯·于尔根·尤尔斯、（英）约翰·B. 戈达德、（德）霍斯特·麦特查瑞斯著，张秋舫等译：《大城市的未来》，对外贸易教育出版社，1991年。

6. 所有英文人名、地名应有规范译名，并在第一次出现时用括号标注原名。

《城市与区域规划研究》征订

《城市与区域规划研究》为小16开，每期300页左右。欢迎订阅。

订阅方式

1. 请填写“征订单”，并电邮或邮寄至以下地址：

　　联系人：刘炳育
　　电　话：（010）82819553、82819552
　　电　邮：urp@tsinghua. edu. cn
　　地　址：北京市海淀区清河中街清河嘉园甲一号楼A座22层
　　　　　　《城市与区域规划研究》编辑部
　　邮　编：100085

2. 汇款

　① 邮局汇款：地址同上。
　　　　　　　收款人姓名：北京清大卓筑文化传播有限公司
　② 银行转账：户　名：北京清大卓筑文化传播有限公司
　　　　　　　开户行：北京银行北京清华园支行
　　　　　　　账　号：01090334600120105468638

《城市与区域规划研究》征订单

每期定价	人民币42元（含邮费）				
订户名称				联系人	
详细地址				邮　编	
电子邮箱		电　话		手　机	
订　阅	年　　期至　　年　　期			份　数	
是否需要发票	□是　发票抬头				□否
汇款方式	□银行		□邮局	汇款日期	
合计金额	人民币（大写）				
注：订刊款汇出后请详细填写以上内容，并把征订单和汇款底单发邮件到 urp@tsinghua. edu. cn。